定向培养军士生

野外训练教程

莫　铭　田祖国　王　俊　主编

国防工业出版社

·北京·

内 容 简 介

本书分为野外训练理论知识篇、野外训练技能篇、野外训练项目篇3篇，共12章。上篇介绍野外训练相关的心理、气候、环境、地形地貌、水文、海拔等方面的基础知识；中篇聚焦技能训练，包括野外方向判定、工具制作、宿营、物资获取、求救方式、风险处置以及急救方法等；下篇结合定向越野、徒步穿越、攀岩、漂流、溯溪、野外游泳等专项训练，详细说明其特点、器材使用及科学训练方法，强化军士生的实战适应能力。本书既可作为定向培养军士生体能训练、野外训练教学用书，也可作为高校军事课辅导教程。

图书在版编目（CIP）数据

定向培养军士生野外训练教程 / 莫铭等主编 .
北京 : 国防工业出版社 , 2025. 8. -- ISBN 978-7-118-13944-0

Ⅰ. G873

中国国家版本馆 CIP 数据核字第 2025DK0102 号

※

国防工業出版社 出版发行
（北京市海淀区紫竹院南路 23 号　邮政编码 100048）
三河市天利华印刷装订有限公司印刷
新华书店经售

*

开本 787×1092　1/16　　**印张** 17　　**字数** 302 千字
2025 年 8 月第 1 版第 1 次印刷　　**印数** 1—3200 册　　**定价** 65.00 元

国防书店：（010）88540777　　书店传真：（010）88540776
发行业务：（010）88540717　　发行传真：（010）88540762

编委会

前言

党的二十大报告提出："教育是国之大计、党之大计。培养什么人、怎样培养人、为谁培养人是教育的根本问题。育人的根本在于立德。全面贯彻党的教育方针，落实立德树人根本任务，培养德智体美劳全面发展的社会主义建设者和接班人。"同时，报告明确了党在新时代的强军目标，即"贯彻新时代党的强军思想，贯彻新时代军事战略方针，坚持党对人民军队的绝对领导，大抓实战化军事训练，加快国防和军队现代化建设，使军队现代化水平和实战能力显著提升，中国特色强军之路越走越宽广"。党的二十大报告精神为高职院校定向培养军士教育事业高质量发展指明了方向。

定向培养军士生教育是各军种联合地方院校，依托院校专业优势，培养新时代的准专业军人，为基层部队精准输送优质兵员，为部队培养高素质新型军士人才的全新教育模式。地方院校招收定向培养军士生与军队进行联合培养成为军队军士人才培养的重要方式，是贯彻习近平强军思想和军民融合发展战略的重要举措。定向培养军士生教育兼具文化学习、专业技能掌握、专业岗位适应等特定学习任务，能助力定向培养军士生从在校学生向专业军士岗位的转变。

定向培养军士生体育课程教学是定向培养军士生培养体系的重要组成部分，对促进广大定向培养军士生掌握基本运动技能、学习与传承基本训练理念与方法、了解身体健康自我诊断基本知识，最终养成自我锻炼的习惯，进而为达成提升身体素质水平、掌握体育锻炼基本技能、养成勇猛顽强军人作风的培养目标具有重要作用。因此，定向培养军士生野外项目教学与野外生存训练，是锤炼提高定向培养军士生身体素质和心理素质的基本途径，是培育其意志品质和战斗作风的有效手段，是促进其与专业装备有机结合、增强岗位技能的重要环节。

本教材具有如下特点：

（1）坚持立德树人。体现军人职责及军人作风的养成，进行红色思想教育的有机渗透，进而实现学生身体素质、思想认识与作风养成同向同行。

（2）紧扣岗位、立足训练。结合用人单位岗位素质基本标准，突出身体素质提高核心要素，重构高职院校军事体育教学与训练体系。

（3）贴近实战、学以致用。厘清部队岗位人员素质基本要求，结合自身培养方案及现有条件，使教材培养目标与部队岗位人员军事基本素质要求紧密衔接。

（4）遵循进阶、科学统筹。结合培养方案，根据学期培养计划及进度，遵循从易到难、避繁就简、由点及面的设计思想进行编写统筹。

（5）数字化资源融合。精心录制微课，涵盖课目的典型概念、课程思政、运用时机、训练要点、错误纠正、训练指导等知识点，为读者自学提供更加丰富的网络教学资源。

本书指向明确，紧扣“以战领训、为战育人”指导思想，在强调定向培养军士生培养实战化背景下注重实践应用，优化定向培养军士生的野外项目教学与野外生存训练内容，重点向定向培养军士生基本技能训练掌握、自我防护意识养成与综合能力提升上倾斜。

本书内容系统丰富，针对定向培养军士生未来可能面临陌生战场环境所需的野外生存、野外运动、野外环境、野外急救等课目，依照训练项目、训练方法、辅助与纠正等维度展开说明，是定向培养军士大类军事体育教材体系建设的延伸与完善。

本书由朱国军主审，莫铭、田祖国、王俊担任主编，曹志刚、杨新超、杨烨担任副主编。参加编写的成员有：长沙航空职业技术学院莫铭、王俊、曹志刚、杨烨、尹岳、徐旭寅、唐明伟、李峰、张清、邓金锋、邹静芸，湖南大学田祖国、罗乔有、洪艳芳、孔丽、左恬儿、欧阳轩妮、段高东、刘振雨、郭耀峰、赵蕾、刘子夏，山东信息职业技术学院杨新超，全书由莫铭、田祖国进行统稿。此外，长沙航空职业技术学院赵启睿、胡锦浩、刘扬、娄翔宇、丁鑫、汪天佑、李林瀚、徐伟邦、代熙文、蒋凯、洪勇、田翊宏、张文毫、刘津硕、张柯等人参与视频与图片拍摄工作，在此一并致谢。

本书由 2023 年度湖南省教育科学“十四五”规划课题（世界一流军队建设背景下定向培养军士军事体育课程体系建设研究，编号：XJK23BGF001）；2024 年度湖南省自然科学基金部门联合基金项目（世界一流军队建设背景下定向军士军事体能“数字化训练场”开发及应用，编号：2024JJ8032）；2025 年度湖南省社会科学成果评审委员会课题（面向世界一流军队建设的定向培养军士军事体育课程改革研究与实践，编号：XSP25YBC513）资助出版。

希望本书的出版能为我国定向培养军士生体育教材体系建设添砖加瓦，加快定向培养军士生体育教学改革研究与新形态教材开发进程，将定向培养军士生体育教育推向一个新高度，为实现中华民族伟大复兴、建设世界一流军队尽绵薄之力！

由于编写时间仓促，不妥之处恳请读者批评指正。

编　者

2025 年 8 月 15 日于长沙

CONTENTS 目录

上篇　野外训练理论知识

中篇　野外训练技能

下篇　野外训练项目

上篇

野外训练理论知识

第一章 野外训练

野外训练是定向培养军士生适应陌生环境、应对突发险情、掌握基本技能、锻造过硬军事综合素质的核心环节，是深入贯彻落实党的二十大精神，聚焦全面加强练兵备战、发展新域新质作战力量要求的具体体现。野外训练是以习近平强军思想为指导，依托军事地形学、野外生存学、心理学、运动训练学及管理学等理论基础，在模拟或真实的战场环境中，系统开展以提升战场环境适应力、心理抗压能力、战斗意志品质和团队协同效能为目标的实战化教学与训练活动。其根本任务在于构建适应现代战争要求的野战能力体系，为培养打赢现代战争的高素质专业化人才队伍固本强基。

定向培养军士生野外训练，作为课程思政重要育人载体与实战淬炼的途径，是以高沉浸的野外实战训练项目为手段，通过精心设计的场景、任务与挑战，系统锤炼学员在复杂艰险环境下的生理极限、心理韧性、生存能力与协同作战能力。实现“铸炼血性胆魄、磨砺坚韧意志、锻造胜战本领”的目标，必须深刻把握“能打仗、打胜仗”核心指向，坚持“严”字当头，以严谨的科学性、严密的组织性、严格的规范性为基本原则，确保训练效益与安全，在贴近实战的艰苦磨砺中培塑忠诚品格和胜战担当。

本章主要从定向培养军士生野外训练概述、定向培养军士生野外训练特点、定向培养军士生野外训练价值、定向培养军士生野外训练类别四个方面进行阐述。

第一节　野外训练概述

野外训练是模拟军事管理训练而衍生出来的一种拓展培训项目，野外拓展培训是指在自然地域（山川湖海），通过模拟探险活动进行的情景式心理训练。它利用奇、秀、俊、险的自然环境，通过独具匠心的设计，在参与者解决问题和应对挑战的活动过程中，使学员达到“磨练意志、陶冶情操、完善自我、融炼团队”的培训目标。其功能体现在两个方面：提高个体的环境适应与发展能力、提高组织的环境适应与发展能力。从某种意义上说，野外拓展的本质就是生存训练。

第二节　野外训练特点

（1）时尚性。契合了当代人对于塑造完备人格、提升自身素养以及回归自然本真状态的追求。

（2）突破性。它既不是体育与娱乐的简单结合，也不是以高强度、非人性化方式开展的“魔鬼训练”，而是以正统教育为蓝本，既全面提炼和综合补充，又打破常规和产生新的意义。

（3）丰富性。所有项目以体验活动为先导，引发出认知、情感、意志和交往活动，使短暂的训练充实而丰富。

（4）挑战性。所有项目都具有一定难度，是对心理、体能、智能的极限挑战。

（5）自然化。与大自然互动，通过自然的学习方式，达到自然的个性成长。

（6）团体性。实行分组活动，强调团队合作。面对共同的困难，每一名队员都竭尽全力，既可以增强团队合作的意识，又可以从团队中汲取巨大的力量和信心。

（7）高峰体验。在克服困难、顺利完成课程要求以后，队员能够体会到发自内心的胜利感和自豪感，获得人生难得的高峰体验。

（8）自我教育。充分尊重队员的主体地位和主观能动性。即使在课后的总结中，教员也只是点到为止，主要让队员自己来讲，达到自我教育的目的。

（9）人性化。在心理学领域，更强调个体内在的心理活动和体验。

第三节　野外训练价值

一、野外训练有强身健体锻炼脑力的功能

野外训练是一种需要体力和智力的运动。与学校进行的普通体育课程相比，野外训练具有趣味性、灵活性和开放性等普通课堂教学所不能比拟的特点。

二、野外训练能挖掘青年学员的个人潜能和提高自我意识

野外训练中设定了许多看起来很危险、使参与者感到压力的活动，甚至有些活动看起来是不可能完成的，但这不是单纯追求惊险感觉的活动，而是要求参与者充

分发挥个人能力和利用既有资源，在个人或团队的协作和帮助下去完成。通过项目使学员克服心理障碍，增强自我控制能力，建立自信心，增强判断能力。在克服了一个个困难的课题之后，体验到由达到目标产生的喜悦而转化来的强烈成功感，从而认识自己，在自己身上找到自信，即提高了自我信念。

三、野外训练有助于增进学员的团队协作意识

一个人打天下的时代早已过去，成功需要合作，需要团队中的每个成员积极默契地相互配合。野外训练使学员学会相互关爱、相互帮助，提高交往能力，进一步领悟团队与集体的巨大力量，体会合作精神带给自身的重要意义。野外训练中有很多需要团队协作才能完成的项目，这些项目能让学员们在参与中体会到团队对协作的重要性。有些青少年认为“团结就是力量”是一句空洞口号，可当完成一次训练活动后，才知道什么是团队，什么是团队精神，看似不可能完成的任务经过大家共同努力就能获得成功。学员们参与的训练将成为他们终生难忘的经历，让学员们更深刻地体验个人与团队之间、下级与上级之间、成员与成员之间唇齿相依的关系，使团队协作的意识更加强烈。

四、野外训练能改善学员们的人际关系

人际关系是人与人之间由于交往而产生的一种心理关系，它主要表现人与人之间在交际过程中关系的深度、亲密性、融洽性和协调性等心理方面联系的状况。建立正常的人际关系是社会文明进步的重要表现，处理好人际关系也体现着人的知识和修养，人际关系状况关系着学员们的成长和成才。野外训练设计了许多改善人际关系的项目。通过训练，学员们能够克服排他情绪，纠正孤僻心理，培养与人沟通融合能力，了解如何与他人建立良好的人际关系和提高与人沟通的能力。

五、野外训练有利于提高学员们的心理和社会适应能力

野外训练融合现代教育学、心理学、体育运动学等多门学科体系，各种自然和人为的设施中所设计的多种新鲜、巧妙、刺激的项目，能够帮助学员们释放生活学习中的压力，调节心理平衡，认识和激发自身潜能，增强自信心、自信度与感染力；能够培养学员们的自我控制能力，从容应对压力与挑战；能够强化学员们的探索精神与创新意识，培养进取心；能够强化学员们的竞争意识，把握时机的敏感度和迅捷度；能够加强学员们面对复杂情况的分析判断以及决策能力；能够使学员们学会更好地与他人进行沟通与协调，优化人际

环境；能够完善学员们的人格，培养毅力、勇气、责任心、荣誉感及积极的价值观。

第四节　野外训练类别

一、攀岩

攀岩是一项刺激且富有挑战性的活动，按场地分为自然场地攀岩和人工场地攀岩，按工具分为自由攀登和器械攀登。攀岩时要系上安全带和保护绳，配备绳索等以免发生危险（图 1–4–1）。

二、攀冰

攀冰由攀岩运动发展而来，是攀登高山、雪山的必修科目，更是登山运动的基本技能之一。攀的冰主要为自然冰，分为冰瀑和冰挂两种。攀冰是一项借助于装备、器械而进行的运动，要求装备质量高且经久耐用（图 1–4–2）。

图 1–4–1　攀岩

图 1–4–2　攀冰

三、速降

速降，在教练员的指导与保护下，运用各种专业登山器材，在建筑或其他具有一定落差的陡立面上，由高处下降到地面。教练员会现场讲述器材的使用方法及相应技术动作，让体验者仿佛凌空飞步一般完成速降过程（图 1–4–3）。

图 1–4–3　速降

四、野营

野营是指在野外露营、野炊。通过野营，可以学习各种野外生活技能。在自然的环境下，人与人之间的关系变得紧密、融洽。露营是一种休闲活动，通常露营者携带帐篷，离开城市在野外扎营，度过一个或者多个夜晚。露营通常和其他活动结合，如徒步、钓鱼或者游泳等（图 1–4–4）。

五、野外定向

又名定向越野，是一种在野外利用地图和指南针，以不同形式完成一段路程，并在检查点为控制卡（记录卡）打上印记的活动。1918 年，瑞典童子军领袖侨兰特（Major Evnst Killander）发明了一种“寻宝活动”，以训练童子军在野外辨别方向及加强体能，经过不断发展，成为今天的野外定向（图 1–4–5）。

图 1–4–4　野营

图 1–4–5　野外定向

六、定向

定向运动也是竞技体育项目之一，类似于众所周知的寻找宝藏。大致过程是：在旷野、山丘的丛林或近郊公园等优美的自然环境中，事先隐藏好数个点，参加者手持地图和指南针找出点的所在方向。采用徒步、奔跑的方式，迅速准确地逐个找出，有机地将个人休闲、娱乐与团队熔炼、协作融为一体（图 1–4–6）。

七、城市野外定向

城市野外定向与野外定向最大、最明显的区别便是前者在各大城市内举行，其复杂性和难度小于野外定向。通常城市野外定向以比赛形式出现，一般强调文化性和娱乐性，要求类似“寻宝”游戏（图 1–4–7）。

图 1-4-6　定向

图 1-4-7　城市野外定向

八、溯溪

溯溪是指在峡谷溪流的上下游之间，克服地形上的各处障碍，穷水之源而登山之巅的一项探险运动。其特点与乐趣在于不断克服一个接一个的急流、瀑布、跌水、漩涡，急流勇进、逆水前行。当然更要依靠队友之间的倾力配合。由于自始至终在水中行进，时而淌、时而游，往往不长的一段溪谷也要历尽艰辛才能穿过（图 1-4-8）。

图 1-4-8　溯溪

九、探险

户外休闲运动中多数带有探险性，属于极限和亚极限运动，有很大的挑战性和刺激性。其主要目的在于拥抱壮阔自然，挑战个体潜能极限，强健心智，陶冶情操。探险过程深刻锤炼参与者的坚毅意志、风险预判与应急能力，并在协作中熔炼高度的团队精神，同时切实提升关键的野外生存技能和直面险境的韧性（图 1-4-9）。

十、徒步

亦称作远足、行山或健行，并不是通常意义上的散步，也不是体育竞赛中的竞走项目，而是指有目的地在城市的郊区行走、不需要登上山顶的活动。

徒步、登山和穿越都需要专门的设备，例如专用的登山鞋、冲锋衣裤等，徒步、登山、穿越爱好者也需要准备一定的食物和工具，比如刀具、指北针等（图 1-4-10）。

图 1-4-9　探险

图 1-4-10　徒步

十一、潜水

泛指所有的水面下活动，包括使用压缩机由水面供气的潜水、由潜水员自行携带水下呼吸设备的潜水、不携带呼吸设备而仅使用轻装备的自由潜水（图 1-4-11）。

十二、冲浪

冲浪是以海浪为动力，利用自身的高超技巧和平衡能力，搏击海浪的一项运动。运动员站立在冲浪板上，或利用腹板、跪板、充气的橡皮垫、划艇、皮艇等驾驭海浪。不论采用哪种器材，运动员都必须具备极高的肢体协调、反应等技巧和动态平衡能力，而且要灵敏地应对瞬息万变的海浪环境。冲浪不仅是体能与技巧的巅峰较量，更是对自然规律深刻理解与尊重的表现，蕴含着挑战自我、亲近海洋的独特体育精神（图 1-4-12）。

图 1-4-11　潜水

图 1-4-12　冲浪

十三、钓鱼

钓鱼是捕捉鱼类的方法之一，主要工具有钓竿、鱼钩、渔线、鱼饵

（图 1-4-13）。钓竿一般是由竹子、塑料或碳纤维等轻而有力的物质制成的杆状物，钓竿和鱼钩用渔线连接。一般的鱼饵可以是蚯蚓、米饭、菜叶、苍蝇、蛆等，现代有专门制作好的鱼饵出售。鱼饵可以直接挂在渔线上，但有个鱼钩会更好，对不同的鱼有不同的专制鱼钩。另外使用浮漂更有帮助。在周围水面撒一些豆糠会引来更多的鱼。

十四、小轮车

小轮车（Bicycle Motoeross，BMX）起源于20世纪60年代美国的加利福尼亚，年轻人从摩托车越野赛中得到启发，在自建的场地上比赛自行车，很快有了第一批拥趸。1978年，小轮车传入欧洲；1982年，第一届小轮车世界锦标赛举行；1993年，国际自行车运动联盟接纳小轮车成为新成员；2003年，国际奥委会通过决议，将小轮车列为北京奥运会正式比赛项目。年轻人的惊险游戏，就这样登上了运动世界的最高殿堂（图 1-4-14）。

图 1-4-13　钓鱼

图 1-4-14　小轮车

思考题

1. 什么是野外训练？
2. 定向培养军士生野外训练包含哪些方面？
3. 定向培养军士生野外训练的特点与价值有哪些？

第二章

野外训练的基本准备

党的二十大报告指出："全面加强练兵备战，提高人民军队打赢能力。"这为定向培养军士生野外训练提出了更高的标准与要求。军士生作为未来战场的骨干力量，必须从训练之初就树牢备战意识，要以"时刻准备着"的战斗姿态投入训练。野外训练是定向军士生军事实践能力培养的关键环节，是锤炼战斗意志、提升战场适应能力的重要途径。扎实的基本准备是确保训练安全高效的前提，更是锻造"能打仗、打胜仗"过硬本领的基础。本章围绕心理准备、着装准备、器材准备和其他准备展开，系统指导军士生在训练前树立正确认知，科学配置装备，强化应急能力，为野外实战化训练筑牢根基。

第一节 野外训练心理准备

与日常的生活环境相比，野外训练具有不可控的环境因素。生活环境的改变会影响到一个人的内心环境。随着环境的改变人内心的潜在心理也会慢慢浮现在表面，从隐性的症状转为显性的症状。例如有轻度抑郁症的人，在陌生的环境中、夜深人静之时，抑郁的症状就有可能加剧；有紧张症的人，在荒无人迹处紧张心理就会表现出来；有神经衰弱的人，改变了生活环境，会更不易入睡；等等。因此，在正式野外训练前，必须进行适当的心理准备训练。

一、野外训练中可能产生哪些心理障碍

参加各种野外训练时，由于参与者脱离了一种早已习惯的生活环境，一旦步入一个完全陌生的环境，任何人都会有各种不同的感受，最常见的现象是参与者在不同情况下产生的各种心理方面问题，如恐惧、失眠等；野外训练经常会遇到平时不太可能遇到的事情，如毒蛇、猛兽，漆黑的夜晚，迷失方向等。由此而产生的胆怯心理，每个人都或多或少地存在。对这些心理现象应该特别予以注意，进行一些相应的克服心理障碍的训练，从而保证野外生存生活的正常进行。

二、野外训练生活前的心理训练应注意的问题

心理训练是一种心理干预方法，是采用专门仪器和手段，具体改变人的某种心理状态，以达到最适宜强度、最佳状态的过程。心理训练不是用语言去提醒人们要改变自己，而是用实际操作帮助人们改变自己。这里的心理训练就是有意识地对学员的心理过程（包括认识过程、情感过程和意志过程）和个性心理特征施以影响，发展各种必需的积极的心理品质，并使学员学会调节自己心理状态的各种方法，从而为更好地参加野外生存生活训练和完成复杂的任务做好各种心理准备。心理现象的本质实质上是条件反射。

心理训练，对于学员在野外生存生活过程中保持旺盛的斗志、坚定的信心，充分发挥技术水平和克服重重困难等具有重要意义。在野外生存生活训练过程中，各种心理表现随着学员自身的不同经历和客观环境条件的变化而有所不同，如在心理方面表现为麻痹、紧张、松弛、胆怯等。因此，在平时训练中，就要针对学员常出现的心理状态，安排一些心理训练的内容，如放松训练、生物反馈训练、模拟训练、集中注意力训练、表象重现与念动训练等。

心理训练中的注意事项包括：

（1）野外生存生活训练前学员会产生各种心理状态，这是不足为奇的。因此，必须阐明野外生存生活训练特点和客观规律，只要按照客观规律行事，胆大心细，就可以避免一些不必要的事故。

（2）针对野外生存生活训练过程中一些心理状态，平时练习要刻苦，技术要过硬。另外，在技术练习时，通过困难、危险的地带要加设安全保护措施，这样队员就会觉得心里踏实，也就可以避免因为心慌而发生事故。

（3）心理训练要与实际相结合。任何心理品质的形成和提升，都需要在训练过程中反复实践才能达成。所以实践活动前的训练要贯彻高标准、严要求、从实际出发的原则，进行艰苦顽强的训练。

三、解决心理障碍的途径和方法

（一）认知重构法

1. 理性分析训练

将困难拆解为具体、可操作的步骤，避免灾难化想象。

在野外训练前，教员可要求学员列出任务中可能遇到的三种最坏情况，并针对每种情况制定两种解决方案，举例如下。

情况：在密林中迷失方向。

方案 1：立即停止移动，使用指北针重新定位最近的地标。

方案 2：爬上高处寻找明显参照物（如山峰、河流）。

最后通过“如果—那么”句式强化条件反射，例如“如果遭遇暴雨，那么优先寻找避风处并检查装备防水性”。

2. 积极心理暗示库建设

要求每名学员建立个人“心理急救包”，例如一句最能激励自己的口号，一段成功克服困难的回忆，一张重要人物的照片（家人、战友），以此来作为精神支柱。

（二）渐进式暴露训练

在安全范围内分阶段接触压力源，逐步提升心理阈值。

1. 环境适应层

阶段 1：白天熟悉地形训练（允许使用 GPS 和完整地图）。

阶段 2：黄昏简化装备训练（仅限指北针和简易地图）。

阶段 3：夜间无光源静默行进（四人小组仅靠绳索连接）。

2. 压力递增层

基础压力：限时完成物资运输任务（超时扣分）。

中级压力：随机抽走一件关键装备（如取消帐篷仅发放雨披）。

极限压力：植入突发敌情警报（须立即隐蔽并保持静默 2h）。

（三）团队心理互助

1. 责任绑定制度

明确个人在小组中的关键角色（如侦察员、记录员、急救员等），通过责任感抑制消极情绪。

2. 情绪共享制度

每日任务后开展“三句话复盘”，包括成功点、不足点、改进点，避免负面情绪积压。

3. 影子观察员制度

指定一名学员作为“心理观察员”，负责记录队友的以下行为：语言倾向（积极 / 消极词汇比例）、决策速度（面对选择时的犹豫时长）、肢体语言（耸肩、握拳等紧张信号）。任务结束后进行可视化反馈，图表展示情绪波动曲线。

（四）生理调节技术

1. 呼吸控制法

遭遇应激反应时，采用“4–7–8 呼吸法”，吸气 4 s—屏息 7 s—呼气 8 s 的方式快速平复心率。

2. 肌肉放松法

依次收紧—放松脚趾至头部的肌肉群，缓解紧张状态。

（五）长效心理建设方法

1. 日常模拟训练

（1）不确定性注入。在常规训练中随机加入以下元素：

信息干扰：发放矛盾的情报（如两份标注不同的地图）。

资源突变：行进途中突然要求上交 50% 饮用水。

角色丧失：模拟指挥官“阵亡”，由最低衔学员接替指挥。

（2）复盘技术。采用“三维复盘法”：

技能维度：战术动作是否规范。

心理维度：关键决策时的情绪状态。

团队维度：是否出现“心理传染”（一人恐慌引发连锁反应）。

2. 心理韧性日记

记录每次训练中的心理变化及应对策略，形成个人“抗压案例库”，例如表 2–1–1 所示。

表 2–1–1　心理韧性日记模板

日期	压力事件	生理反应	应对措施	效果评分	改进计划
2024.9.1	夜晚独行	手心出汗	使用 4–7–8 呼吸法	★★★☆☆	下次携带荧光棒降低黑暗恐惧

3. 专业心理支持

（1）前置性筛查。通过工具在训练前识别高风险个体，使用军事版 SCL–90 量表，重点检测抑郁、焦虑因子，虚拟现实暴露测试，VR 模拟荒野场景监测心率变异。

（2）嵌入式干预。心理咨询师伪装成参训学员，在任务中观察并实施即时认知干预、应激暂停权。并让学员与部队心理咨询师建立固定沟通机制，必要时进行脱敏治疗或正念训练。

四、抗挫折能力模拟训练

抗挫折能力标志着一个人适应环境的能力。影响抗挫折能力的因素主要有生理因素、思想境界、性格特征、生活阅历、资源条件、目标理解、目标距离等。野外生存生活训练中机体对疲劳或外界不利条件（低温、缺氧、恶劣气候等）应具有高度的承受能力。

（一）提高缺氧承受力的训练

模拟耐缺氧的训练中常采用以下几种方法：

（1）在负重行军时，戴上特制的口罩，以减少肺部的通气量，人为地使神经、呼吸和循环各系统处于缺氧状态，从而逐渐提高内脏器官的耐缺氧能力。

（2）在负重行军时，有意识地用腹式呼吸，因为背包带勒住胸部，不便胸式呼吸；呼吸和脚步的频率要有节奏性，可以适当延长呼吸和脚步的节奏，如：采用四步一吸、四步一呼的节奏或更长一些，来提高内脏器官的耐缺氧能力。

（3）从实际情况出发，在身体和外界环境极端不利的条件下，进行艰苦顽强的训练，提高学员的忍耐能力。

（4）如有条件，定期在低压舱内进行一定时间的活动和生活，则是更理想的训练手段。在进行耐缺氧训练时，要注意循序渐进，量力而行，不可强求一致，并且最好在医务人员监督下进行，而且要持之以恒。

（二）提高耐寒能力训练

在冬季野外生存生活训练中，由于天气变化无常，一天中早、中、晚的天气变化可能差别很大，变化很快。但总的来说是气温低、风力大，容易受冻。因此，平时还要加强耐寒模拟训练。耐寒模拟训练方法常见的有以下几种：

（1）坚持在室外出早操和进行正常的训练，要有意识地不戴手套和帽子，平时少穿或迟穿冬衣。

（2）在冰冷的地面上进行短时间的赤脚跑。

（3）坚持用冷水洗脸、洗脚以及用冷水擦身和进行冷水浴。

（4）训练中要用以动防冻的方法，采用多种手段来增强机体的抗寒能力。

第二节 野外训练着装准备

由于野外生活环境条件的特殊性，对个人着装装备也有一定的要求。野外生存的个人着装装备主要包括衣服、鞋子、袜子、雨衣、背包和帽子等。

一、着装

（一）衣服

在野外，穿着的服装应舒适、宽松、柔软，遵循多层原则。应对野外温度变化的方法是反复增减衣服。登山会出汗，穿运动衫即可；但在阴湿、阳光照不到的森林中，就要穿长袖衬衫。在炎热的夏天进行野外生存应尽量避免受到蚊虫的叮咬或带刺植物的伤害。衣服汗湿了，应及时更换，保持清爽、暖和。野外生存个人着装分层的原则和要求如下。

1. 着装分层

多层薄衣服较之一件厚衣服更能有效地保持体温。调节体温有多种方法，可以加衣或减衣，也可以解开外套的拉链或纽扣。

2. 内衣

贴身穿的衣服必须是棉质背心或长袖高领衫，贴身但不紧绷。内衣直接接触皮肤，因此要选择触感好、容易吸汗、干燥快的棉质内衣。短袖内衣，揉起来可变得很小，携带方便，夏天野外旅行，可以多带几件。汗湿的内衣，可用河水投洗并晾干，来不及晾干的，可以挂在背包后面，行走时风干或晾干。

冬天着装应选择毛质内衣，因其有伸缩性，穿上后可紧贴身体，触感好，即使被淋湿了也不会有寒冷感。选购毛质内衣时，可参考衣服标签，有含毛成分 100% 的、有含毛成分 90% 加上尼龙成分 10% 的、有含毛成分 70% 加上尼龙成分 30% 的等。记住含毛成分越高越保暖；内衣长度以能束进裤内、弯腰时不会露出背部为宜；袖长与手腕齐，才能防止冷风吹入。

3. 第二层衣服

第二层衣服必须宽松，重点是保护颈部和腕关节。可以选择带拉链的高领内衣，或有领的衬衣。衬衣的袖子能卷起，袖口能扣上。

4. 外套

夹克可以当作外套、风衣或雨衣。冬季，必须穿带衬垫的风雪衣以抵御刺骨的寒风。如果觉得热，并且流汗，可以把夹克敞开。我国南方地区经常会下雨，因此可以在夹克上罩一件雨衣。

5. 裤子

选择有弹性、宽大的裤子，最好是宽松的棉质长裤。多口袋裤子能装地图、指北针等用品，这样可以腾出双手。如果可能，可以给膝盖部位打上结实的补丁。除此之外，还可以考虑其他一些因素，如添加可以放置地图的附加口袋等。在野外恶劣的气候环境里，应该选择一些具有特殊功能的专用裤子，如沙漠裤、山地裤等。

6. 防水服装

应当首选具有“呼吸功能”的防水服装，这样才能够把防水服装套在其他的衣服外面，否则，潮气无法及时排出。另外，防水裤应当具有足够的长度，最好能够盖住鞋子的表面。

（二）雨衣

雨衣分为一体式（图 2–2–1）和分体式（图 2–2–2）。好的雨衣既能挡雨又通风。一般穿雨衣前得先脱下一件衣服，以免闷热不堪。下雨时，可在背包、鞋子上蒙上防水罩。

图 2–2–1 一体式雨衣

图 2–2–2 分体式雨衣

（三）鞋子

在野外生活时，选择适合的鞋是非常重要的。鞋子必须轻、透气、散热性好，鞋底要坚硬耐磨。根据野外生活的计划安排，应选择防潮防寒的短靴，还要尽可能准备一些专用鞋，如溯溪鞋（图 2–2–3）、攀岩鞋（图 2–2–4）等。在野外长时间走路，最好不要穿新鞋子。尤其是在石子路、山坡路上，穿新鞋特别不易行走。

图 2–2–3 溯溪鞋

图 2–2–4 攀岩鞋

（四）袜子

野外生存环境以及具体活动范围是选择袜子的主要要素。进行野外活动，需要随身携带一些备用的袜子，并使之处于清洁干燥的状态，以备随时更换。棉质袜子吸汗、触感好；毛质袜子保暖。因此，夏天应穿棉质袜子，冬天应穿毛质袜子。穿登山鞋最好把棉质、毛质袜子一起穿。

（五）帽子

人体大约 50% 以上的热量是从头部散失的，因而在所有的服装装备中，帽子是一个非常重要的组成部分。为此，在野外生存生活过程中，应当配备一顶非常结实、适用的帽子。在沙漠环境里风沙大，最好用一块浅色头巾把头部包裹起来。

二、背包和行囊

背包是野外出行必备的工具之一，除了可装宿营用品外，还可装食物、衣物以及各种野外要用到的零碎用品。选择背包时应以牢固、舒适和多功能为原则。此外，背包要适合双肩背的形状，背起来要舒适。使用前要检查背包的面料是否结实，接缝处是否牢固，拉链是否完好等。为取放物品方便考虑，尽量选择在顶部、侧面和底部有多口袋的背包。

外出进行野外生存生活活动，要选择一个容量适宜的背包，应根据野外活动的时间和内容来选择，首先要明确使用目的，然后确定背包容量，容量宜大不宜小。35~50 L 容量的背包可放下一个轻型睡袋和一些小型装备；50 L 左右的背包还可放进夏天用的小帐篷、过夜的衣物、炊具和炉灶，此容量背包适合在温暖地带进行 1~2 天的野外生存活动；50~70 L 容量的背包不仅可以放下睡袋、帐篷等装备，还可以装保暖衣物和一些公用装备，此容量的背包可应付 3~4 天的野外生存活动；70~100 L 容量的背包是大多数人首选，它几乎可以放进所有的装备，足以应付 1~2 周的野外生存活动。

背包可以按装填方式、功能及用途分类等多种方式。其中，按背包装填方式可以分为顶装式、边袋式和混合式 3 种。顶装式背包（图 2–2–5）只能从顶部打开装物，因此，装包需有一定技巧。由于只能从顶部打开，它的防水性和牢固性要比边袋式和混合式背包好。此外，很多顶装式背包的袋口围布可以拉长，必要时能够增加背包容量。边袋式背包（图 2–2–6）的特点是在包的前面或侧面附有 2~4 个带拉链的马蹄形侧袋。这种背包的优点在于可以将物品分开放置，缺点是与同样容量的顶装式背包相比，它装的物品要少一些。因为它的顶盖不是活动的，所以装太多的物品可能会将拉链撑裂。混合式背包（图 2–2–7）兼具以上两类包的优点，既有活动顶盖，也有带后拉链的侧包，方便装取杂物，但由于拉链增多，防水性降低，所以最好再配上防雨罩。在选购时，同样也要确认拉链是否牢固，是否有压缩带。

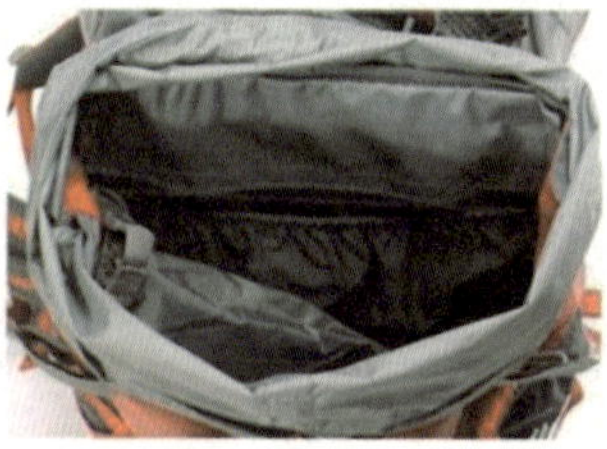

图 2-2-5　顶装式

图 2-2-6　边袋式

图 2-2-7　混合式

装满时的背包必须保持平衡。为了防止背包向后扯肩部或使肩部前弓，可以将重物放在最上面，使其重力笔直下压。装包时，应挑选有用的必需品，避免带过多物品。物品最好一物多用，如雨披，既可当雨衣，又可当临时的遮阳布，还可当作铺在地上的防潮布。背包里所有的物品都必须完全防水、防湿。把背包里的物品分类放置并用单独的塑料袋包起来后再放进背包里。把帐篷、睡袋、防潮垫各自竖着放进背包，把自己的衣物塞到这些物品的缝隙里，再把吃的和其他杂物放在上面，常用的物品放在背包的侧兜里，如卫生纸、手电、水壶等，注意重的物品应放在背包上部，并且装包时不要将睡袋、防潮垫随便放在地上，以免弄脏或让昆虫爬入。

三、野外露营装备

（一）帐篷

帐篷（图 2-2-8）是野外露营的房子，主要作用是防风霜雨雪、防蚊虫及蛇。帐篷一般是双层的，外帐用来防雨、防寒、抗风。内帐的门也是双层的，里面是纱帘，用来防止蚊虫、蛇的入侵，所以进出帐篷都必须把纱帘拉上；把外层的门拉上，可以制造一个隐蔽的空间，方便换衣服。帐篷里边有一个小兜，方便放一些零碎的物品。

图 2-2-8　帐篷

1. 小型圆顶形轻便帐篷搭建方法

这种帐篷是由篷布、玻璃纤维的骨架和钉、绳构成的。搭建步骤如下：

（1）平整土地后，将帐篷布摊开。

（2）将各组骨架连接起来，并穿过帐篷上缝成的管。

（3）将骨架的末端插入帆布的四角或六角洞内。

（4）用钉子将营帐固定在地面上。

2. 临时简易帐篷的搭建方法

临时简易帐篷主要是利用已有的自然条件，借助一些简单设备进行搭建。常用的方法有：

（1）用插入土里的树棍来支撑帐篷。

（2）利用斜挂的树枝吊起帐篷。

（3）利用树干支起帐篷。

（4）利用树枝叶遮风。

3. 搭建各种三角形简易帐篷的方法

（1）用绳子系在两棵距离合适的树上。

（2）在帐篷四周钉上木桩。

（3）系好四角斜拉的绳子。

（4）用塑料布或帆布拦腰搭在横拉的绳上面。

（5）帆布多余部分沿下坡的方向折向内面。

（6）再在帐篷里面铺一块塑料布隔潮。

（7）帐篷四周用石头压好。

（8）根据条件，因地制宜搭成各种形状的三角形帐篷。

支好帐篷后，把装帐篷的袋子和地钉、装帐篷杆的袋子都放进帐篷内，以备收帐篷时使用；不要穿鞋进入，保持帐篷内的清洁。尤其注意不要在帐篷里抽烟，帐篷的面料尤其怕火，一个火星就是一个窟窿。因帐内的露水或水汽散发不出去，或者遇到下雨，帐篷都会湿，第二天收帐篷前最好能把帐篷晾干，如没有条件也可以等返回后再晾；收帐篷之前把帐篷内的沙子倒干净，把门帘拉好，然后铺平内帐，再放在铺平的外帐上，折叠，同时拍掉帐篷底面的灰土，并将帐篷杆一块儿卷起，装入袋内收好。

（二）睡袋

睡袋是野外露营的被子，主要作用是保暖。按适用温度分类，睡袋可分为夏季、三季、冬季睡袋。夏季睡袋适合 10℃以上环境，重量轻，填充量少，多采用透气面料，便于散热；三季睡袋适用于 0~10℃，是最常用的类型，填充量适中，兼顾保暖与轻便，适合春秋季及温带地区；冬季睡袋可以在 –10℃以下使用，填充厚实，面料防风防水，设计上注重锁温，重量较大，1.5 kg 以上。按填充材质分类包括羽绒睡袋和化纤睡袋。羽绒睡袋保暖性极佳，压缩性好，重量轻，但遇水后保暖性下降，价格较高，适合寒冷环境；化纤睡袋价格相对较低，湿水后仍有一定保暖性，易打理，但重量和压缩性不如羽绒，适合潮湿或预算有限场景。按款式结构分类，包括木乃伊式、信封式、半木乃伊式。木乃伊式（图 2-2-9）贴合身体曲线，头部有收紧设计，保暖性强，适合寒冷天气，但活动空间较小；信封式（图 2-2-10）呈长方形，空间宽松，适合温暖环境或喜欢自由活动的人，部分可展开当被子使用；半木乃伊式则结合前两者特点，上宽下窄，兼顾保暖与活动空间，适用范围较广。选择睡袋时，需根据环境温度、使用场景和个人需求综合考量，确保保暖性与舒适性平衡。

图 2-2-9 木乃伊式睡袋

图 2-2-10 信封式睡袋

（三）应急毯

应急毯（图 2-2-11）通常由铝膜或聚乙烯等材料制成，外观多为银色或金色，质地轻薄，能反射热量、防水防潮，常用于户外求生、灾害救援等场景，可起到保温、防晒、防雨等作用。

图 2-2-11 应急毯

1. 特点

（1）轻便易携。重量通常仅几十克，折叠后体积小，方便随身携带。

（2）隔热保温。表面铝膜能反射人体散发的热量（反射率可达 90% 以上），减少体温流失。

（3）防水防潮。材料具有防水性，可隔绝雨水和湿气，避免身体受潮失温。

（4）多功能性。除保温外，还能作为反光信号（银色面反射光线）、临时遮阳布或地垫使用。

2. 使用方法

（1）保温使用。展开应急毯，将银色面朝向身体，包裹全身（头部、四肢需尽量覆盖），用胶带或绳索固定边缘，避免热量散失。

（2）防雨防潮。撑开应急毯，将金色面（或非反光面）朝上，作为遮雨棚搭建在头顶，或铺在地面作为防潮垫。

（3）发出信号。在户外遇险时，挥动银色面朝向天空或远处，利用反光吸引救援人员注意。

（4）其他场景。高温环境下，可将应急毯银色面朝外覆盖在车顶或帐篷外，反射阳光降温；冻伤急救时，用应急毯包裹患者身体，防止体温进一步下降。

（四）防潮垫

防潮垫是野外宿营的褥子，主要用于在野外环境中将潮湿、冰凉的地面与人体隔离，避免受潮。防潮垫小巧轻便，便于携带。自充气或防潮垫较坚固的防潮效果更好。

四、其他准备

野外生存环境复杂，可能发生的意外是无法预料的。这类意外一旦发生，只要随身携带以下野外生存利器，就极有可能在关键时刻起到意想不到的作用。

（1）火柴。防水火柴比普通火柴更有用。普通火柴用熔化的蜡烛油包住，就能解决防水问题。

（2）蜡烛。既可用来生火又可作光源，对意外情况来说，它是无价之宝。可将蜡烛削成条形以便摆放。

（3）打火石。即使在潮湿环境下也能正常使用，当其他生火工具耗尽后，它仍可提供可靠的取火手段。

（4）带放大镜的指北针。可直接聚光生火，并作辨别方向及看地图用。

（5）针和线。要有几种型号的针。至少应有一种很大号的，针眼可以穿过外科手术缝合线或粗制的棉纱线。选择坚韧耐磨的线，并将其绕在针上。

（6）鱼钩和渔线。选择鱼钩并带尽可能长的坚韧耐磨的渔线，可以钓鱼和捕鸟。

（7）外科手术刀片。带两个不同型号的外科手术刀片，需要用时可临时自制木制刀柄。

（8）医疗小瓶。镇痛药、肠道腹泻药、抗生素、高锰酸钾、中暑药、防蚊虫药等。

第三节　野外训练器材准备

一、通信及导航器材

（1）卫星电话。可以在地球任何一个角落与外界取得联系，尽管价格昂贵，但是求生的最佳设备。

（2）移动电话。有的地方移动电话网络覆盖不到，出发前应向有关电信部门查询野外生活地区的网络覆盖情况。

（3）对讲机。便于团体进行野外生活的联络。

（4）GPS 接收设备。用于接收全球卫星定位系统位置信息及导航。

注意：以上设备均应保证有充足的后备电源，并做好防潮措施，否则会影响正常的使用。与外界保持联络是非常重要的。

二、绳索

应准备直径不小于 8 mm、长 50 m 的主绳和直径不小于 6 mm、长 50 m 的辅绳若干条，主绳用于人身保护，特别是攀岩和岩降时使用，辅绳用于捆扎物品。

三、其他还应准备的物品

应准备安全带、上升器、下降器、岩锥、岩石锤、救生衣等专用技术设备，以及望远镜、照相机、摄像机、指针式手表、瑞士军刀、开罐器、当地地图和足够的现金。小刀、哨子、指针式手表等，为防止丢失应挂在脖子上。

四、救生包

（1）钓鱼钩和钓丝锤。准备大量的钓鱼钩、浮子和小的鱼钩。

（2）钓鱼线。用结实的钓鱼线钓鱼、捆东西。

（3）解剖刀。解剖刀有多种用途，把刀刃放在浸油的原装袋里。

（4）铅笔。用来记日记、画地图。

（5）安全别针。用来别住衣物、睡袋或帐篷。

（6）细金属线。细金属线有较好的柔韧性，易弯曲但不断裂。

（7）钢丝锯。钢丝锯可切割多种材料。

（8）缝纫包。购买大孔针眼的针和防水线，并把它们保存在塑料袋里。

（9）塑料袋。可用塑料袋装水或遮头。

（10）指北针。最好选择有发光标志的指北针。

（11）抗生药片。仅适用于紧急情况水的净化。

（12）膏药。能防止伤口感染，或贴在脚上的水疱处，帮助康复。

（13）高锰酸钾。结晶状的高锰酸钾能过滤不纯水，治疗真菌感染。

（14）净水剂。仅适用于紧急情况。

（15）放大镜。可利用放大镜将太阳光聚焦在易燃物上使其点燃。开始燃烧时可以逐渐加燃料，直到完全燃烧为止。

（16）蜡烛。蜡烛用来点火，而不是用来照明。

（17）打火机、火柴。大火柴头上涂上一层蜡可防水，擦火柴前把蜡去掉。

（18）储存罐。把求生用品放在一个有盖的罐子里。为保持干爽可用胶带密封。每次用完后把它放回原处，这样便于拿取，储存物品应在贮存罐上标注。

（19）医疗小瓶：镇痛药、肠道腹泻药、抗生素、中暑药、防蚊虫药等。

第四节　野外训练其他准备

一、炊具

在野外环境中，许多地方禁止使用明火。尤其是森林地区，严禁明火，以防止火灾。野外活动应自备燃料炉和燃料。燃料炉有携带式火炉，市场上有一种带有小型瓦斯筒的轻型火炉比较适用，可以在野外随时生火煮食。野外生活不可缺少的餐具主要有碗、杯、盘、热水壶、锅、汤匙和菜刀等。

（一）饭盒

铝制饭盒既轻便又耐用，是很好的炊具，既可以盛放食品及盐块，又能盛放各类救生物品。

（二）燃料

最好携带那种可用于折叠式炉灶内的凝固体类燃料块，在用木柴取火不方便时应急用。它们对取火很管用，只需扳开灶外壳就可形成精巧的小锅灶，燃料可以在里面充分燃烧。

二、自备食物

食物和水是野外生活不可或缺的自备物品。选择食品应根据野外生活的气候环境、生活天数以及在中途是否可以补给等情况来控制自备食物的数量和品种，以免增加背包的质（重）量和体积。自备食物可选用罐头食品、饼干、八宝粥、火腿肠、肉干、咸菜、糖果、茶叶、巧克力、奶粉、少量的盐和糖等。另外，根据天气情况，自备适量的饮用水。

三、手电筒

一只微型手电筒只占用极小空间。筒内放有电池，但头尾颠倒，这样即使开关偶然碰开了，也不会消耗电池。锂电池功率大，使用寿命长，是首选。

四、火柴

在一防水小瓶里尽可能多地装上火柴。如果摆放不好可能因相互摩擦而引燃，尤其是非安全性火柴，所以在摆放时要特别注意。

五、闪光信号灯

闪光灯可以引起营救者的注意，尤其是在闭塞地区可带上红绿迷你型闪光信号灯头和一只放电体。可选用自来水笔大小的放电体。这些物品是易爆品，要小心保护，用时可以很方便将放电体旋接在闪光信号灯上。平时不要随便使用，以免浪费电。

六、救生袋

严寒条件下，一只长 200 cm、宽 60 cm 的大聚乙烯薄膜袋也可以救命。意外情况下可钻在里面，这样可以防止热量散发，即使薄膜袋里凝结的水汽会弄湿你的衣服。如果有既透气又能保暖的薄袋当然更好，这样可以同时解决水汽问题。

七、折叠刀

考虑便于携带，折叠刀很有价值，行动时可别在腰间。

八、医疗小瓶

可以选择几只细长的圆柱体可密封的小药瓶。瓶内装什么药品要根据自己的需要。盛装药品余下的空间用棉絮塞满，以免晃动时发出声响。以下是一些野外常用药物及其作用。

（1）镇痛类药可缓解疼痛，减轻痛苦。

（2）肠道镇静剂可用于治疗急性或慢性腹泻。

（3）抗生素可用于治疗常见细菌感染，可以选择头孢菌素类药物、大环内酯类药物、喹诺酮类药物、氨基糖苷类药物、四环素类药物。注意不要选择自己过敏的药物。

（4）抗组胺类药可用于治疗各类过敏症、蚊虫叮咬和毒虫蜇刺等，还可用于治疗对某类药品发生恶性反应的病人。

（5）抗疟疾类药品在疟疾流行区是必需的。

（6）高锰酸钾有多种用途，将它加入水中并搅拌，水溶液呈淡红色时可以消毒，至深红色时可灭菌，至紫红色则可用来治疗真菌病，比如脚气。

（7）膏药种类多样，建议选择防水型。使用前需确保伤口清洁干燥，必要时可剪裁成蝶形，以便更好地贴合关节或特殊部位。

思考题

1. 野外训练前，心理准备为什么重要？列举几种调整心态的方法。

2. 野外训练的着装有哪些基本要求？不同环境下（如雨天、寒冷天气）该如何调整？

3. 列举 5 种野外训练必备的器材，并说明其主要用途。

4. 除了心理、着装和器材外，野外训练还需要进行哪些方面的准备？

第三章 野外训练与自然环境

自然环境认知力是遂行多样化军事任务的基础能力，表现为精准识别、科学研判和有效利用地形、水文、气象等要素以达成作战目标的能力。掌握自然环境规律，深刻影响着单兵与小分队的战场生存、隐蔽机动、战术决策和持续作战效能。科学的环境认知训练不仅能锤炼官兵在复杂条件下的观察力、判断力和适应力，更能强健体魄、磨砺意志。野外实战化环境训练，可以锻造定向培养军士生"不畏艰险、科学求实、智勇双全"的过硬素质，激发"一不怕苦、二不怕死"的战斗精神，为培养"能打仗、打胜仗"的胜战之师奠定坚实的环境适应基础。

第一节 野外训练气候概述

一、天气、气候、气象的定义

天气是指特定地点、特定时间的大气逐日的状态以及大气短期（数分钟至数天）的变化。天气是对温度、湿度、降水、云量、能见度、风速及风向的综合描述。

气候指的是大气物理特征的长期平均状态，时间以月、季、年等为尺度，以冷、暖、干、湿为特征，一般由某一时期天气的平均值和离差值来表示。如果说，天气是人们看到的具体的大气现象，那么气候则是一段时期内相继发生过的多次天气的综合。

气象是指发生在天空中的一切物理现象，如风霜雨雪、云虹雷电等。气象条件是指构成和反映大气状态和大气现象的基本要素，如气压、气温、湿度、风、云、能见度、降水、蒸发、辐射、日照及寒潮、霜冻、冰雹、尘暴等。

二、气候的形成

气候的形成和变化受多种因子的影响。近代气候学将那些能够影响气候而本身不受气候影响的因子称为外部因子，如太阳辐射、地球轨道参数的变化、大陆漂移、火山活动等。气候系统各成员之间的相互作用为内部因子，而外部因子又必须通过系统内部的相互作用，才能对气候产生影响。

气候系统的属性概括为四个方面：第一个方面是热力属性，包括空气、水、冰和陆地表面的温度；第二个方面是动力属性，包括风、洋流及与之相联系的垂直运动和冰体运动；第三个方面是水分属性，包括空气湿度、云量及云中含水量、降水量、土壤湿度、河湖水位、冰雪等；第四个方面是静力属性，包括大气和海水的密度和压强、大气的组成成分、大洋盐度及气候系统的几何边界和物理常数等。这些属性在一定的外因条件下，通过气候系统内部的物理过程、化学过程和生物过程而相互作用着、关联着，并在不同时间尺度内变化着，形成不同时期的气候特征。

太阳辐射是气候形成和变化的最主要的外部因子，也是气候系统的能源。大气成分如二氧化碳、水汽、臭氧和气溶胶等可以影响大气中的辐射传输。云的辐射过程，通过反射、散射、吸收和透射等过程产生影响。太阳辐射在通过大气圈到达地表的过程中已经有不同程度的削弱。又由于下垫面（下垫面指大气与其下边界的接触面，即大气所直接覆盖的固体或液体表面）不同地形、植被、土壤和水面等利用方式的差异，对太阳辐射的反射、吸收以及导致的自身增温作用大不相同，产生不同的热力属性。同时它们又通过长波辐射等方式将热量传输给大气，大气对来自太阳的辐射（短波辐射）的吸收率很低，对来自气候系统内部的长波辐射却易于吸收而增温。整个气候系统再以地球长波辐射形式将辐射能返回宇宙空间。

气候系统的动力属性与气候系统内部的能量转换密切相关。投射到地球表面的太阳辐射能，绝大部分为下垫面所吸收，这一热能成为促使大气运动的基础能源。这种能量传递的起始点是强烈受热的下垫面。由于下垫面的增热不均，形成大尺度的水平气温梯度和大尺度的对流性不稳定。气团从下垫面增热（能量输入），空气发生铅直上升运动，增加其可用位能。这种位能产生大气的对流活动，或通过水平能量梯度，产生大尺度的大气水平运动和天气尺度扰动，转换为大尺度的环流动能。风在经过海洋表面时，由于风应力作用产生波浪并推动洋流，将大尺度能量直接传输给海洋。在经过崎岖不平和热力性质不均的陆地表面时，产生切变不稳定和其他边界效应，在能量上转换为小尺度运动的动能。这种动能因摩擦作用而逐渐消耗，使风速减小，能量逐级退化，最后转变成分子运动的动能和声能等。如此周而复始，下垫面不断吸收太阳辐射能，为大气各种运动提供持续的能源。

气候系统内部进行着复杂的物质交换，最突出的例子是水分循环。海洋、潮湿陆地、植被通过蒸发和蒸腾作用将水汽输送给大气，在一定的条件下，水汽在大气中凝结成云致雨，释放出潜热。大气中的最大热源就是这种潜热。雨水降落除直接返回海洋外，在陆上影响土壤湿度、河湖水位和冰雪等。气候系统的水分属性与水分循环关系极为密切。

人类活动对气候系统的属性有明显的影响。例如在城市中，由于燃煤量大，排放到空气中的污染物质多，可能改变局地大气的组成。据研究，在排放的污染物质中，如果酸性物质与碱性物质的总量比值较大，在一定的降水条件下，通过有关的物理化学过程，会形成酸雨降落。长期受强酸雨影响的地区，土壤和湖泊酸化，植物和鱼类受到严重危害，气候和生态环境恶化。

在气候系统内部发生的相互作用中，存在着大量的反馈过程，它们起着从内部调节气候系统的作用。其中有些反馈过程有使系统变化振幅加大的作用，称为正反馈。另一类反馈过程则有对系统变化的阻尼作用，称为负反馈。反馈过程表明气候系统各组成部分之间的耦合或相互补偿作用。

例如，当地面温度升高时，蒸发加大，大气中水汽含量增多，由于水汽对地面长波辐射的不透明性，产生了“温室效应”，从而使地表进一步增暖，蒸发进一步加大，这是一种正反馈过程。另一方面，当大气中水汽含量增多时，往往产生更多的云，云量的增多将会减少地面吸收的太阳辐射，使地表降温，因此这是一种阻尼性负反馈过程。此外，云也有阻挡地表向外放射长波辐射的作用，如果这种影响胜过其对短波辐射的影响，也可以产生一类正反馈过程。不同高度、不同类型的云，对辐射的影响是不同的，必须针对具体情况进行具体分析。

从气候的自然变化中可以看出，任何正反馈作用必将由于另一些调节过程的介入而稳定在某一水平上，否则地球气候将失去控制而变得一发不可收拾。如地面温度因水汽、二氧化碳以及其他微量温室气体的增加而升高，地球气候变得越来越暖，但是火山活动所喷发出来的大量火山灰，能有效地削弱太阳辐射的强度，产生“阳伞效应”，使地面温度降低，因此，气候的自然变化总趋势有可能在某一时期维持在某一“平均”状态，并在这个水平线上进行逐级转换。

气候的形成和变化可归纳为太阳辐射、宇宙地球物理因子、环流因子（包括大气环流和洋流）、下垫面因子（包括海陆分布、地形与地面特性、冰雪覆盖）、人类活动的影响等因子。

三、野外训练中气候的应用

气温、湿度、气压等各种气象要素具有周期性变化，会使人们野外体育活动的生理、心理、习惯等因素也呈现一定规律性，所以在选择进行野外训练的时间时，必须考虑气象要素周期性及人体生物节律性。

（一）主要气象要素的周期性与野外训练的两个时段

1. 气温的周期性变化

气温日变化和纬度、季节、地表面性质及天气情况等密切相关，一般一天当中有一个最高值和一个最低值，最高值出现在 14 时左右，最低值出现在清晨日出前后。

2. 湿度的周期性变化

湿度又称大气水汽压，通常大陆湍流混合比较强的季节里，水汽压有两个高值、两个低值。日出后，水汽压逐渐上升；到了 9~10 时，水汽压减小，直到下午或日落前；之后，水汽压又重新增大；到了 21~22 时，水汽压降低，直至次日清晨达到最低。

3. 气压的周期性变化

地面气压日变化以双峰最为普遍，其特点是早晨气压上升，最高值出现在 9~10 时；以后气压下降，到 15~16 时出现最低值；此后又逐渐升高，到 21~22 时出现次高值，以后再度下降，到次日 3~4 时出现次低值。

4. 户外体育锻炼的适宜时段

从以上论述看出，有两个时段适合户外体育锻炼。一是 5~7 时，湿度、气压、气温正处于上升阶段，气温最低，湿度较大，称为第一段，而 17~19 时，湿度、气压再次上升，气压最低，而气温处于降低阶段，称为第二时段。

（二）科学选择训练时段

1. 选择适宜的气温时段

机体对环境温度变化由发生反应到适应的一系列的生理变化称为对气候的服习，人体在冷热环境中进行训练，可使机体的产热和散热过程得到改善，人体对冷热环境适应能力就可提高，但对于绝大多数非运动员来说，选择适宜的气温，使体温适度升高则是有利的，也是有益的。

2. 选择适宜的湿度时段

潮湿或干燥的天气，不宜户外体育锻炼，湿度太大的潮湿环境，能使人体发生病理变化的环境因素——环境致病因素增多，不利于人体呼吸，运动意外事故与伤害也易于发生；长期在潮湿环境里锻炼可导致发病率增高，如“矽肺”、癌瘤病等，在湿度小的干燥环境下，易发生中暑、人体代谢紊乱等不利于健康的现象。

3. 选择适宜的气压时段

气压的高低对人体的影响也是比较显著的，特别是对高血压的人，不宜在气压过高或过低的天气里进行体育锻炼。高气压的天气，进行体育运动易增加心脏的压力，抑制机体充分有效的活动，也不易达到锻炼效果。低气压的天气，则会增加人体肌肉、血管及心脏的负担，易导致高血压、脑出血等疾病的发生，也不利于运动后的休息与恢复。

另外，在风速大、能见度低、云量多、辐射强、日照强以及恶劣天气里，都不利于野外训练，应重新选择与安排锻炼时间，灵活处理。

（三）看云识天气

在野外，最令人担心的事就是“天有不测风云”。为了避免在途中受风、霜、雨、雪的侵扰，除了要随时收听天气预报，还要掌握一定的气象知识，学会通过感知气压、气温、湿度，以及观察云的颜色种类和风向，使自己能够对小范围瞬息间的天气变化作出判断，同时应充分利用现代气象科技手段，实时监测温湿度、气压、风速；关注权威气象部门发布的精细化预报和短临预警信息，结合传统观天经验进行综合判断。

1. 通过感知识天气

（1）若发现气压低、湿度大，天气可能下雨；反之，则天气晴朗。故民间有“远山可见，天晴；近山模糊，天雨”“青蛙叫鸣不停，会下雨”“燕子低飞，天快下雨”的说法。气压高低可通过随身带的气压高度计测量。

（2）气温，在野外活动时，若夜晚气温降低，则第二天可能是好天气；相反，如果夜间闷热，则第二天可能变天。

2. 通过观云识天气

（1）卷积云。形状呈小圆块积云，远看如同海浪泛起的波纹，高度约在5000 m以上，常被称为“鱼鳞云”，一般预示天气晴朗（图3–1–1）。

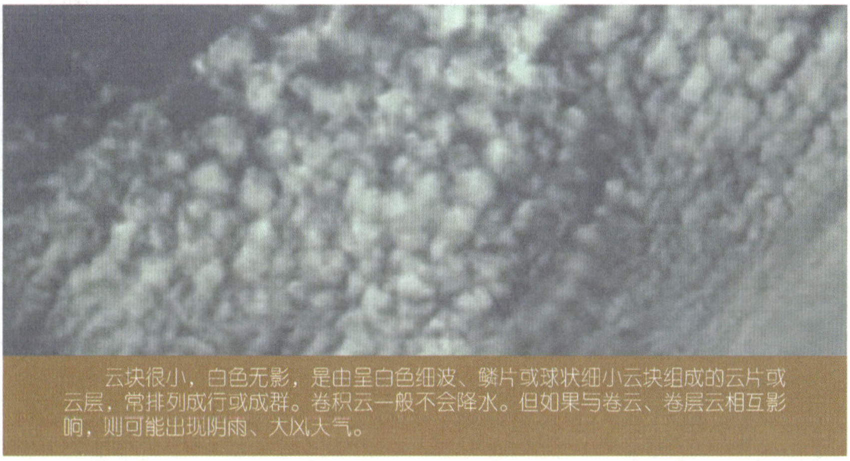

云块很小，白色无影，是由呈白色细波、鳞片或球状细小云块组成的云片或云层，常排列成行或成群。卷积云一般不会降水。但如果与卷云、卷层云相互影响，则可能出现阴雨、大风天气。

图3–1–1　卷积云图

（2）积雨云。云层压得很低，高度约在 2500 m 以下，云色乌暗，常可产生多阵性降水，或预示可能出现强风暴雨与雷鸣闪电天气（图 3–1–2）。

浓而厚，云体庞大如高耸的山岳，呈馒头状。
积雨云多有阵雨、雷暴、冰雹等天气现象，云底偶有龙卷风产生。

图 3–1–2　积雨云图

（3）积云。形状如团团棉絮，蓬松飘浮在空中，故很容易识别。为了准确判断天气，应经常注意积云的变化规律。如果它们逐渐分开，极可能预示晴天；但如果积云的前端越积越多，范围不断扩大，则要防备有一场突如其来的暴雨（图 3–1–3）。

外形类似棉花堆，轮廓分明，顶部呈圆弧形凸起，云底平坦，云块之间多不相连。一般在上午出现，午后最多，傍晚渐渐消散。
晴天常见，一般不产生降水。

图 3–1–3　积云图

（4）卷云。卷云属冰晶形成的高层云，云底高度通常在 5000 m 以上，云色纯白呈缕状形，也称马尾云。民间有“游丝天外飞，天晴便可期”的说法，故天空出现卷云，常预示天气晴朗（图 3–1–4）。

图 3-1-4 卷云图

（5）卷层云。卷层云由冰颗粒形成，云体均匀成层，透明呈乳白色，是唯一会在太阳或月亮周围产生光晕的云层。如果卷层云扩散，则预示着天气晴朗；如果云体缩小，则有下雨的可能。民间有“日晕三更雨，月晕午时风”的说法（图 3-1-5）。

图 3-1-5 卷层云图

（6）雨层云。雨层云为低层雨云，如果呈乌色笼罩天空，则预示着在极短时间内会有降水，降水时间常可持续数小时（图 3-1-6）。

（7）层云。层云的高度最低，犹如蒙蒙状密布空中，刚出现时常被误认是一层浓雾，有时可形成毛毛雨，但如果在夜间变得越来越厚，或覆盖在清晨的空中，反而预示会出现一个晴朗的天气（图 3-1-7）。

云底很低、无定形，云体均匀成幕状，云层很厚，覆盖范围很大，常布满天空，能遮蔽日、月，呈暗灰色。
雨层云笼罩在空中，预示着会有降水，通常会持续数小时。

图 3-1-6　雨层云图

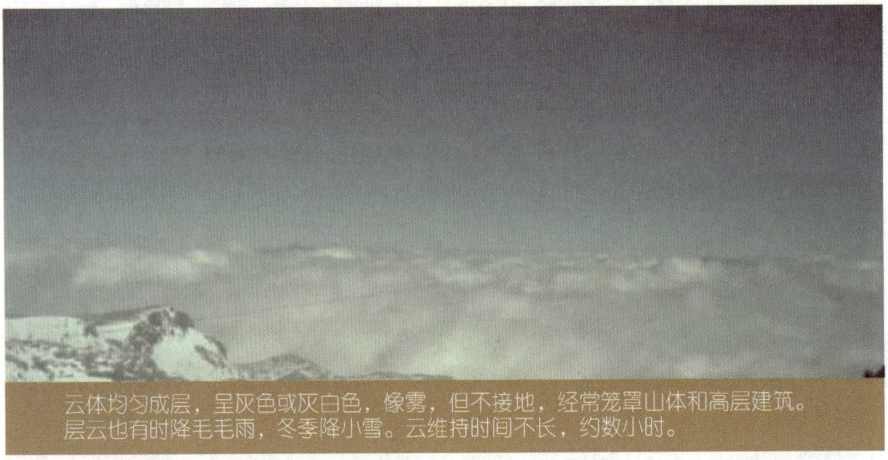

云体均匀成层，呈灰色或灰白色，像雾，但不接地，经常笼罩山体和高层建筑。层云也有时降毛毛雨，冬季降小雪。云维持时间不长，约数小时。

图 3-1-7　层云图

重要提示：民间谚语有一定地域性和经验性，需结合当地实际验证。最可靠的方式是随时关注权威天气预报。云象观察可作为辅助和应急参考。

3. 通过天象、物象谚语识天气

（1）早霞不出门，晚霞行千里。

（2）人黄有病，天黄有风。

（3）雷轰天边，大雨连天；雷轰天顶，有雨不狠。

（4）东虹日出，西虹雨。

（5）天上鱼鳞斑，晒谷不用翻。

（6）有雨山戴帽，无雨云拦腰。

（7）日出日落胭脂红，不雨就生风。

（8）直雷雨小、横雷雨大。

（9）星星眨眼会下雨。

（10）朝起红霞晚落雨，晚起红霞晒死鱼。

（11）乌头风、白头雨。

（12）燕子低飞天将雨。

（13）蜘蛛张网补网，兆天晴。

（14）青蛙成群叫，大雨将来到。

（15）看到猫洗脸，会下雨。

（16）蚂蚁搬家会下雨。

（17）乌鸦成群叫，寒潮快来到。

（18）鸡宿迟兆阴雨，鸡晒翅天将雨。

（19）蚯蚓地上爬，雨点天上飘。

（20）鱼儿出水跳，风雨就来到。

四、极端天气

极端天气，通常也称极端天气气候，是一种罕见的、小概率的天气气候现象或过程。极端天气是一个相对性的概念，它们不是经常出现的。在一个特定地方，有些可能不是每一年都会发生。例如，台风、龙卷风或冰雹等；或者虽然每年出现，但在每日观测记录里比较稀少，仍然引起人们很大关注。例如，强降水、高温和低温天气；有些极端天气从历史上看也是非常罕见的。例如，20 年、50 年、100 年一遇的特大暴雨，持续高温热浪，严重低温寒潮等。极端天气气候事件可以给人类的生产生活和健康造成各种负面影响，严重的还可能造成人员伤亡，是引发自然灾害的主要原因之一。与台风相伴的狂风暴雨给海上船只造成威胁；暴雨或强降水可能引发洪水和泥石流，淹没甚至冲毁低洼地带建筑和设施，阻塞交通，造成人员伤亡和财产损失；干旱导致农业减产甚至绝收，淡水资源短缺，历史上的持久干旱经常引起饥荒，严重时可造成数百万人死亡；低温冰冻天气扰乱海陆空交通秩序，造成大范围旅客滞留；高温热浪和低温寒潮会直接或间接造成健康问题，严重的甚至引起死亡，也对能源安全和农业、水供应造成各种不利影响。极端天气气候事件历来是天气预报、气候预测、气候变化预估的重点关注对象，也是天气气候、气候变化研究及其自然灾害风险评价的重要内容之一。做好极端大气气候及其变化规律的科学研究，提高各类极端天气气候事件预报、预测、预估准确性，对于各级政府和社会防灾减灾、应对气候变化具有重要的现实意义。

在气候科研和业务上，通常情况下，人们使用各种各样的指标或指数来描述极端天气气候事件及其变化特征。一种简单的指数就是气候要素的极值，是指某一段时间里该要素的极端最大或最小值，例如，月内、夏季或年内极端最高气温，以及月内、冬季或年内极端最低气温等。定义其他的指数需要确定值，规定某一特定时间内观测的数据达到或超过这个阈值，就认为发生了该种极端天气气候事件。

（一）寒潮

盘踞在高纬度地区上空的冷空气，在特定的天气形势下突然离开源地大规模南下，造成沿途剧烈降温，并伴有偏北大风、霜冻、雨雪、风沙等天气现象，这类天气过程称为寒潮。寒潮是一次强烈的冷空气活动。

寒潮多发生于冬半年。寒潮带来的冻害和风灾，对生产建设、交通运输、人民生活和旅游活动均有不利影响。

1. 寒潮标准

在我国，根据工农业生产的需要，中国气象局规定了寒潮的标准：一次冷空气侵入使长江中下游及以北地区在 48 h 内最低气温下降 10℃以上，长江中下游最低气温达 4℃或以下，陆地上相当于 3 个大行政区的范围内伴有 5~7 级大风，渤海、黄海、东海出现 7 级以上大风，称为寒潮。如果 48 h 内最低气温下降 14℃以上、陆地上 3~4 个大行政区有 5~7 级大风，沿海所有海区出现 7 级以上大风，称为强寒潮。凡不符合上述标准的天气过程，称为一般冷空气活动。

我国幅员辽阔，地形复杂，南北气候差异大，各地的生产活动不尽相同，全国采用同一寒潮标准难以满足各地的服务要求，因此许多气象台站根据当地具体情况，补充修订了适合本地区的寒潮标准。因此，旅游者除收听中央气象台的天气预报外，还需注意所到地区地方台站的天气预报。

2. 寒潮天气

寒潮袭击时，最突出的天气表现是大风和降温，其他如沙暴、雨雪等天气现象则视地区和条件而异。

（1）大风。大风常常出现在冷锋后部 200 km 附近的地区，当寒潮冷锋过境时，风向突变，风力猛增。锋后为偏北大风，风力一般是 6 级，有时可达 10~12 级，持续时间长短不一，多数是 1~2 天，较长的可达 3 天左右。大风吹起尘土，造成风沙、浮尘天气。寒潮冷锋前部的地区，一般风力微弱，风向偏南，但冷锋前的低压（槽）系统发展比较强时，在内蒙古东部及东北地区，偏南风也可达 5~6 级以上。

（2）降温。寒潮冷锋过境后，温度急剧下降，降温幅度及低温持续时间受许多因素影响。从多年年平均情况来看，我国新疆北部、内蒙古和东北等北部地区，大风持续时间长，气温下降幅度大，一次寒潮过程可降温 12~14℃；最强的寒潮，一天之内下降 10 余摄氏度甚至 20 余摄氏度，最低气温达 -30~40℃。淮河以南至华南各地，寒潮前夕气温比较高，寒潮入侵又因地势平坦，冷空气移动速度快，变性慢，气温下降幅度也大；当强寒潮经过长江流域时可使最低气温降到 -10℃以下。华北平原虽然也是寒潮主要通道，但因这里原来的气温比较低，所以降温幅度小于南方各地，可是强寒潮入侵时，华北最低气温可降到 -20℃以下。

此外，地形、云量等对降温幅度和持续低温均有显著影响。其寒潮南下后，白天碧空无云，夜间云量增多，则降温幅度小，回暖快；反之则回暖慢，降温幅度大。山地冷空气迎风坡上降温幅度大，持续时间长；背风坡反之。山谷和盆地中，降温幅度大，持续时间长。

（3）降水。冬季，寒潮入侵在淮河以北地区偶有降雪现象，淮河流域以南则雨雪较多，时间长，强度小。秋季，华北、长江流域虽有降水，但时间不长；春季，寒潮冷锋上的降水比冬季多而强，范围比较广。华北可能有雨，长江流域及华南地区则经常产生降水，强度大，常伴有雷电。

（二）热带气旋和台风

1. 定义和标准

台风发源于热带海面，热带海面温度高，大量的海水被蒸发到了空中，形成一个低气压中心。随着气压的变化和地球自身的运动，流入的空气也旋转起来，形成一个逆时针旋转的空气旋涡，这就是热带气旋。只要气温不下降，这个热带气旋就会越来越强大，最后形成台风。

台风，就是发生在热带海洋上的大气涡旋，所以又叫热带气旋。当涡旋中心最大风力达到 12 级以上时，称为台风。

2. 台风源地

台风源地，指经常发生台风的海区，全球台风主要发生于 8 个海区。其中北半球有北太平洋西部和东部、北大西洋西部、孟加拉湾和阿拉伯海 5 个海区，而南半球有南太平洋西部、南印度洋西部和东部 3 个海区。从每年台风发生数及其占全球台风总数的百分率的区域分布图中可以看到，全球每年平均可发生 62 个台风，大洋西部发生的台风比大洋东部发生的台风多得多。其中以西北太平洋海区为最多（占 36% 以上），而南大西洋和东南太平洋至今尚未发现有过台风。西北太平洋台风的源地又分 3 个相对集中区：菲律宾以东的洋面、关岛附近洋面和南海中部。在南海形成的台风，对我国华南一带影响重大。

3. 台风结构和天气

在地面天气图上，台风表现为一个气压极低、闭合等压线近乎圆形的低气压。当台风发展到成熟阶段时，在海上其中心气压一般都在 950 hPa 以下，最低者为 887 hPa。1949 年以来登陆我国的最强台风是 2014 年第 9 号台风“威马逊”。“威马逊”3 次登陆华南地区，2014 年 7 月 18 日以超强台风级登陆海南省文昌市，登陆时中心附近最大风力 17 级以上（70 m/s），中心最低气压 890 hPa。其登陆海南省文昌市时中心附近风力和最低气压均突破了有记录以来历史极值，为登陆我国最强的台风，也打破了广东、广西两地的最强登陆台风的记录。

按台风的结构和天气现象，台风区域可分为台风眼区、涡旋区和外围大风区 3 类。台风中的天气分布具有一定的对称性。

台风眼区：位于台风中心，半径为 5~30 km 不等，形状呈圆形，也有呈椭圆形或卵形的。这里气流下沉，通常是少云，风也弱。当台风减弱时，眼内出现上升气流，云系发展，天气转坏，有时也出现云层和降水（图 3–1–8）。

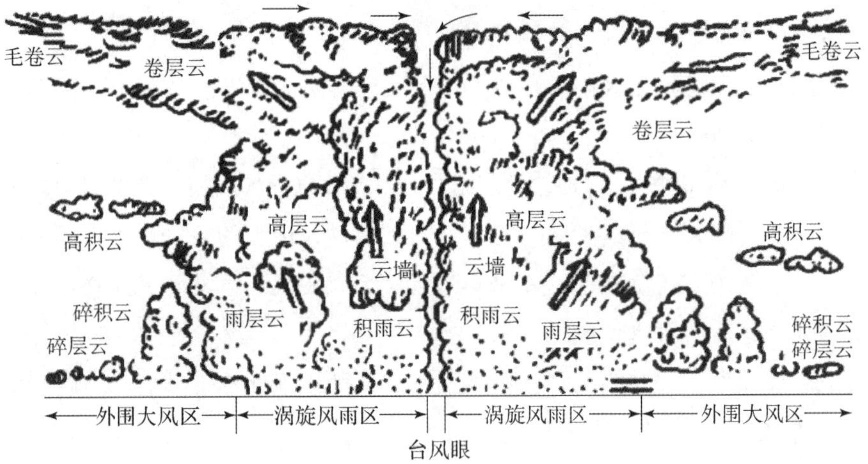

图 3–1–8　台风云系及气流分布

涡旋区：又称狂风暴雨区或最大风速区，半径为 50~100 km。区内强烈的上升气流常常形成宽数十千米，高十余千米的云墙，云墙主要由对流云组成。这里经常出现狂风暴雨，是台风中天气最恶劣、破坏力最大的区域，风力常达 12 级以上。

外围大风区：涡旋区以外为大风区，半径 200~300 km。外围大风区的风力一般为 6~8 级，有散乱云。

台风中的天气包括台风带来的大风、暴雨、海潮等。台风强弱不等，台风天气的强度、范围和持续时间等亦有很大差异。

台风中风力大，风的阵性强，瞬时极大风速和极小风速之差可达 30 m/s。一个发展成熟的台风，最大风速一般可达 60~70 m/s，历史记录曾达到 110 m/s。少数台风中还可出现龙卷风。例如 1956 年 9 月 24 日，当台风在长江口出海时，浙江嘉兴、上海等地都出现了龙卷风。

台风中降水多、强度大、范围广，一次台风登陆其降水区往往可波及数省（区），台风中心路径两侧数百千米内有暴雨。当它与冷空气或其他天气系统共同影响时，还会出现特大暴雨。如 8807 号台风于 1988 年 8 月 8 日凌晨在浙江象山登陆，当日 2~5 时共 3 h 累计降水量达 117 mm。

台风中心附近气压低，风力使海面潮位暴涨，如果与天文潮（月球引力引起的）同时出现，二者叠加，潮位更高，对沿海地区威胁很大。例如 1969 年 7 月 28 日，台风在汕头登陆时，正值天文潮涨潮期，潮位比正常水位高出 2.8 m，浪高数米，汕头、登海等地大小街道水深 1~4 m。

台风涡旋区内，由于风力非常猛，常使海面上出现巨大的风浪，一般 8 级风力时，浪高可达 5 m；12 级大风时，则浪高可达 15 m。

可见，台风常给人民的生命财产带来巨大损失。不过，在久旱少雨时台风中丰沛的降水又能解除干旱地区的酷热。

（三）旱涝

旱涝是指一个地区短期内，由于降水量异常引起的反常天气气候。显然，持久缺雨则旱，雨量过多则涝。

1. 旱涝的指标

旱涝指标很多，从气象角度出发，常用降水量距平的百分率表示，即

$$I=(R-r)/R\times 100\%$$

式中：I 是旱涝指数；R 是某一时期降水量；r 是同期多年的平均降水量，这个指标简单明了，也比较客观。具体标准如表 3–1–1 和表 3–1–2 所示。

表 3–1–1　干旱指标

干旱判定条件	干旱等级
连续 3 个月，降水减少 25%~50%	旱（轻度干旱）
连续 2 个月，降水减少 50%~80%	重旱（中度干旱）
连续 1 个月，降水减少 80% 以上	大旱（严重干旱）

表 3-1-2 雨涝指标

涝期	涝	大涝
一旬	250~350 mm（东北 200~300 mm）（华南、川西 300~400 mm）	350 mm 以上（东北 300 mm 以上）（华南、川西 400 mm 以上）
两旬	350~500 mm（东北 300~450 mm）（华南、川西 400~600 mm）	500 mm 以上（东北 450 mm 以上）（华南、川西 600 mm 以上）
1 个月	100%~200%（华南 75%~150%）	200% 以上（华南 150% 以上）
2 个月	50%~100%（华南 40%~80%）	100% 以上（华南 80% 以上）
3 个月	30%~50%	50% 以上

2. 干旱的时间和地理分布

我国一年四季均有可能出现干旱，但全国各地都以春旱或冬春旱发生的机会居多，程度最重，持续时间也最长。这种情况在华南和西南地区尤为明显，其次是黄淮海地区和东北地区。我国冬春干旱频繁发生，是与我国冬干夏湿的季风气候有关。冬半年，大陆上几乎是在蒙古冷高压的笼罩之下，气候干冷。春季温度回升快，大风又多，蒸发量大，空气相对湿度低，干旱加重。

我国夏季干旱现象也不少，尤其是长江中下游地区，进入盛夏季节后，常常在西太平洋副热带高压西伸脊的控制下，气流下沉，少雨而干旱。此外，黄淮海地区的夏旱也比较严重，出现概率较高。

秋季，我国多数地区在强度较弱的冷高压控制下，秋高气爽，降水极少，相对湿度低，也会出现干旱。就全国范围来说，黄淮海地区和华南出现秋旱的机会最多，其次是长江中下游地区。

我国西南地区干旱主要出现在冬春和初夏，这里进入 6 月后，雨季开始，不再出现干旱。

必须指出，我国地形复杂，同一省份内，干旱分布状况也有差异。如湖南省湘西自治州气象局的研究指出，该州春旱以西北部较常见，夏旱出现在南部，秋旱多出现于东部地区。

我国是个多旱灾的国家，历史上曾多次出现连续几年干旱。近几十年，全国各地干旱频繁。1972 年华北地区春、夏、秋连旱，致使黄河在济南以下断流 20 天。1978 年我国东部地区极端干旱高温，江淮流域春旱接“空梅”，秋伏又连旱，造成河水断流，塘堰干涸。南京当年 1~10 月降水量仅 472 mm，是近百年未遇的大旱年。湖南大约每隔 1~4 年出现一次大旱或特大干旱。西北地区的干旱有明显的准 3 年的周期。

3. 雨涝的时间和地理分布

雨涝大致有 3 种。一是历时较短，降水强度较大的暴雨以致特大暴雨造成的雨涝，这种雨涝多数是在台风或静止锋上不断有波动气旋时出现。二是降水强度不大，但阴雨期较久的渍涝，这种渍涝都发生在锋面降水内。出现渍涝时，地面虽无洪水，但因长期缺少日照，加上土壤水分过多，危害作物和林木生长。三是阴雨日较长，总雨量又大，即上述两种结合，既涝又渍，危害最重。近些年我国水灾频繁，1996 年、1998 年我国长江流域都遭受特大洪水危害。

总的来说，我国雨涝主要出现在夏季。这个时期发生的雨涝不仅频繁，而且强度大。显然，这是季风气候特点的反映。各地雨涝出现的季节也有差异，黄淮海地区不仅干旱频繁，而且雨涝多，几乎每年都有程度不同的夏涝发生。长江中下游和华南地区，春涝机会比较多，秋季台风活动频繁，所以秋涝也时有发生。东北地区雨涝多出现于夏季七八月。

4. 冰雹

冰雹是从强烈发展的积雨云中降落到地面的固态降水。冰雹的直径一般为 5~30 mm。5 mm 以下者，硬的称为冰丸，软的称为冰粒；直径 5 mm 以上者，硬的称为冰雹，软的称为软雹或海绵雹。冰雹降落时，常伴有强烈的阵风、暴雨和降温，有时还伴有龙卷风。因此，冰雹是重要的灾害性天气之一。

（1）冰雹的结构和形成过程。

冰雹中心是一个白色不透明疏松的核心，称雹核或雹心，雹心外面由透明和不透明的冰层相间地包围着，层次不等。一般来说，层次越多，冰雹越大。

冰雹云中，云顶附近有冰晶和雪花。中部有雪花和过冷却水滴，零度层以下是水滴。冰雹云中上升和下沉气流时强时弱，过冷水滴与冰晶或雪花相碰时，迅速冻结成白色不透明的雹心，这就是冰雹的胚胎。冰雹胚胎被带到零度层以下，温度较高，表层冰层融化成水，水滴又黏于其上，当上升气流带到云层中部或上部过程中，水滴冻结成透明冰层，随后，过冷却水滴、冰晶或雪花又迅速地在其外围冻结成不透明的冰层。随着气流的时强时弱，重复上述增长过程，冰雹直径增大，重量增加，当冰雹的重量增加到上升气流支托不住时，就离开云体，降到地面，出现雹灾。可见，冰雹直径与上升气流强弱及空气不稳定程度等因素有关（图 3–1–9）。

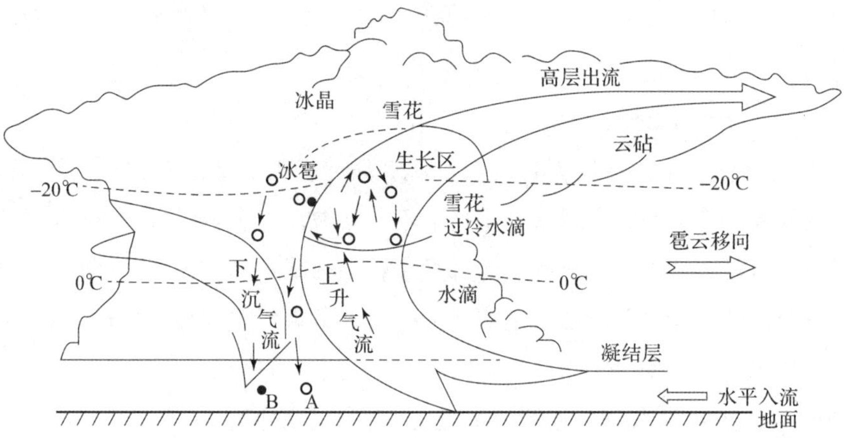

图 3-1-9　冰雹的形成过程

（2）冰雹的出现季节和地理分布。

冰雹分布的特点：中纬度多于高纬度和低纬度地区；内陆多于沿海，山地多于平原。在我国，青藏高原是雹日最多、范围最大的地区，唐古拉山周围是多雹中心，年雹日 20 天以上，那曲为全国之冠，年雹日 34.5 天，最多年份可达 53 天。这里虽然降雹很多，但由于海拔高，夏季气温不高，积雨云发展有限，80% 以上的冰雹是着地即融的散、冰丸和小冰雹，很少造成雹灾。

四川西部、云贵高原以及湘西山地降雹比较多，川西的年雹日可达 15 天以上，其他地区一般为 1~3 天。此外，祁连山山地和天山山地的冰雹天气比较频繁，年雹日达 10 天以上。内蒙古南部地区雹日也较多，有 5~7 天。华北山地、东北山地和内蒙古东部年雹日 3 天左右。黄土高原和东北平原 1~2 天。我国台湾、福建及广东、广西大部分地区，地处热带，温度高，过冷水滴少，且冰雹在降落过程中易融化，出现降雹者极少。

冰雹出现的季节，从全国来看，2~10 月间均有可能，但各地出现的月份差异很大。淮河流域以南地区，春季（2~5 月）多雹；淮河流域以北地区，春末夏初（5~6 月）多雹；青藏高原和其他的高山地区夏季（6~9 月）多雹；东北地区、山东半岛和青藏高原南侧是初夏（5~6 月）和秋季（9~10 月）多雹。

从一日来看，降雹时间一般在傍晚，以 14~17 时居多，极少数在凌晨。

5. 大风和龙卷风

（1）大风是指风力等于或大于 8 级（17.2 m/s）的风。出现大风时，常常狂风骤起，飞沙走石，大风可引起树木风倒和风折。

大风天气主要是由天气系统的活动造成的，同时也受局部地形的影响。一般来说，我国北方地区冬半年，尤其是春季，经常出现寒潮冷锋的大风；我国南方地区夏半年，多出现台风和雷雨大风；东北、华北和华东地区处于地面高压西部控制时，多见偏南大风，春季当东北低压、江淮气旋发展加深时，也常常伴有大风天气。此外，龙卷风常伴随极端强风。在我国，大风天气以春季出现最多，夏季最少。从地理分布看，沿海多于内陆，北方多于南方。山顶、山脊和山坡上部等地大风天气出现几率多，风灾也重。

（2）龙卷风又称龙卷，是从积雨云底部下垂的漏斗云（图 3–1–10）。当它接触地面时，带来的风很大，时常可达 100 m/s 以上，因此它是一种快速旋转的旋涡，当象鼻云柱伸到陆面时，常常吸起大量沙尘、碎片，形成尘柱，这就是陆龙卷。当云柱经过水面时，能吸起高大的水柱，这就是水龙卷。有时龙卷只出现在半空中，称为空中龙卷。此外，也可能两个或多个龙卷同时出现。

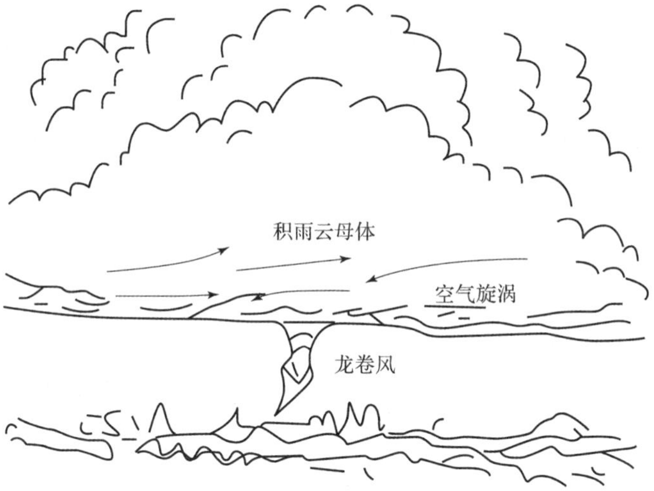

图 3–1–10　龙卷风示意图

龙卷的水平范围很小，直径从几米到几百米，平均为 250 m，然而强风区可达 1~2 km，陆龙卷风的范围大于水龙卷风，龙卷移动的时速约为几千千米，路径呈直线，长度只有几千米，极个别的有 300 km。龙卷中上升和下降运动的分布也是不均匀的，中心附近为下沉运动，稍往外便有极强的上升气流，上升速度可达 50~60 m/s。1966 年 3 月 2 日江苏盐城出现了龙卷，把一个 20 多吨重的锅炉从地上拔起，抛出 500 m 远。

上海气象台分析了 108 个龙卷资料后指出，龙卷主要出现在气团内部、静止锋、台风、冷锋和飑风等天气系统中。全国各地都有龙卷风。陆地上龙卷风多出现在 7~9 月，西沙群岛地区一年四季都有龙卷风出现，以 8~9 月最多。就一日来说，龙卷风出现时间集中在午后对流最旺盛的时段内。

第二节　野外训练地形地貌概述

野外训练时，会选取不同类型的环境与地形进行。地形是野外活动的“舞台”，影响着路线选择、行进速度、营地选址、隐蔽伪装、水源寻找等几乎所有方面。精准识图用图能力是野外生存与定向的核心技能。野外训练的一大特点在于真切地与大自然中的万物接触，体验大自然的力量，并在其中谋求生存之道。本节主要对地形地貌的分类以及地形图的基本常识进行介绍。

一、地形地貌

地形是地表上各种形态的总称，在地理学中也称为地貌。它是由地球内力和外力对地表共同作用的结果，内力包括地壳的水平运动、火山活动、地震等，而外力包括流水、冰川、风、波浪、海流等。在实践中人们根据对利用地形要求的不同，采取不同的分类方法。在通常情况下，人们根据地貌总的自然起伏的形态，将地形分为平原、高原、丘陵、盆地、山地等 5 大类，从地形对军事行动的影响角度，将地形分为山林地地形、石灰岩地形、水网稻田地地形、黄土地形、沙漠戈壁地形、城市居民地形、海岸岛屿地形、草原地形、沼泽地形等。

（一）陆地与海洋

地球表面两个最大的地貌单元是陆地和海洋，次级地貌单元是陆地上的山系、高（平）原、盆（洼）地、裂谷和大洋中的洋脊、洋盆、海沟、岛弧等。这些大型地貌的形成与发展都是大地构造作用的产物，能用大地（全球）构造学说的理论来解释，故称大地构造地貌。

陆地与海洋在地球表面的分布极不均匀。地球总面积为 510×10^6 km^2，其中海洋面积为 362×10^6 km^2，占地球表面总面积的 71%；陆地面积为 148×10^6 km^2，占地球表面总面积的 29%。即使在第四纪大冰期，海洋面积被大大缩小，但也远远超过陆地面积。

陆地与海洋在南北半球的分布相差悬殊，陆地主要集中于北半球，海洋则集中于南半球。在北半球陆地占半球面积的 39%，在南半球陆地只占半球面积的 19%。这种格局是在经历喜马拉雅运动后才得以完成的。

陆地上的最高峰是珠穆朗玛峰，海拔为 8848.86 m，海洋中最深的是马里亚纳海沟，最深处约为 10 984 m，地表最大起伏近 20 km。陆地平均高度 840 m，洋盆平均水深 3800 m，地表平均起伏 4640 m。

（二）大陆地貌

1. 山地

山地是指海拔高于 500 m、相对高度大于 200 m 的隆起地貌，其形态特征可通过等高线准确判读。主要地形要素及其等高线特征如表 3–2–1 所示。

表 3–2–1　主要地形要素及其等高线特征

地形要素	等高线特征	形态描述
山峰	闭合曲线，数值由中心向四周递减	地貌最高点，常呈锥形或圆顶状
山脊	凸向低值区，形成分水岭	线状延伸的山顶，如刀刃状分水线
山谷	凸向高值区，构成集水线	两山脊之间的低凹带，多发育溪流
鞍部	双闭合圈间的相对稀疏带	相邻山峰间的马鞍形低凹处
陡崖	多条等高线重合	近垂直的陡峭坡面
盆地	闭合曲线，数值由边缘向中心递减	四周高、中间低的碟形洼地
洼地	同盆地特征，常附加示坡线	小型封闭凹陷，直径通常 <1 km

山地按海拔可分为极高山、高山、中山和低山，如表 3–2–2 所示。

表 3–2–2　山地按海拔分类

类型	海拔阈值 /m	主导外营力	典型地貌组合
极高山	>5000	冰川作用	角峰、冰斗、U 形谷
高山	3500~5000	冻融作用	刃脊、石海、冰缘石柱
中山	1000~3500	流水侵蚀	V 形谷、冲积锥、剥蚀面
低山	500~1000	风化堆积	浑圆丘、残积坡

山地的出现，无论其今后向正向发展还是向负向发展，都是内力作用超过外力作用的结果，即新构造运动的杰作。

2. 丘陵

丘陵是相对高度 50~200 m 的凸起高地，可分布于不同的海拔，不宜按绝对高度划分。我国主要丘陵区包括东南丘陵、辽东丘陵和山东丘陵三大片区。其中东南丘陵又可细分为江南丘陵、浙闽丘陵和两广丘陵等次级单元，总面积约 100 万 km^2，是我国面积最大的丘陵区；辽东丘陵和山东丘陵则分别以千山山脉和崂山为核心，面积相对较小。需要特别说明的是，东南丘陵与长江中下游平原存在密切的地貌耦合关系。该平原作为我国地势最低的冲积平原（平均海拔低于 50 m），其西侧与江南丘陵（平均海拔 200~500 m）形成鲜明的高差对比，这种丘陵－平原过渡带正是我国东部典型的地貌特征。

在丘陵区划体系中，江南丘陵是东南丘陵的组成部分而非并列关系。虽然江南丘陵单体面积达 40 万 km^2（占东南丘陵 40%），但作为次一级地貌单元，其与辽东、山东丘陵不具直接可比性。

3. 山系

诸多山体的延伸构成山岭，山岭间的谷地称为山谷。若干近乎平行的山岭、山谷构成山脉，如昆仑山脉、祁连山脉。成因联系密切的若干相邻山脉称为山系，如天山山系、喜马拉雅山系。

这些大规模的褶皱山系是地壳运动的最好佐证，历来为地质学工作者、地理学工作者、地球物理学工作者所瞩目。

4. 高原与平原

高原与平原都是大陆上地表起伏不大、面积较大的平坦地形，二者无明显界限和统一分类。按“莫菲世界地貌分类系统”，相对高度小于 300 m，绝对高度大于 3500 m 的平坦高地称为高原。按我国地貌形态分类，将绝对高度 3500~5000 m 的平原称为高海拔平原，绝对高度 900~3500 m 的平原称之为中海拔平原，绝对高度小于 900 m 的平原称为低海拔平原。全球最大的高原是巴西高原，面积超过 5×10^6 km^2，最高的高原是青藏高原，平均海拔 4500 m，有世界屋脊之称。最大的平原为南美洲的亚马孙平原，面积约 5.6×10^6 km^2。

一般年轻高原新构造运动相对活跃，如青藏高原第四纪上升了 3000 m 以上，内蒙古高原上升近 1000 m，而黄土高原才上升了近 300 m。

5. 盆地与洼地

盆地与洼地是大陆上的负地形。盆地是高地围限的、内部低平的、面积较大的盆状地形。其成因可分为构造成因、侵蚀成因和复合成因。构造成因的盆地是构造变动的产物，如断陷盆地、向斜盆地。侵蚀成因则是外营力作用的结果，如冰蚀盆地、溶蚀盆地。穹窿盆地则是内外营力共同作用形成的。

洼地通常指面积较小、相对低洼、周围封闭的低池或低于海面的地区，如我国新疆的鲁克沁洼地，洼地中的艾丁湖低于海平面 155 m。

二、地形图基本知识

（一）地形图的定义

地形图是将地面上的地物和地貌，采用水平投影（沿铅垂线方向投影到水平面上）的方法，按一定比例尺缩绘到图纸上而形成的地图，即地表三维起伏形态及其平面空间位置的正射投影表达。

（二）地形图基本特性

地形图是经实测或编绘制成，测图和编图均有统一的国家规范和图式，是国家已经系列化、标准化的地图。地形图通过制图进行综合，系统呈现区域自然与人文地理要素的空间分布特征。地形图是精确详尽的图形数学模型，可为人们研究、利用和改造客观环境提供丰富、可靠的地理依据，能被国民经济、国防、科研教学等各领域各学科所利用。

地形图在各个国家都是最基础、最重要的地图资料，都已在各自国家内部系列化、标准化，并在世界范围内趋向统一。目前，我国的地形图包括 1∶100 万、1∶50 万、1∶25 万、1∶10 万、1∶5 万、1∶2.5 万、1∶1 万 7 种比例尺的国家基本地形图，以及局部地区的 1∶5000、1∶2000、1∶1000、1∶5004 种比例尺的地方实测地形图。

（三）地形图的结构与制作方法

1. 地形图结构梗概

从结构来看，地形图是由一系列相互联系的要素组成的。①数学要素，包括比例尺、地图投影、坐标网、控制点、分幅编号和图廓等。数学要素是地形图的基础，其中地图投影是地形图基础的基础。②地理要素，包括水系、地貌和土质、植被、居民地、交通线、境界等地面最基本的 6 大要素以及其他自然、经济、文化地物等。③辅助要素，包括图上注记、文字和数字说明资料、量图图解等。当然，图上注记不应与其他辅助要素同等看待，注记是地形图的重要内容。

2. 地形图的制作方法

地形图的制作是一项复杂的系统工程。下面简单介绍地形图的制作方法。

当前地形图制作的主要方法有测图和编图（图 3-2-1）两种。①测图。测图就是基于大地控制网，通过地面测量或航空摄影测量方法，采集地形要素空间数据并绘制成地形原图的过程。其成果是地形原图或航测原图，总称测量原图。当前大面积测图以航测为主。在特殊情况下还采用摄影经纬仪，进行地面摄影测图。②编图。编图是利用已有大比例尺地形图，通过制图综合技术生成更小比例尺地图的专业流程。其核心成果为编绘原图。

测量原图和编绘原图，都因其成图工艺质量较差，不能直接用于复制，因此，必须对其进行清绘原图或刻绘原图，即制成出版原图；再依出版原图制印成大量的地形图。

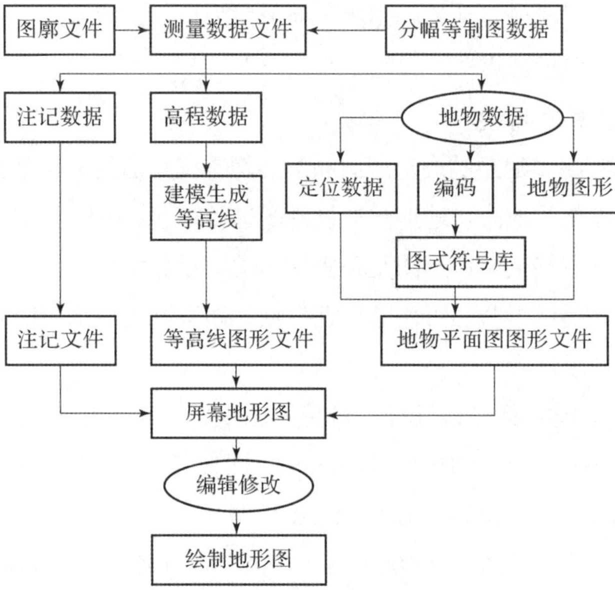

图 3-2-1　地形图的制作过程

我国地形图制图技术经历了从传统手工制图到数字化、自动化的重大转型。20 世纪 70 年代开始应用计算机辅助制图技术，80 年代实现初步数字化；90 年代随着国产遥感卫星的发展，卫星影像成为重要数据源；进入 21 世纪后，数字摄影测量系统广泛应用；近年来，人工智能、云计算等新技术推动地形图制图向自动化、智能化方向发展，实现了要素自动识别和动态更新。目前，数字摄影测量、遥感影像融合和自动化制图综合已成为主流技术方法。

3. 地物符号

地面上的地物，在地图上是用统一规定的符号结合注记表示的，这些符号称作地物符号。地物符号由图形和颜色组成。

地物符号可分为 3 类：第一类是依比例尺表示的符号，如图 3-2-2 所示，这类符号是根据地物的实际轮廓按比例尺缩绘的，主要用于表示面积较大的地物，如城镇、森林、江河等；第二类是半依比例尺表示的符号，如表 3-2-3 所示，主要用于表示一些细长的地物，这类符号的长度是按比例尺缩绘的，但宽度没有按比例尺缩绘，如道路、沟渠、电线等；第三类是不依比例尺表示的符号，这类符号因地物面积太小，无法按比例尺缩绘，只能用规定的符号表示，如突出树、亭、纪念碑等。常用的不依比例尺表示的地物符号及其定位点，如表 3-2-4 所示。

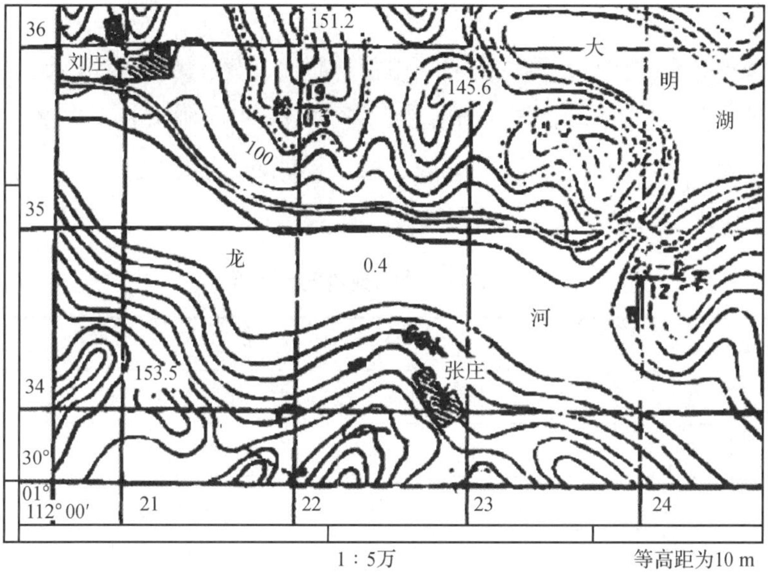

图 3-2-2 依比例尺表示的符号

表 3-2-3 半依比例符号

地物名称	地物符号	地物名称	地物符号
单线铁路		公路	球8(8)
砖石城墙		大车路	
土堤		高压电线	3.5
围墙		通信线	
铁丝网		管道	

表 3-2-4 不依比例尺表示的符号及定位点

定位点	符号及名称		
图形中有一点的在该点上	三角点	亭	窑
几何图形在图形的中心	油库	独立房屋	发电厂
底部宽大的在底部中心	水塔	气象站	碑
底部为直角形的在直角的顶点	路标	突出阔叶树	突出针叶树
两个图形组成的在下方图形的中心	变电所	散热塔	石油井

4. 地物的颜色

我国现行基本比例尺地形图普遍采用青、品红、黄、黑四色印刷标准（特殊用途地图除外）。通过这 4 种油墨不同比例的叠加，可以印刷出表现丰富地物要素的各种颜色。表 3–2–5 中所列颜色（如黑、棕、蓝、绿）是指地形图中表示特定地物要素类别时所规定的符号颜色。

表 3–2–5　地图颜色表示范围

颜色		表示范围
四色	黑色	居民地、独立地物、管线、垣栅、道路、境界、森林符号和注记等
	绿色	森林、果园等植被的普染
	蓝色	水系及其普染，水系注记，雪山、等高线及注记
	棕色	地貌和等高线的高程注记，公路普染

（四）等高线显示地貌

地貌的形态在地图上主要是用等高线显示的，其原理是：把一个山地模型从底到顶按相等的高度，一层一层地水平切开，在山的表面便出现一条条大小不等的截口线，然后把这些垂直投影到平面纸上，便出现一圈套一圈的曲线图形。由于同一条曲线上的各点的高度都相等，所以把它叫作等高线，如图 3–2–3 所示。

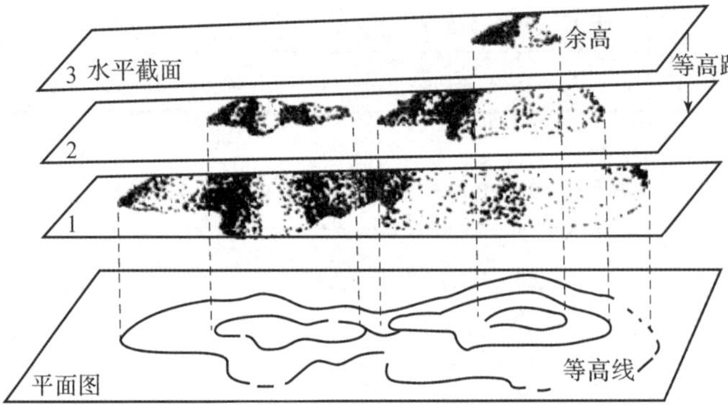

图 3–2–3　等高线显示地貌的原理

1. 等高线显示地貌的特点

等高线显示地貌有很多的特点：同一条线上各点的高度相等，并各自闭合；等高线多，山就高，等高线少，山就低；等高线稀，坡度就缓，等高线密，坡度就陡；图上等高线的弯曲形状与相应的现地地貌形状相似。

2. 等高距

相邻两条等高线间的实地垂直距离叫等高距。同一地形等高距大，等高线就稀，地貌显示就越简略；等高距小，等高线就密，地貌显示就越详细。通常，大比例尺地图表示地貌相对详细，小比例尺地图表示地貌相对简略。表 3-2-6 为我国常用比例尺地图的等高距规定。

表 3-2-6 我国常用比例尺地图等高距规定

比例尺	1∶2.5 万	1∶5 万	1∶10 万	1∶20 万
等高距	5 m	10 m	20 m	40 m

3. 等高线的种类

等高线按其作用的不同，可分为 4 种（图 3-2-4）：首曲线，用细实线表示，用以显示地貌的基本形态；计曲线，用加粗实线表示，从高程起算面起，每隔 4 条首曲线绘粗实线；间曲线，按等高距的 1/2 绘制的长虚线，用以显示首曲线不能显示的局部地貌；助曲线，按等高距的 1/4 绘制的短虚线，用以显示间曲线还不能显示的局部地貌。

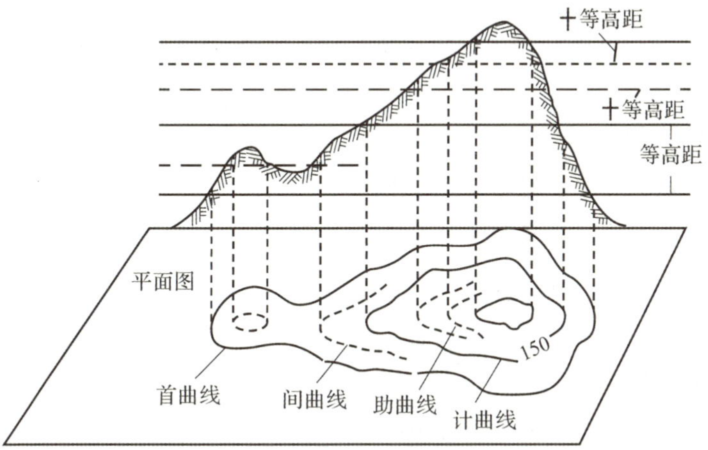

图 3-2-4 等高线的种类

第三节 野外训练水文概述

水是人类生活和生产以至文明进步的物质基础。野外体育活动中，有很多水上的活动与训练项目，如野外水上游泳、溯溪、溪降、皮划艇等。了解有关水文的知识，有助于更好地对野外水上项目进行学习和训练。

一、水文概述

水文是水在地球表面、大气中和地壳内各种变化和运动的现象。地球水圈由多种水体组成，主要包括海洋、陆地地表水（河流、湖泊、水库等）、冰川与积雪、地下水等，其空间分布与动态变化构成了全球水循环系统。自然界中，水常见的变化有：

（1）降水。大气中的水汽通过凝结作用形成液态（雨）或固态（雪、霰、雹等）水凝物，并在重力作用下降落到地表的过程。根据世界气象组织定义，降水包括所有从云中降落到地面的液态或固态水。

（2）蒸发。是指大陆或海洋上的液态水或固态水升入天空成为气态水的过程。

（3）入渗。地表水在重力作用下进入土壤或岩层中的过程。

（4）径流。分为地表径流和地下径流，水沿地表流动为地表径流，水在地下土壤或岩石裂缝中的流动为地下径流。

二、水的来源

我们的生活时刻离不开水，水也以各种形式存在于我们生存的环境中，河流、湖泊、海洋、大气以及各种生命体中都有水。那么覆盖地球表面的这些水从何而来呢？

（一）来自地球内部

人们普遍认为，水是地球自行产生的。地球刚形成时，原始物质中就存在着构成水的氢、氧元素。这些元素在地球漫长的演化过程中从地球内部分离出来，通过各种物理和化学作用形成了水。在地球形成时期，火山爆发频繁，可能有大量的水汽从地球内部被带出来。

（二）来自太空

有观点认为，水是从太空来到地球上的。因为人们研究陨石发现，来自太空的陨石就含有一定量的水。不过到现在为止，水的来源还是一个谜，也可能地球上的水是由来自地球内部和来自太空的水共同构成的。

三、水圈

水通常以液态形式存在，当气温低于0℃时，会结成固态的冰，受热到一定程度会蒸发为气态。各种形态的水在地球表面形成了一个连续不规则的圈层，叫水圈。水圈通过水循环与大气圈、生物圈发生作用，影响着整个地球的生态环境。

（一）海洋

水圈中的水主要由海洋、地表水、地下水、大气层中的水汽组成，其中占地球表面积约 71% 的海洋是水圈的主体。海洋贯通全球、水量巨大，在整个水圈中发挥着重要作用。

（二）地表水

地表水包括陆地上的各种液态和固态水，主要有河流、湖泊、沼泽、冰川等。地表水是人类生活用水的主要来源之一，也是世界各国淡水资源的重要组成部分。

（三）地下水

地下水是指从土壤中渗入地表以下的各种水，具有水量稳定、污染少的特点。地下水可用作生活饮用水、工业用水和农业灌溉的水源。井水和泉水是最常用的地下水。

（四）大气层中的水汽

大气层中的水汽主要来自水面、潮湿物体表面和植物叶片的蒸发。水汽可以在大气层中由气态转为液态或固态，并在这个过程中释放或吸收热量，对天气变化起着重要作用。

四、水循环

水圈中的水以气态、液态和固态的形式在陆地、海洋和大气层间不断循环的过程就是水循环。水循环是水在全球范围内进行能量转换的主要形式，水在形态转变过程中通过释放或吸收能量影响着气候变化，对全球环境有着深刻的影响。

（一）水循环的成因

太阳辐射会促使水分蒸发，重力作用会促使水分渗入地下，使水分从河流流向海洋。太阳辐射和重力作用作为水循环形成的外因，为水循环提供了水完成形态转变和运动的能量。

（二）水循环的形式

水循环有海陆间循环、陆上内循环和海上内循环 3 种形式。水体在海洋与陆地之间进行的海陆间的陆上内循环，以及海上内循环是两个分支循环路径。

（三）水循环的环节

降水、蒸发和径流是水循环的 3 个最重要环节。水以雨雪形式落到地面形成降水，地面的水一部分会受热蒸发为水汽重新进入大气层，一部分会成为地表水在重力作用下沿地表或地下流动，形成水流，即径流，最终流入海洋（图 3-3-1）。

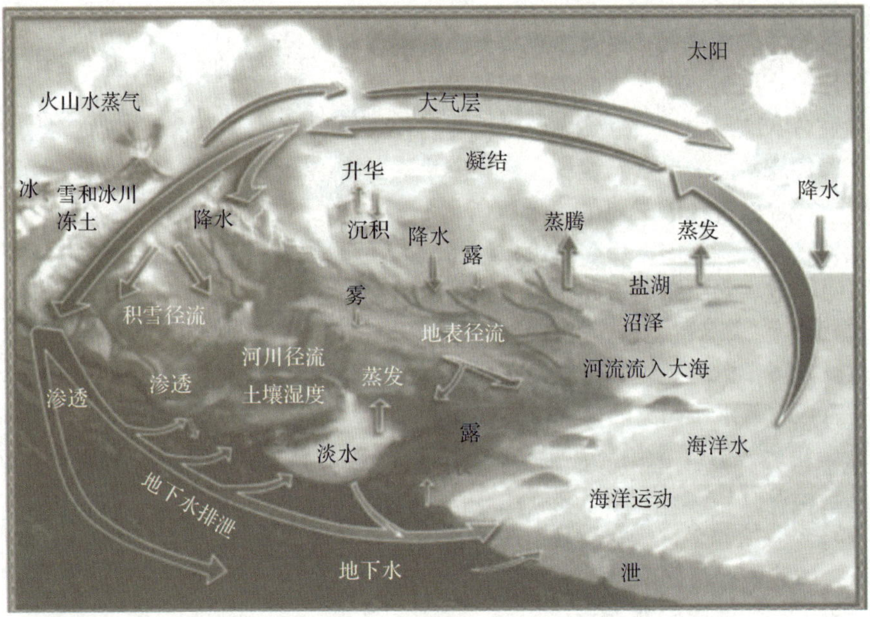

图 3-3-1　水循环的环节图

（四）水循环的影响

水循环使陆地上的水得以补充和不断更新，是各种复杂天气现象产生的主要原因。它决定着全球的水量平衡，也影响着一个地区的水资源总量，同时还有沟通大气圈、生物圈的作用。

第四节　野外训练海拔概述

野外训练项目中，登山、徒步穿越、越野等多个项目与海拔息息相关，海拔的高低对训练的影响很大，尤其是高原训练，对机体的影响更是显著。不同的海拔，气压和温度都有所区别，了解不同海拔下人体的生理变化有助于指导训练。

一、海拔概述

（一）海拔概念

一个地点高出海平面的垂直距离，称为海拔，又称为绝对高度。一个地点高出另一个地点的垂直距离叫作相对高度（图 3-4-1）。

（二）不同海拔对人体的影响

海拔对人体有很大影响。人类对低海拔环境的适应能力与水下环境存在显著差异。从生理学角度来看，人类可长期居住的最低海拔为死海沿岸（–430 m），该

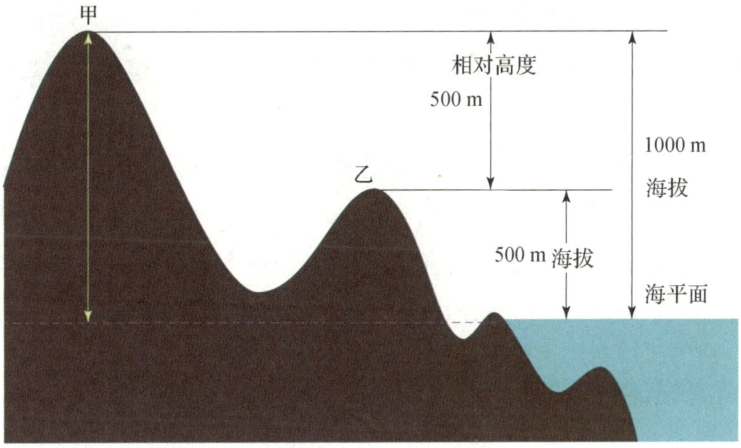

图 3-4-1　海拔示意图

区域气压较海平面高约 5%，会导致血氧饱和度升高和基础代谢率轻微下降。而在水下环境中，压力随深度急剧增加（每 10 m 水深增加 1 个大气压），使得无装备自由潜水的安全深度通常不超过 20 m，专业潜水员借助特殊装备和技术可达 40 m，当前自由潜水世界纪录为 214 m（需配重下潜）。根据《潜水医学》研究，人体理论上的深度极限约为 500 m，这主要受限于细胞膜的抗压能力。这些数据表明，环境压力变化对人体生理机能的影响存在明确阈值，需要通过专业训练和装备来适应不同环境。

长期生活在平原地区的人一般只能适应氧分压 20% 的减少，超过此值即可能出现明显的不适。据实验研究，最适合人类生存的海拔高度为 500~2000 m。

海拔 1500 m 是低海拔，中海拔是 2500 m，高海拔是 3500 m 以上。经过科学研究，在 1500 m 这个海拔高度，心跳会提高 15%~20%，会使身体产生其他生理、物理和化学反应，会使得新陈代谢加快，排汗量相应增多。研究显示，居住在海拔 1500 m 的高度有利于人体的健康。这里密集着“空中维生素”负氧离子，它能促进新陈代谢、强健神经系统、提高免疫力。久居海拔 1500 m 地区，对于哮喘、支气管炎、高血压、偏头痛及冠心病等疾病有显著改善。

值得注意的是，全球范围内一些著名的长寿区恰好位于平均海拔约 1500 m 的高度（如广西巴马、厄瓜多尔比尔卡班巴等）。为了探究高原低氧环境下人体的生理适应机制，青海省高原医学重点实验室（青海大学附属医院）与中国医学科学院于 2015—2022 年联合开展了“高原低氧环境人体适应性研究”。该研究发现，在海拔 1500 m 左右区域生活的受试人群中，观察到睡眠质量改善、肺功能储备提升、红细胞代偿性适度增加等生理指标的适应性变化趋势。这些适应性变化提示人体在该海拔高度可能具有较好的生理调节能力。需要强调的是，长寿现象受遗传、生活方式、饮食、医疗条件及综合环境等多重因素复杂影响，海拔高度只是众多潜在相关环境因素之一。

一般把海拔 2000~2500 m 作为运动员高原训练的最佳高度，但对于生活在平原地方的中老年人和孕妇，短时间内到达这一高度对身体不利。海拔 500 m 以下的地方因气压较高，空气密度较大，比较湿热，对人体机能有较重的负担；高于 2500 m，因气压较低，空气中氧含量减少，使人呼吸困难而出现高山反应。

二、高海拔体育训练

国内外大量研究结果表明，高原训练的最佳高度在 2000~2500 m 之间，尤以 2300 m 为最好。在高原，由于随着海拔的升高，地球引力逐步减小，空气密度减小，气压随之降低，肺泡内的氧分压也就随之降低，对人体就会产生不同程度的缺氧刺激，尤其在运动过程中更是明显。在高原训练过程中，机体对高原缺氧和运动缺氧双重刺激的反应是一个从不适应到适应逐渐变化的过程。高原训练是有意识地打破机体内环境的相对平衡，使之发生向较高机能的转化，从而重新获得一个与较高机能水平相适应的相对平衡的内环境。运动员在高原缺氧条件下训练，可以造成比平原更为深刻的缺氧刺激，人体对此产生的适应，大大地调动了身体的机能潜力。高原训练时，由于溶解在运动员血管里的部分氧气，因气压降低不容易被身体吸收而变成气体释出，增大了血管体积，使得血管扩张，管壁增厚，血管变粗，血流量增加，更好地锻炼心血管系统，提高最大吸氧量，增强耐乳酸能力，提高运动成绩。这就是高原训练的意义所在。

不同海拔阶梯式的基地或训练场所，适合于不同项目开展高原训练，可进行高高交替、高低交替、高住低练、低住高练等不同的组合训练，以提高高原训练的效果。中国的高原体育训练基地共有两处：一处是青海多巴基地；另一处是云南海埂基地。

三、野外训练中的登山运动

（一）高山气候的一般特性

高山气候指形成于高山地区的一种特殊的气候类型，是由于地理位置、坡谷方位、山峰分布以及其他地域性条件综合影响而导致的，其中地形因素起主要作用。主要分布在高大山脉沿线和海拔较高的高原地区，如欧洲的阿尔卑斯山、南美的安第斯山及北美的落基山沿线、亚洲的帕米尔高原、非洲的埃塞俄比亚高原等地区。

随着海拔的升高，空气、水汽、尘埃等随之减少，太阳直接辐射增强，紫外辐射增强尤为明显，但有效辐射也增大。在有积雪的高原面上，反射率增大，地面吸收辐射减少，故净辐射比同纬度平原小。高山气候具有气温低，日较差大，年较差小的特点。降水在湿润气流的迎风面上增多，在背风面大大减少；高山的风力一般比较大，风向不稳定。一般来说，高山气候具有明显的垂直地带性，这种垂直地带性又因高山所在地的纬度和区域气候条件而有所不同，其特征如下。

（1）山地垂直气候带的分布特征主要受纬度位置、海拔高差、坡向地形和基带气候共同影响。通常来说，高纬度地区的山地由于基带气候寒冷，其垂直气候带谱较为简单，可能仅包含 2~3 个明显的气候带；而低纬度山地则往往能形成完整的垂直带谱，从热带基带一直延伸到冰雪带。同时，山地的高差大小直接影响气候带的发育程度，研究表明，只有当相对高差超过 1000 m 时，才会形成明显的垂直气候分异。

（2）山地垂直气候带具有所在地大气候类型的“烙印”。例如，赤道山地从山麓到山顶都具有全年季节变化不明显的特征。珠穆朗玛峰和长白山都具有季风气候特色。

（3）湿润气候区山地垂直气候的分异主要以热量条件为垂直差异的决定因素。而干旱、半干旱气候区，山地垂直气候的分异与热量和湿润状况都有密切关系。这种地区的干燥度都是山麓大，随着海拔的增高，干燥度逐渐减小。

（4）同一山地还因坡向、坡度及地形起伏、凹凸、显隐等局地条件不同，气候的垂直变化各不相同，山坡暖带、山谷冷湖即为一例。山地气候确有“十里不同天”之变。

（5）山地的垂直气候带与随纬度而异的水平气候带在成因和特征上都有所不同。

（二）如何选择登山季节

实践表明，登山特别是登顶阶段，与当时的气象条件有着极为密切的关系。天气的好坏直接关系到登顶的成败。在登山史上因气象预报不准确或不能正确使用气象预报而失败的例子是不少的。因此，在登山前和登山过程中了解和掌握当地的气候特征和天气变化规律是非常必要的。

这里讲的如何选择登山季节，是从气候角度提供一个适宜登山的最佳天气时段。至于在该时段内的具体天气如何，还得靠登山时的天气预报和运动员们的观天经验。根据我国登山队的实践，在我国登山的有利气候条件是：①峰顶附近的高空风速要小于 20 m/s；②无降水或只有少量降水；③气温不要低于 −30℃；④日照时数长；⑤通过大本营无积雪；⑥能见度好，无雷电或雷电很少等。

按照上述条件来选择登山季节，一般是容易办到的。我国是季风气候盛行的国家，季节的变化非常明显，对于登山来说，大致都以春秋两季为宜。由于我国幅员辽阔，地形复杂和山的海拔高度不同，各座山的气候特征也迥然各异。

（三）登山运动的气象保障

登山运动与气象的密切关系是其他任何体育项目所不能比拟的。一次登山探险活动的任务确定之后，天气也是最后致胜的决定性条件。比如一次主要目的是突破新高度的活动，在组织指挥工作上首先是选择该山区气象条件（气温、风速、降水等）最好的季节。翻开现代登山运动史，我们可以看到，自 19 世纪中后期欧洲人开始进入喜马拉雅山区以来，无不是把选择当地最好的登山季节作为探险队一切战术的出发点。

登山探险活动类似一场战斗。战斗一经展开，在其后数天（或十几天至数十天）的战术实施过程中，恶劣气象因素的骚扰和脱离预报的天气突变是经常出现的。这些难以预测的气候变化就成了登山员的“冤家对头”，既定的战术方案被打乱。一名登山者、一支登山队的实力强弱往往集中表现在这种时候。他们要依靠气象预报和自己的经验去区分是大气流的改变还是小气候的骚扰，是短期现象还是较长过程，在此基础上才能从战术上作出是进是退、是动是停等的调整安排。

登山探险活动中比较注重长期预报。一次大型活动，由于要解决物资运输和人体对缺氧要进行适应，往往需要有几个持续 3~5 天的好天气过程。

思考题

1. 如何在已知次日将出现“高温高湿伴午后雷阵雨”的气象预报下，科学调整野外长途行军拉练计划？请从时段选择、路线规划、物资准备（尤其是饮水）、应急处置等方面详细阐述。

2. 假设你带领一支小分队在陌生山地执行任务，如何综合利用本章所学地形图判读、方位判定、现地对照技术，在无 GPS 信号条件下确保按预定路线行进并规避主要风险。

3. 结合“绿水青山就是金山银山”和“筑牢国家生态安全屏障”的论述，谈谈野外训练中保护生态环境的具体措施及其对维护国防安全的意义。

中篇

野外训练技能

第四章

野外训练基本技能

党的二十大报告中明确提出“打造德才兼备的高素质、专业化新型军事人才方阵”，为军士生的培养与发展指明了方向，赋予了新的时代使命。随着现代战争形态的不断演变，对军士生队伍的综合素质提出了更高的要求，尤其是野外作战能力，这已成为军士生胜任现代战场、捍卫国家安全的关键要素。本章聚焦于定向培养军士生的野外训练基本技能，系统、全面的训练指导，有助于提升军士生在复杂多变的野外环境下的生存与作战能力，为锻造“听党指挥、能打胜仗、作风优良”的军士生队伍筑牢根基，助力实现党在新时代的强军目标。在课程思政视域下，本章内容深度契合军队人才培养的价值导向。通过野外训练技能的学习与实践，定向培养军士生能够锤炼坚韧不拔的意志品质，增强集体合作意识和战斗精神，进一步提升自身的责任意识与担当精神，深刻认识到自己肩负的保家卫国的重任。

第一节　野外判定方向

在野外活动，要正确地判定所在位置和方向，必须掌握定位和测向方法。在自然界，某些动物具有辨别方向的本能，如鸽子，与之类似，人类群体中也有一些人具备这种能力。然而，绝大多数人并不具备此项能力，或者仅存在拥有该能力的潜能。所以，当人们身处野外时，主要依靠经验和工具来确定方向。野外判定方向和位置的方法有许多种，这里介绍几种常见的方法。

一、利用罗盘（指北针）判定方向

把罗盘或指北针水平放置使气泡居中，此时磁针静止后，其标有“N”一端所指的方向便是北方。除了能测出正北方向外，罗盘或指北针还可以测出某一目标的具体方位，方法是打开罗盘将照准器对准目标，或将刻度盘上的 0 刻度对准目标，使目标、0 刻度和磁中点在同一直线上，罗盘水平静止后，“N”端所指的刻度便是测量点至目标的方位，如磁针“N”端指向 36°，则目标在测量位置的北偏东 36°。

利用罗盘或指北针辨别方向虽然简单快捷，但需要注意：①尽量保持水平；②不要离磁性物质太近；③勿将磁针的“S”端误作北方，造成180°的方向误差；④掌握活动地区的磁偏角进行校正。

二、利用太阳判定方向

在晴朗的白昼，根据日出、日落就可以很方便地知道东方和西方，也就可以判断方向，但只能是大致地估计，较准确的测定方法有下列几种。

（1）手表测向。“时数折半对太阳，12 指的是北方”，一般在上午 9 时至下午 16 时之间可以很快地辨别出方向，用时间的一半所指的方向对向太阳，12 时刻度就是北方（图 4–1–1），如 14:40 的时间，其一半为 7:20，把时针对向太阳，那么 12 指的就是北方；或者是把表平置，时针指向太阳，时针与 12 时刻度平分线的反向延伸方向就是北方；或者平置手表，将一根小棍垂直立在手表中央转动手表，使小棍的影子与时针重合，时针与 12 时刻度之间的平分线即北方。必须注意：①判定方向时，手表应平置；②在南、北纬 20° 30′之间地区的中午前后不宜使用，即以标准时的经线为准，每向东 15°加 1 小时，向西 15°减 1 小时。

图 4–1–1　借助太阳判定方向

（2）日影测向。晴天，在地上竖立一根木棍，木棍的影子随太阳位置的变化而移动，这些影子在中午最短，其末端的连线是条直线，该直线的垂直线为南北方向。

（3）绘制测向法

在一张 50 cm×50 cm 的绘图纸上绘制一系列同心圆，同心圆的半径以 1 cm 递增，钉在平板上并水平固定好，将一根 12~15 cm 长的细钢针或针状物垂直插在圆心上。当太阳位置变化时，影子的端点总会与同心圆相交，标绘出这些点，然后把同一个圆上的两点直线相连，把这些直线的中点与圆心相连，这条连线就是南北方向线，圆弧顶的方向为北方。

三、借助月亮判定方向

在夜晚可以利用月亮进行简单的方向判定。由于月球的公转，所以月亮的形态也随着时间而改变（图 4–1–2）。上弦月时，18 时月亮在东方，0 时在西方；下弦月时，0 时在东方，次日 6 时在南方；满月时，18 时在东方，0 时在南方，次日 6 时在西方。

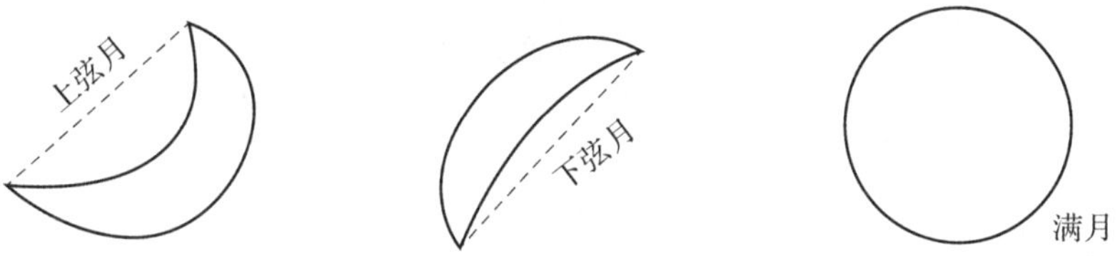

图 4–1–2 月亮

四、借助星体判定方向

（1）北极星。北极星位于正北天空，其出露高度角（即北极星与地平线的夹角）相当于当地纬度，找到北极星就能确定正北方向。北极星可以根据北斗七星（大熊星座）或 W 星（仙后星座）确定。北斗星为七颗较亮的星，连线形状像一把勺子，将勺头 2 颗 A 向 B 连线并延伸约 5 倍处便是北极星。当看不到北斗星时，可根据 W 星，即仙后星座寻找北极星。仙后星座由 5 颗较亮的星组成，形状像“W”字母，字母的开口方向，约开口宽度的两倍距离处是北极星（图 4–1–3）。

（2）南十字星。在北纬 23° 30′以南地区，夜间有时可见南十字星。南十字星由 4 颗较亮的星组成，形同“十”字，在其右下方，由 A 向 B 两星连线长度的四倍半处（无星）为正南方向（图 4–1–4）。

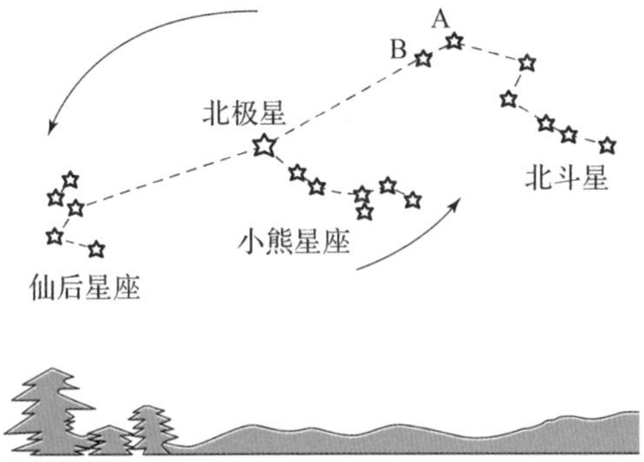

图 4–1–3 借助北极星判定方向

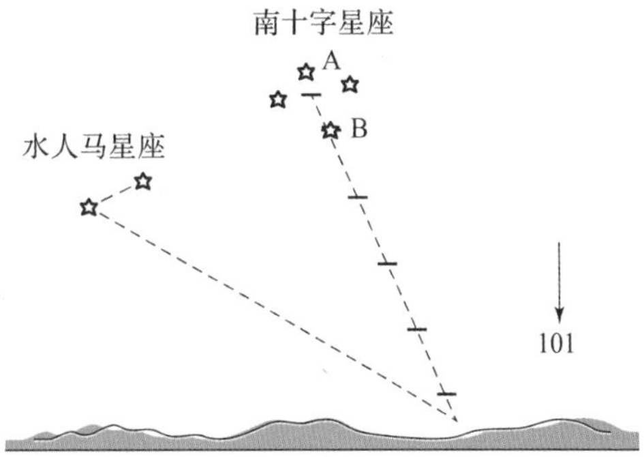

图 4–1–4 借助南十字星判定方向

五、利用地物和植物特征判定方向

（一）地物特征

（1）房屋：一般门向南开，我国北方尤其如此。

（2）庙宇：通常也是向南开门，尤其是庙宇群中的主体建筑。

（3）突出地物：向北一侧基部较潮湿并可能生长低矮的苔藓植物。

（二）植物生长特征

（1）一般阴坡，即北侧山坡，低矮蕨类和藤本植物的生长优于阳面。

（2）单个植物的向阳面枝叶较茂盛，向北的阴地树干则可能生长苔藓。

（3）我国北方的许多树干的断面可见清晰的年轮，向南一侧的年轮较为稀疏，向北一侧的年轮则较紧密（图 4–1–5）。

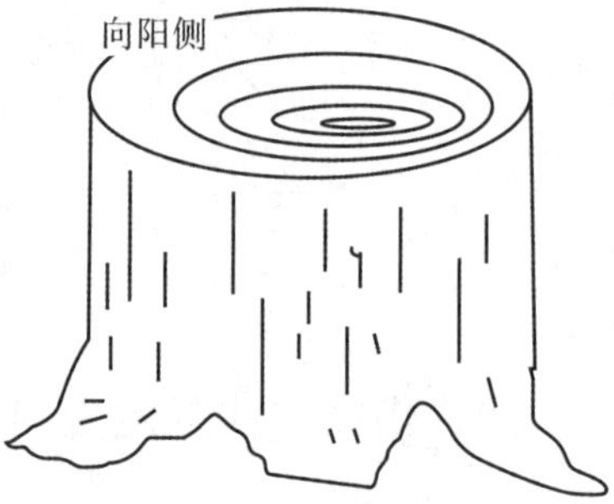

图 4–1–5　利用树木年轮判定方向

六、迷失方向

对于原始森林等一些容易迷路的地形，应在行走的过程中做好记号，如用小刀刮树皮、扎红布、插小红旗、做路标等（图 4–1–6）。

制作路标需注意以下几点：利用植物年轮辨别方向路标应该在醒目的位置；路标应有清晰的指向，切忌模糊不清；确保路标在短期内不会被损坏；路标的颜色应和大自然的颜色有明显的区别。

图 4–1–6　野外标记方法

如果迷失方向，千万不要惊慌，首先应保持镇定、冷静，保持体能，充分应用身边的资源识别方向，如果确实无法辨别方向，应采取以下措施：①原路返回，直到有清晰方向的地方再进行下一步活动；②登高望远，寻找标志性的山脉或者建筑物，以确定所处方位及方向；③如果附近有河流，沿着水流方向走，通常能很快找到出路或有人住的地方；④沿着小路走，也能帮你走出困境。

第二节　野外简易工具的制作与使用

虽然在进行野外生存活动之前已经准备了充足的工具，但是在野外，什么情况都可能发生，所以学会利用周围的物品制作一些基本的生存工具是十分必要的。在野外，利用触手可及的物品，可以制作石器、木器、陶器、狩猎工具等，还可以制作简易的服装。

一、石器工具的制作

选择坚硬且容易以片状形式裂开的石头，竖立放置，用另一块石头在本来就比较薄的石刃上打出比较锋利的边缘，再在其他较平整的石头上磨光。制好后，装上手柄，即可用作砍伐、狩猎和防御工具。

二、简易服装的制作

若困在野外又遇上寒冷的空气，可以用旅行袋或毛巾被、浴巾、毯子等大块布料制作简易的服装，如浴巾背心。其具体做法是：把浴巾对折，在中央开一个口，开口应该适合自己头部大小，缝合时要留出手臂的位置。

三、绳梯的制作

攀踏结的制作

（一）攀踏结的制作

攀踏结通常也称为蝴蝶结或炮结（图 4-2-1 左）。此结有一个不可滑动的环，能够在绳索中间制作，但是不能在绳索末端使用。其制作方法：首先将绳子折成一个环，让环的左边部分穿过这个环，将环扭曲在原始环的上边穿过去，轻轻拉紧就做好了。其应用方法：在一根绳索上能够打出数个攀踏结，将人体套上，可以拖动，也可以抬起。登山时，携带打有攀踏结的绳索相当便利，手脚都可放在环上支撑身体，在感到疲劳时，还可以在上面短时间休息。如果环不是依图所示的方式扭曲，我们可能会发现制作此结的其他方式。环的牢固程度并不受扭曲方式影响，也不会因扭曲是否变化而受影响。

（二）绳梯阶的制作

在一根绳索上打一些攀踏结，具体数目依需要而定，然后就可制成简易绳梯（图 4-2-1 右）。也可使用结实的棍棒作为绳梯阶，其具体制作方法：用两根绳索，或将一根较长绳索弯成双股使用，攀踏结

绳梯阶的制作

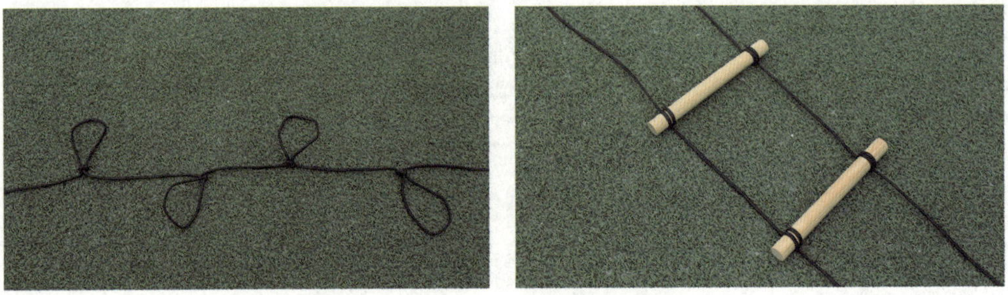

图 4-2-1　攀踏结及绳梯结的制作

之间的间隔在两边绳索中要相等；制作绳梯时，将棍棒穿过相对应的环，同时应注意使环勒紧棍棒，绳梯上棍棒的间距应合理。

四、筏的制作

如果河面足够宽阔可以航行，那么顺水漂流会比沿着河岸行走更为容易，行程也更快，尤其在丛林地区，季风性的河水使借筏漂流成为可行。如果必须砍伐原木，就选择那些倾斜生长着的树木，砍伐起来会更容易一些。顶端有死枝的树干通常仍很结实，可用来扎筏。

（一）木筏的制作

用原木做筏身，用 4 根足够长的木棍分别在原木两端固定，制成木筏（图 4-2-2）。可选用油桶或其他漂浮物支撑木筏漂浮。

图 4-2-2　木筏的制作

不要将轻薄脆弱的木筏用在任何水域中碰运气。在崇山峻岭之中，河水流速通常很快，只有用结构真正坚固牢靠的木筏才能幸免于难；否则，在下游宽阔的河面上，如果木筏散架，可能需要游很远才能到达岸边。

（二）竹筏的制作

单层竹筏可能无法支撑人的体重，竹筏过长则难以操纵，因此最好制成双层竹筏（图 4-2-3）。将粗壮的竹竿砍成 3 m 左右长的一段，两端与中央分别钻孔，利用坚韧的树棍穿过竹孔，再用藤条把每根竹竿与树棍绑牢。双层竹排间要交错相互压紧、绑结实。

图 4-2-3　竹筏的制作

五、野外下降技术

（一）绳索的使用

（1）危险路段可用绳索牵引、辅助人员通过，在多人同时通过的情况下不可将绳索固定在身体和背包上，避免产生一人跌落后牵动多人跌落的多米诺现象，尽量采取单人牵引通过的方式。

（2）扎营休整时可作为凉（晒）绳，也可依照环境的需要与地席、手杖等物配合绑搭凉篷。

（3）可用于制作捆绑简易担架，还可根据需要与地钉、直形背包支撑用铝合金条、树棍等可利用物结合，用于固定人员的受伤肢体等部位。

（4）探测河流、沟渠深度和大致宽度时，可以用绳子绑块石头扔到对岸，石头碰到对岸的地方大致就是河的宽度（绳子长度就是宽度）。然后，可以用这根绳子把人、装备等物资运过去。运的时候，最稳当是两边拉紧绳子攀爬或拖拽。如果地形允许并且绝对安全，也可以把绳子一头挂高点、一头挂低点，做成滑索滑过去。

（5）照明及防兽火把，在特殊情况下将绳索紧密缠绕在干燥的树枝一端，并用防火胶带固定火把，然后浇上携带的燃料油或者食用油点燃，此法的特点是燃烧时间较长，比较耐用。

（6）可用作夜间宿营报警拉绳。徒步露营后由于疲劳睡眠程度较深，可将绳索的两端分别绑附在两顶帐篷上，一旦发生意外可互相拉扯以使同伴警醒，也可根据营地环境在营区外围拉起绳索作为营区警戒绳（绳索上可绑缚诸如套锅和金属水瓶等互相碰撞可发出清脆声响的物品）。

（7）在不方便背负背包同时通过的狭隘地段或者湿滑、陡坡地段，可用绳索辅助采取人、包分离的方法分别通过。

（8）人员滑（跌）落沟壑后可利用绳索实施救援（根据实际情况可用多条绳索并联或者串联的方式）。为更好地帮助人员攀爬，可将绳索每隔 50 cm 左右打一个绳结，长度一般控制在人体手臂长度以内。

（9）在危险地段（如陡坡、山崖边等）的探路人员可系上绳索做安全保护之用。

（10）在高温季节为防止食物变质，可将食物密封并用绳索系缚后放（沉）入水中另一头可固定在岸边树木或其他物体上，以防止水流将食物冲走。

（11）在特殊气象条件下用于加固帐篷，增强帐篷抗风、抗积雪能力。

（二）徒手下降技能

1. 背靠下降法

当坡度不是太陡又不太滑的情况下可用此法。背靠斜坡，仰面朝天，四肢和背部同时着地，逐渐向下移动。

2. 倒退下降法

和背靠下降法相反，背部朝天，四肢着地，手脚交替向下移动，此方法较安全，但比较缓慢。

3. 体侧下降法

当坡面不太陡时，可用此法。用双手或单手扶地，双脚交替以内侧和外侧着地，逐渐下降。此方法优于背靠下降法和倒退下降法。

4. 滑降法

当坡面不太大、不太陡，而且坡面上有细小的沙砾，比较滑时，可以直接滑下。可先制作一个厚垫垫在背部下面，并把前边用手抓起，顺势下滑。

下滑时一定要注意控制速度，不可以太快，脚和手都可以在坡面上控制方向和速度，如果是陡坡也可用木镐减速、制动。

5. 缩短距离跳落

如果任何一种下降方法都不适用，或者是在必须马上下降的紧急时刻，也可以考虑直接跳下。

在选择直接跳下前，要先选择跳落的地点，尽量选择沙土地或较平坦的地面，然后用手握住岩壁上的石头或结实的树木等，使身体挂在岩壁上，然后跳下。跳下后立即下蹲，向前做前滚翻，使身体得到缓冲。

（三）利用简单工具下降

在45°以下的缓坡、中坡下降，因危险性小，一般不需要特殊的装备和技术。若在冬天走冰雪小坡，可在冰镐辅助下，自然行进。但在45°以上的陡坡、峭壁下降则必须有一定的装备和技术。其下降方法有以下几种。

1. 利用下降器下降

将主绳一端在峭壁顶部固定，另一端抛至下方，下降者在腰部系好安全带，腹前挂好铁锁，然后主绳按“8”字形缠绕于下降器上，再将下降器和铁锁连接，左手用力握主绳上端，右手在胯后紧握从下降器穿绕出来的主绳。面向岩壁，两腿分开约成 80°角，蹬住崖棱，身体后坐，使躯干与下肢约成 100°角，将上方主绳搭于崖棱上之后，便可开始下降（图 4-2-4）。

图 4-2-4　下降器下降

利用下降器下降

这种下降方法的动作要领是：下降时两腿分开，手拉紧主绳，并将左手上方的绳子搭于崖棱时，左右脚上下支撑，用前脚掌蹬住岩壁，开始下降，先臀部后坐，同时右手松绳，两脚随身体的下降而迅速地向下移步，使之始终保持身体的平衡；如果右手松绳，臀前后坐，而两脚仍停留不动，则会使身体失去平衡而有造成向后翻倒的危险。因此，右手松绳，两脚随身体重心的下移而及时向下倒脚，支撑身体维持平衡是能否顺利下降的关键。右手松绳两脚迅速向下移动，要协调配合，并要有节奏。由于两脚呈上下支撑，身体向右侧倾斜，这样不但便于移动，且可观察下降路线。下降速度的快慢主要看右手松送绳的多少。快给绳就要快倒脚，下降速度也就加快。一旦要停止下降，右手只要将主绳拉紧使之制动，即刻就可停下来。

2. 单环结下降

这是一种在没有下降器的情况下，以铁锁和单环结的连接（图 4-2-5）代替下降器下降的方法。这种下降方法和动作要领与下降器下降法相同。

图 4-2-5　单环结下降

3. 坐绳下降

这种方法是利用主绳与身体的直接摩擦而下降的。这种下降首先要进行准备动作，面向固定绳端，两脚夹住上方固定好的主绳，将身后主绳沿右腿外侧绕至前面，经腹、胸、左肩至背后，拉至右侧，用右手在胯后将其握住，握绳时虎口朝上（图 4-2-6）。

坐绳下降

图 4-2-6　坐绳下降

下降方法及动作要领与单环结下降基本相同。此方法适宜在只有主绳的情况下采用。下降时，应身着较厚且耐磨的衣服，一定要熟练掌握动作要领，维持好身体平衡。经右大腿根部的主绳不能移位或脱离，右手始终握住主绳，随身体的下降逐渐松动主绳。下降时动作要有节奏，且速度不宜过快。

4. 缘绳下降

在坡度近于 90°时，可采用缘绳下降法。此方法简单易学，只要有一条主绳就可进行下降操作。

将主绳固定在陡壁上方，余下的主绳扔至崖下，下降者在绳上打好抓结（一种能滑动但一受力就会锁紧的特殊绳结），另一端与腰部安全带上的铁锁连接。抓结到连接处的距离不能过长，也不能过短，以臂伸开能抓住抓结为限。下降者面向固定点，两腿分开站到崖棱时一定要拉紧主绳，并握住抓结后才能开始下降（图 4–2–7）。

缘绳下降

图 4-2-7　缘绳下降

下降方法及要领：沿主绳下降需双手交替抓握下移。换手时，先将抓结向下复位，同时双脚同步向下移动，尽量用前脚掌踩住岩石凸起或棱角，分担手臂力量，手部动作与脚步移动要协调、有节奏，双腿适当分开以保持身体平衡，避免晃动。倒手时握主绳的手一定要抓紧，由于臂力不足倒手有困难时，也可双手沿绳下滑，注意速度不能过快，防止擦伤。

（四）下降应注意的事项

开始下降操作之前，首先要进行安全自检，排除潜在安全隐患，也可以请附近的队友帮助检查。在不妨碍其安全的前提下，任何队友都有义务满足你的要求。自检可依照以下流程进行：

（1）触摸头部，检查头盔，女队员同时检查头发是否收束；因为长头发如果不收束好，下降过程中会有缠到绳子的危险。

（2）目视及触摸“8”字环、下降器与主锁，检查其是否正常。包括检查绳索、设备的完整性，有无裂纹，是否锁紧，下降绳走向是否正确。

（3）目视及触摸安全带腰带、腿带，检查安全带是否反扣，不能确认则请他人协助检查。

（4）目视全身，检查是否有整理不当的地方，如存在外置累赘物、背包携带不当、救生衣系扣松脱等。

（5）除了检查安全隐患，还要检查是否有其他遗漏事项，比如是否有物品遗忘在固定点上方。

（6）下降的最佳方式不是快速，而是平稳匀速。平稳地下降才能降低对绳索和固定系统的冲击，降低绳索的窜动幅度，降低磨绳的概率。需要指出的是，很多缺乏经验的人想当然地认为湿绳子会比干绳子滑，但事实正好相反，浸湿状态的绳子摩擦力比干燥状态下大得多。在某些情况下同一根绳子的各段干湿状态不同，会导致下降过程中摩擦力不一致，对此要有所预判。

（7）防烫伤。“8”字环在下降时遭遇静力绳的大力高速摩擦后，会发烫，所以下降者在下降完触碰“8”字环时一定要戴上手套，或者稍等一段时间，这样可以防止烫伤。

（8）防空翻。下降时，要保持身体重心稳定于腰间，不可手低过脚，否则重心悬空容易导致空翻，使身体撞击崖壁受伤，或造成极度紧张。

第三节 野外宿营

一、临时庇护所的建立

（一）野外营地的选择

野外宿营点的选址工作需综合评估战术安全性与生存需求，主要要素有：

①靠近可靠水源，同时维持安全距离。②地形优先。选定背风、排水良好、地势稍高的平整地方，绕开山脊（容易暴露）、谷底（会聚集冷空气/遭遇洪水）、陡坡（出现落石/滑坡）和有坠枝危险的枯树下。③环境考量。植被需起到自然遮蔽作用，且不过分阻碍观察与紧急撤离通道，保障视野开阔还具备隐蔽性。④地面条件。不存在尖锐的物体，避开像蚁穴、兽径这样的动物活动区域。最终目标：在满足隐蔽、防止风雨/地质危害、取水便利的要求后，保证警戒视野与迅速响应能力。

（二）选择营地的基本原则

1. 水源充足

经过大运动量的穿越后，驻扎的营地有充分的水源补给是完成整个野外生存活动的关键。因此，在确定营地时，应选择附近有溪流、河流、水潭等水源的地方。在选择水源时要注意以下 3 点。

（1）选择好水源点后要寻找好附近的取水路线，并把取水路线的沿途地面平整好，最好做上标记，以方便在漆黑的夜晚去取水。人们经常是把营地平整好，却忽略了好取水的路线，结果导致很多户外活动参与者在漆黑的夜晚去取水时发生落水等事件。

（2）严禁在河滩、河谷中央或河流转弯处内侧扎营。这些位置极易遭遇上游水库、电站泄洪引发的突发性洪水。即使是流量看似微小的溪流，也绝不可作为营地。因为上游分水岭区域（即使营地本身无雨）若遇强降雨，大面积汇集的雨水将迅速涌入溪谷（即合水线），极易引发山洪暴发。在雨季及山洪多发区，务必时刻警惕此类险情。

（3）要对水源的水质进行评估和处理。优先选择清澈、无异味、无明显杂质的水源，如流动的溪水往往比静止的水塘水更洁净。可以通过观察水源周边环境来判断水质情况，若周边有动物尸体、垃圾或存在明显的污染源头，这样的水源大概率受到了污染，不宜直接取用。对于选取的水源，即便看起来干净，也必须经过净化处理，如使用专业的净水片、过滤器，或采用煮沸等方式，以杀灭水中可能存在的细菌、病毒和寄生虫等有害物质，保障饮用水安全。

2. 背风背阴

在野外扎营时，必须优先考虑背风问题。应选择背风的位置搭建帐篷，并确保帐篷门的朝向避开迎风面。这不仅是为了保障帐篷的稳固和露营舒适性，更是为了用火安全和方便操作。

如果是一个需要居住两天以上的营地，在好天气情况下，应该选择背阴的地方，如在大树下或山的北侧，最好是早晨而不是晚上被太阳照到。这样，如果在白天休息，帐篷里就不会太热太闷。

3. 远离危险

扎营时不能选在悬崖下面，一旦山上刮大风，就有可能将石头等重物刮下，造成危险。在雨季或多雷电区，营地绝不能扎在高地上、大树下或空旷的平地上，这样易受雷击。营地应尽量靠近村庄或路边。靠近村庄，有危险可以向村民求救，在没有木柴、蔬菜、粮食等情况时，靠近村庄扎营就更为重要。

4. 营地平整

地面平整是选择营地的重要原则之一。理想的营地应满足地面平整、不潮湿、排水性好的基本要求。在选定区域后，需仔细打扫，清除石块、矮灌木等任何可能刺穿帐篷的尖锐物；遇不平地面，应用土、草等物填平找平，并务必挖好排水沟，以确保营地干燥稳固。

不适合选择做营地的地点：

（1）河滩上或者河谷中央——取水不方便（水流湍急、水位变化大、水质等情况不稳定）以及受山洪的威胁（集水区域大，排水不畅）。

（2）河流转弯处的内侧——洪水的威胁。

（3）山顶迎风面——风大、取水不方便。

（4）谷底低洼处——潮湿、落石的威胁。

（5）枯木或者蜂巢底下——落木、野蜂袭击。

（6）动物巢穴或觅水点附近——动物的骚扰。

（三）营地建设分区

一个齐备的营地应包括帐篷宿营区、用火区、就餐区、娱乐区、用水区（盥洗）、卫生区等区域。

1. 场地分区

第一个应先落实宿营地。用火区应在下风处，距离帐篷区应在 15 m 以外，以防火星烧破帐篷。就餐区应靠近用火区，以便就餐。娱乐区应在就餐区的下风处，以防活动的灰尘污染餐具等物，并应距离帐篷区 15~20 m，以减少对早睡同伴的影响。卫生区应在宿营区的下风处，与就餐区、娱乐区保持一定的距离。用水区应在溪流或河流上分上下两段，上段为食用饮水区，下段为生活用水区。

2. 建设帐篷宿营区

帐篷宿营区若由多个帐篷组成，在布置帐篷时，应注意以下 3 点。

（1）所有帐篷应是一个朝向，即帐篷门都向一个方向开，并排布置。

（2）帐篷之间应保持不少于 1 m 的间距，在非必要的情况下尽量不要系帐篷的防风绳，以免绊倒人。

（3）必要时应设警戒线（沟），在山野露宿有可能会遇到具有威胁性的动物或者坏人，当然，这种可能性很小。可以在帐篷区外用石灰、草木灰、焦油等刺激性物质在帐篷区周围画一个圈，这样可以防止蛇等爬行动物的侵入，或者用电子报警系统等办法。

3. 建设用火就餐区

就餐同用火一般相邻，烧饭的地方最好有土坎、石坎，以便挖灶或建灶，大家拾来的木柴应当堆放在就餐区外或上风处。就餐区最好有一块大家围坐的草地，“餐桌”可以用一块大平石，或者就地。“餐椅”同样可以用石块，或者席地。天黑时就餐，灯具应当放在可以照射较大范围的位置，如将灯具吊在树上、放在石台上或者做一个灯架将其挂起来。用餐过后，食物要覆盖好，不能接触地面。例如，可将食物搁、吊在树上，同时要防止树上的小动物偷食或污染。此外，水壶等容器使用后要盖好盖子。

4. 建设取水用水区

用水、取水一般在水源处，盥洗用水与食用水应分开。如果水源是流动水，食用水应选在上游处，盥洗生活用水在下游处。如果是湖水，也同样要分开地方，两种用水处应当距离 20 m 以上。这种划分是出于卫生的需要。另外，如果取水要经过河滩地带，乱石灌木等物较多，没有小路可寻，则应当在日间提前清理，避免晚上取水不便。

5. 建设卫生区

卫生区即方便的地方，如果只住宿一晚，可以不专门挖建坑地，指定一下男女方便处即可。如果住宿天数在两天以上，则应当挖建卫生区。方便时，应该在修建的卫生区进行。

6. 建设娱乐区

娱乐区只要是场地平整即可，应清理场地中绊脚、碰头的东西。有时在玩游戏时，应在一个划定的范围内拉上保护绳，以免发生意外事故。

（四）制定作息时间

合理的户外作息安排是保障身体处于良好状态的重要方法。人们常会由于兴奋等原因，在篝火旁聊天或进行娱乐活动，从而影响正常休息。

（五）营地的环境保护

在所有野外活动中，宿营对环境的影响相对比较大。在野外宿营，一定要注意对环境的保护，应本着不浪费、不破坏的原则，使用能够保证生命需要的最低限度的自然资源。

在可以生火的区域，尽量不要砍伐树木生火，应该组织人力优先收集枯枝落叶和其他可燃物。临走前，将挖在帐篷周围的排水沟填平，拆除炊事用的炉灶，石头尽量放回原处。把可以自然分解的垃圾挖深坑填埋，把不能分解的东西装进塑料袋带回人类生活区，按要求进行处理。尽最大的努力，把营地恢复到宿营前的状态。

二、野外生火

（一）野外点火的方式

1. 火柴

火柴是最便利的点火工具。可以多携带一些标有“非安全”“可以在任何地方划着”标记的火柴，把它们扎成一捆放在防水容器内，防止它们相互摩擦以致自燃，另外也可防止火柴自身变潮。

注意：即使火柴受潮，也是有办法补救的。如果头发干燥并且不油腻，可将潮湿的火柴放在头发里摩擦一番，头发产生的静电会使它干燥。另外，通过在火柴上滴蜡以蜡封火柴，可防止火柴变潮（图 4-3-1）。

图 4-3-1　火柴

2. 使用凸透镜

依据光学原理，强烈的阳光通过凸透镜聚焦后，可在焦点处产生极高温度，足以点燃干燥的火种。特别值得注意的是，根据可燃物燃点特性，汽油和酒精因其极低的燃点和高度挥发性，在阳光聚焦照射下反应最为迅速。放大镜、望远镜物镜以及照相机镜头中的凸透镜元件，均能利用凸透镜的聚光原理，将太阳光聚焦于引火物（火种）上产生高温，从而成功取火。此外，实践证实，将引火物置于手电筒反光碗的焦点位置，并正对太阳，亦可实现取火。在冰雪环境中，若条件允许，可将纯净透明的冰块精细加工成中间厚、边缘薄的凸透镜形状，同样能替代玻璃透镜用于聚焦阳光取火（图 4-3-2）。

图 4-3-2　凸透镜取火

3. 击石取火

找一块坚硬的石头做“火石”，用小刀的背或小片钢铁向下敲击“火石”，使火花落到引火物上。一条边缘带齿的钢锯比普通小刀可产生更多的火星。当引火物开始冒烟时，缓缓地吹或扇，使其燃起明火。当然并不是任何一块石头都能点燃引火物，石头击出的火花必须有一定的热量和持续时间才能点燃引火物（图 4-3-3）。

4. 电池生火

若有电量较大的电池，将正负两极接在削了木皮的铅笔芯的两端，铅笔芯瞬间就会烧得像电炉丝一样通红（图 4-3-4）。

图 4-3-3　去石取火

图 4-3-4　电池生火

5. 弓钻取火

用强韧的树枝或竹片绑上鞋带、绳子或皮带，精心做成一个弓子。接着在弓上缠一根干燥且质地合适的木棍，以确保能有效作用于硬木。随后，将这木棍置于一小块硬木上，凭借弓子的拉动使其迅速旋转。在持续且有技巧的操作下，大概率能钻出来黑色粉末，这些粉末实则是摩擦产生的木屑等物质。随着摩擦不断进行，最后，这些粉末会冒烟而生出火花，进而点燃引火物（图 4-3-5）。

图 4-3-5　弓钻取火

6. 藤条取火

找一根干的树干，劈开一头，然后将裂缝撑开，塞上引火物，用一根长约两尺的藤条，穿在火种后面，双脚踩紧树干，迅速地左右抽动藤条，使之摩擦发热而将火种点燃（图 4–3–6）。

图 4–3–6 藤条取火

7. 其他方法

在平坦的木板上摩擦玻璃片，也能生热发火。待剧烈摩擦发烫时，再将引火物吹燃。

还可用两块软质的木头或竹片用力相互摩擦取火，下面垫以棕榈树皮或椰子叶底部的干燥物作火种。也可以在一块软木底部刨条直沟，然后用一根矛状硬木尖端前后“犁”行，这样首先产生出火种，最后将其点燃。

（二）炉灶的搭建

1. 蛇形洞火炉

这种方式的火炉可以给火苗提供屏蔽，防止风力干扰。在岸边泥质厚实稳固的地方，水平地挖出一个深约 45 cm 的坑洞，再从坑洞上方插进一根木棍，轻微转动木棍，拔出木棍，形成一个小烟囱，将坑洞中的泥土清理干净，同时将火点燃在坑洞中（图 4–3–7）。

2. 高空火炉

这种方式的火炉可以烧、煮食物，而且火炉结构使热量得以充分散发，以在其顶部做饭烧菜。不过，这种火炉较难搭建（图 4–3–8）。

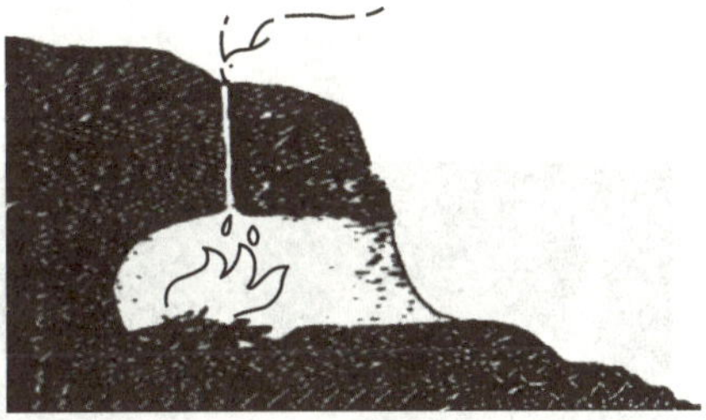

图 4–3–7 蛇形洞火炉

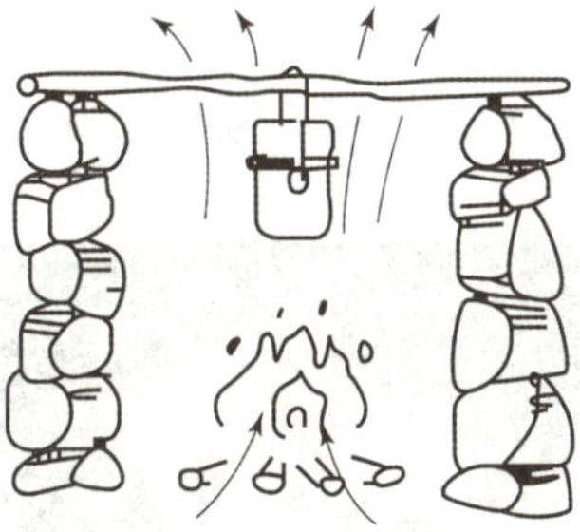

图 4–3–8 高空火炉

3. 野战灶

找 3 块等高的石头，较垂直或平整的一面向内，架上炊具，使之平整、稳定（图 4–3–9）。

4. 马蹄灶

用石块垒成高约 40 cm、内径约 30 cm 的半圆形，最上面一层向内收缩，石块间留有间隙，方便通风；开口处方便添柴并开向来风方向（图 4-3-10）。

图 4-3-9　野战灶

图 4-3-10　马蹄灶

5. 八卦炉

选择大小相近的长方形石头，在点火地点摆成直径约 1 m 的圆圈，石头之间留出 5 cm 左右的空隙。第 2 层石头要压在底层石头的空隙上面并稍微向圈里收缩，以此类推，直至堆砌成高 1 m、上口内径约 40 cm 的八卦炉（图 4-3-11）。

图 4-3-11　八卦炉

（三）烧篝火的方法

1. 密林篝火

横放一根较粗的圆木，上面斜搭几根较细的干木头，一面烧一面挪动。这种方法适用于冬季无遮棚的露营（图 4-3-12）。

2. 星形篝火

把 5~10 根圆木的一头，并拢如星形，从中心点燃，然后一面烧一面把圆木向里推。这种篝火热量很大，甚至几个人可围绕着它在雪地上睡觉（图 4-3-13）。

图 4-3-12　密林篝火

图 4-3-13　星形篝火

3. 长条形篝火

用两段约为人体长的圆木顺风叠放，边上打入湿木楔，防止圆木滑落。两木之间加撑子，留出空隙，以利燃烧。这种篝火燃烧时间较长，几乎无须调整，适于冬季露营时取暖（图 4-3-14）。

4. 圣殿火

如果地面潮湿松软或积雪深厚，则需要搭建高出地面、悬在空中的平台，这就是所谓的圣殿。这种炉台由一个高出地面的平台（由刚砍伐的新鲜木材建造）构成。4 根木桩竖直，叉点上横担着木棍，在上面放置一层圆木棍，再覆盖几层土或石头，才可在上面生火。成对角线的两根最长的直木上，横担一根木棍，用来悬挂锅等器皿（图 4-3-15）。

图 4-3-14　长条形篝火

图 4-3-15　圣殿火

5. 风中生火

如果风力强劲，可以挖一处壕沟生火。也可用以下方式：用岩石块将火堆围住，以使热量散失减慢，保存燃料。岩石上可放置器皿烧煮食物。另外，岩石散发的热量可以用来取暖，还可以用岩石垒成炕。

注意：火堆边不可放置潮湿或带孔隙的岩石或石头，尤其是曾经浸泡在水中的岩石，它们在受热时可能爆炸。还要避免使用板岩和较软的岩石，通过岩石间彼此猛烈撞击就可以检验出来。一切有裂隙、高度中空或表面易剥落的岩石都不可使用。如果它们含有水分，则膨胀速度更快，极易爆裂，迸溅出致命的碎片（图 4-3-16）。

图 4-3-16　风中生火

第四节　野外生活物资的获取

一、野外取水

（一）野外寻找水源

大量资料显示，一个人不吃饭可以存活近20天，而不喝水却活不过7天，可见水对人体的重要意义。因此在野外活动中最重要的是解决水的问题。

1. 充分利用五官功能

（1）听。多注意山脚、山涧、断崖、盆地、谷底等是否有山溪或瀑布的流水声，有无蛙声和水鸟的叫声等。特别是在凌晨或有雾的早晨，要注意倾听。如果能听到这些声音，说明离水源不远。但特别要注意的是，不要把风吹树叶的“哗哗声”误听成了流水声。

（2）嗅。尽可能地注意潮湿气味，或因刮风带过来的泥土腥味及水草的味道，然后沿气味的方向寻找水源。这需要有一定的经验积累。

（3）看。观察动物、植物、气象、气候及地理环境等也可以找到水源。根据地形，判断地下水位的高低，如山脚下往往会有地下水。另外，在干河床的下面及河道转弯处的外侧，往往再向下挖三四米就能找到水源，但需要净化处理才能饮用。

2. 根据气候及地面干湿情况寻找水源

夏季的地面总是非常潮湿，那些久晒不干的地方，说明该地地下水位较高；在秋季，地表有水汽上升，凌晨常会出现像纱巾似的薄雾，晚上露水较重，且地面潮湿，说明地下水位高，水量充足；在寒冷的冬季，地表的隙缝处有白霜时，地下水位也比较高；春季解冻早的地方和冬季封冻晚的地方以及降雪后融化快的地方，地下水位均高。

3. 根据植物生长情况寻找水源

生长着香蒲、沙柳、马莲、金针（也称黄花）、木芥的地方，水位比较高且水质较好；生长着灰菜、蓬蒿、沙里旺的地方，也有地下水，但水质不好，带有苦味或涩味；初春时，若某一地域其他树枝还未发芽，独有一处树枝已发芽，则此处有地下水；入秋时，同地方其他树枝已经枯黄，而独有一处树叶不黄，则此处有地下水。另外，三角叶杨、梧桐、柳树、盐香柏等，只长在有水的地方，在它们下面定能挖出地下水。

4. 根据动物、昆虫的活动情况寻找水源

夏季蚊虫聚集，且飞成圆柱形状的地方一定有水；有青蛙、大蚂蚁、蜗牛居住的地方也有水。另外，燕子飞过的路线和衔泥筑巢的地方，都是有水源或地下水位较高的地方。

5. 根据天气的变化寻找水源

天空出现彩虹的地方，肯定有雨水；在乌黑、带有雷电的积雨云下方的地表区域，定有雨水或冰雹；带有浓雾的山谷也是藏有水源的。另外，靠收集露水也能解燃眉之急。

6. 直接从植物中获取水源

如果是在南方，野芭蕉就是很好的水分来源，只要用刀将其从底部迅速砍断，就会有干净的液体从茎中滴出，可直接饮用。另外，野芭蕉的嫩芯可食用，在断粮的情况下，可以充饥。

如果能找到野葛藤、葡萄藤、芦荟、仙人掌、猕猴桃藤、五味子藤等藤本植物，也可从中获取饮用水。另外，在春天树木要发芽之时，还可从桦树、山榆树等乔木的树干及枝条中获取饮用水。

注意：千万不要饮用那些带有乳浊液的藤或灌木、乔木的汁液，有毒！此外从植物中获取的饮用“水”，容易变质，最好即取即饮，不要长时间存放。

7. 其他寻找水源的方法

在野外，最好不要饮用从杂草中流出的水，从断崖裂缝或岩石中流出的清水是野外饮用水的佳品。如果要饮用河流或湖泊中的水，可以在离水边一二米的沙地中挖个小坑，因为坑里渗出的水相比从河湖中直接提取的水要清洁得多。如果所处地区有矿山，就要特别注意了，一定不要饮用那些被矿山的矿物所污染的水源。如果看到河道里的石块呈现异常的茶红色或黄色，那么该地的水不喝为好。当找不到可以饮用的水源而饥渴难耐时，还有一种极为简便的取水方法，即用一个塑料袋套在树枝上，将袋口扎紧。因为温差的原因，树中会蒸发出水分，等到水分越来越多后，就可以取下来饮用。此外，还可以用塑料布收集露水。从半夜到天明这段时间里，气温逐渐下降，植物露水积少成多，可解干渴之急。山林中的猴子和松鼠，遇到干旱季节，就在拂晓时分出来舔食树叶上的露水。缺水时，这个方法不妨一试。

（二）水的净化处理与饮用

不洁净的水中经常会带有一些致病或腐烂的物质，有的甚至带有重金属盐或有毒物质等，因此当找到水源后，应就当时的环境条件，对水进行必要的净化消毒处理，以免因饮水中毒或染病。下面就介绍几种简单可行的净化处理水的方法。

1. 过滤法

当所找到的水源泥沙混浊，有异物漂浮且有微生物或蠕虫及水蛭幼虫等，水源周围的环境又不适宜挖坑时，可找一个塑料袋（质量好，不容易破裂的），将底部刺些小眼儿，或者用棉制单手套、手帕、衣袖、裤腿等（利用可乐瓶也可以，先去掉瓶底，再用小刀把瓶盖扎出几个小孔）然后自下向上依次填入 2~4 cm 厚的无土质干净的细沙 5~7 层，压紧按实，将不清洁的水慢慢地倒入该自制的简易过滤器中（图 4-4-1），等到过滤器下面有水溢出时，即可用盆或水壶将过滤后的干净水收集起来。

2. 渗透法

当水源不干净时，在离水源 3~5 m 处向下挖个 50~80 cm 深、直径约 1 m 的坑（图 4-4-2）。让水从沙、土的缝隙中自然渗出，然后，轻轻地将已渗出的水取出，放入盒或壶等存水容器中。注意不要搅起坑底的泥沙，要保持水的清洁干净。

图 4-4-1　过滤法

图 4-4-2　渗透法

3. 沉淀法

在将找到的水收集好后，可放入少量的明矾或捣烂的木棉枝叶、仙人掌、核桃仁，搅拌匀后沉淀 30 min（图 4-4-3）。这样，便能得到较为干净的水。

4. 海水淡化法

在海边，如果没有离子交换树脂脱盐，可以用锅煮海水来收集蒸馏水的方法使海水淡化。煮海水时，在锅盖内侧铺上毛巾，将蒸馏水的水珠吸附在毛巾上（图 4-4-4），然后再拧在大贝壳或其他容器内。这样反复制作，就可得到所需要的可饮用淡水。冬季低温时，可将海水放在一个容器中冻结，冻结后的冰块也可充当饮用的淡水。

图 4-4-3 沉淀法

图 4-4-4 海水淡化法

5. 其他方法

一般而言，除泉水和井水（地下深井水）可直接饮用外，无论是河水、湖水、溪水、雪水、雨水、露水，还是通过渗透、过滤、沉淀而得到的水，最好都先进行消毒处理后再饮用。最直接的方法就是通过加热煮沸，喝煮过的水。如果不能加热，就在存水容器中，加入净水药片，搅拌摇晃，静置几分钟，然后再饮用。一般情况下，一片净水药片可对 1 L 的水进行消毒。如果没有净水药片，可以用随身携带的医用碘酒或漂白剂代替净水药片对水进行消毒，只是放置的时间需更长些（20~30 min）。如果以上的消毒药物都没有，野炊用的食醋也可以。在净化过的水中倒入一些醋汁，搅拌后，静置 30 min，便可饮用，只是水中有些醋的酸味。如果水中有重金属盐或有毒矿物质，可用浓茶与水同煮，但切记沉淀物不能喝。

二、野外觅食

现代的野外生存，大多属于主动性的野外生存。一般食物都可以随身携带，不需要在野外寻找。但有意识地学习野外觅食的能力有助于提高我们的生存能力，提高野外生存的质量，增大生存的机会。

野外一年四季都能找到可食用的动植物，只是不同季节可食用的动植物可能不一样。春季大地回暖，草木萌发，可食用的野菜最多，如鸭嘴菜、蕨菜等；夏季天气高热，多数野花和菌类可以食用，如黄花菜、木耳等；秋季是丰收的季节，山里的野果都已成熟，也是很好的食物，如山梨、山里红；冬季冰天雪地，树草枯黄，可食用的植物很少，只有挂在树上没掉的野果和菌类能食用，但冬季是捕获野生动物最好的时机，如野兔、山鸡等。

（一）辨别可食与不可食植物的方法

（1）将采集到的植物割开一个小口子，放进一小撮盐，然后仔细观察是否改变原来的颜色，通常变色的植物不能食用。

（2）一般白色或黄色浆果类植物含有毒性，有一半的红色浆果类植物可以食用，而蓝色或黑色浆果类植物几乎均可食用。

（3）有些植物的茎部只结有一颗果实，一般这类植物可以食用。

（4）任何带有乳白色奶状液汁的植物不可食用，如野生的大豆、豌豆不可食用。

（5）对皮肤有刺激作用或已被昆虫咬过的植物，是不可食用的。

（6）可食性测试。①空腹时，首先切下植物的一小部分，将其放于手腕上来回揉搓后静候 15 min，观察皮肤有何反应。②将植物的一小部分放于嘴唇外沿，观察有何反应。③放一小片植物于口中，用舌头舔尝后静候 15 min，若无不良反应则将其充分咀嚼，再等 15 min 以观察有何反应，若没有任何不良反应，继续进行下面的步骤。④吞咽一小块食物，看是否有不良反应（如果感觉难受，赶快把东西吐出来，然后大量饮水），如果你仍感觉良好，接着做下面的试验。⑤吃少量的植物，再静等数小时，如果仍然没有不良反应，就能确定这种植物可以食用。⑥如果没有发生诸如口部痛痒、不停打嗝、恶心、发虚、胃痛、下腹绞痛以及其他任何不适症状，可以认为这种植物是安全可食的。

（7）可食用植物一般要加热后才能食用。在加热植物的过程中要小心，因为许多植物在加热后会发生化学变化，从无毒植物变成有毒食品。

（8）不能仅凭动物或鸟类食用某种植物就断定其人类可食！许多对动物无毒的植物，对人类却可能具有剧毒（如某些蘑菇、浆果等）。在野外求生时，必须通过可靠的知识（如植物图鉴、专家指导）或经过验证的“通用可食性测试”来谨慎鉴别植物，否则极易导致中毒甚至死亡。

（二）食用野生菌的注意事项

（1）不要采摘自己不熟悉的菌类，不要食用自己不认识的野生菌。

（2）不要吃过熟或幼小的野生菌。

（3）采来的野生菌不要全放在一起炒或煮，最好每次食用一种野生菌，而且食用量要有所控制，不要一次食用过多。

（4）加工烹调时采用的方法要得当。首先，无论什么菌，都不要凉拌生吃；其次，无论炒还是烧汤，都要炒熟煮透，不要用急火快炒。

（5）吃菌时不要喝酒，有的野生菌虽然无毒，但含有的某些成分会与酒中所含的乙醇发生化学反应，生成毒素引起中毒。

（6）警告。不要吃具有以下特征的不明植物：①汁液呈奶白色，或者暴露于空气之后，汁液会变成黑色。外形类似蘑菇。②外形类似洋葱或大蒜。③外形类似芫荽、欧洲防风根或莳萝。④有类似胡萝卜的叶子、根或者茎块。

（三）以野生动物为食时需注意的问题

（1）分清不同年龄动物的肉质。一般来说，动物越幼小，瘦肉越多，肉质越嫩；动物越老，脂肪越多，肉质粗糙；成年雌性动物的肉质最好，味道鲜美、肉多骨少。

（2）千万不能食用有病的动物，也不要食用动物的肝脏，以防传染疾病。食用时，最好用火做熟，不到迫不得已不要生食。

（3）无论是从安全的角度，还是环保的角度考虑，我们不能确定，不太常见的野生动物是否带有人类所不了解的病菌，或者是否是受保护动物，因此要尽量选择常见的动物为食物。

（4）鱼是野外生存最好的动物类食物来源之一，特别是在水域比较丰富的地区，食用小溪、小河、湖里的鱼、虾、蟹等基本上是安全的。但在野外宜选吃体形较小的鱼，因为这种鱼被污染的可能性要小一些。在捕捞前已经死亡的鱼不要吃，因为不确定它的死亡原因。已经死亡的虾、蟹、贝类更不能食用。在烹饪之前去掉鱼的皮、脂肪，尤其是腹部和头部，以及所有内脏。

（5）有毒鱼的识别。含有毒素的鱼种类很多，一种是鱼本身含有毒素，如河豚、刺海猪、角鱼、刺鱼等；另一种是因为环境污染而使鱼含有毒素。

（四）动物类食物的烹饪方法

在求生环境中，食用动物类食物必须用火加工熟透。烹调的方法和程序与在自家厨房一样，有煮、煎、焙、烘、蒸、烤等。

1. 煮

煮是最好的方法之一，因为可以留住汁液中的盐分和养分。在缺乏金属容器时，可采用以下方法进行野外烹饪和盛装。

（1）石煮法。选取一块质地均匀、耐高温且不易碎裂的石头（如河边坚硬光滑的鹅卵石），在火中加热至滚烫；同时，将食物和足量水放入中空木头制成的容器中，并将其置于火源上方（避免烧毁）；迅速将滚烫石头夹入浸泡食物的水中，冷却后更换新热石，反复操作直至食物煮熟。不要用潮湿的石头，如溪流中或者其他湿地里的石头，因为它们很可能会爆炸。

（2）其他天然容器。可直接使用椰子壳、大型海贝、龟壳、剖开的竹筒或处理过的动物胃袋 / 皮囊盛装饮食。也可用树皮或树叶制作简易容器，但需注意容器水位线以上部分极易引燃，使用时必须保持其上部湿润或严格控制火势低矮以防烧毁。

2. 煎

如果没有煎锅，可以用石头煎炸食品。将一块平整、中间微凹的石头放在火上面，等石头热了之后，将油和食物放在上面加热直到煎熟。

3. 烧烤

烧烤是烹制动物类食物最常见的方法。需要用到串肉扦或烤肉叉。用这种方法几乎可以在火上烤任何动物类食品，只需要将肉串在没有毒的棍棒上，然后放到火上烤，直至熟了为止。也可以用岩石类的“烤炉”来烘烤食物，用这种方法可以保留肉中的肉汁。

（五）误食有毒食物时的处理方法

误食有毒食物以后，若有恶心、头晕、呕吐、看东西不明或幻视、幻听等症状，应立即前往医院治疗。若不能及时就医，应立即采用简易的方法，进行催吐、洗胃、导泻或灌肠等处理，尽快排除体内尚未被吸收的残留物，减少有毒物质的吸收，从而减轻中毒程度，防止病情加重。

急救的方法有如下 4 种。

1. 催吐

可用手指或其他代用品触及咽喉部，直至中毒者吐出清水为止。

2. 洗胃

极方便的方法可用肥皂或浓茶水洗胃，也可用 2% 碳酸氢钠洗，此法亦能同时除去已到肠内的毒物，起到洗肠的作用。

3. 导泻

常用的导泻剂有硫酸镁和硫酸钠，用量 15~30 g，加水 2 mL，口服。

4. 解毒

在进行上述急救处理后，还应当对症治疗，服用解毒剂。最简便的可吃生鸡蛋清，生奶或用大蒜捣汁冲服。若条件允许，可服用通用解毒剂，该解毒剂的配方为：活性炭 4 份、氧化镁 2 份、鞣酸 2 份，将它们与 100 份水混合。其主要作用是吸附或中和生物碱、重金属以及酸类等毒物。

经过这些处理后，要尽快转送医院诊治。

（六）野外生存食物的储存

野外生存活动根据活动地点及路程的长短，时间从一天到一周不等，甚至更长时间。随身携带的食物不但要防碎、量轻，更要确保新鲜、营养、有口味。这时，储存容器及储存方法的选择就显得尤为重要。

首选的储存容器是冰包，特别是在春夏季进行户外活动时。使用时要尽量把冰包装满，如用冰冻纸盒包装饮料或者冰冻袋装牛奶，填补主食以外的空余地方。填补空余的地方可以防止热空气在冰包内扩散，从而更有效地保持温度。

其次是使用保鲜盒，以延长食品的保鲜时间。质量好的保鲜盒还可以携带汤水，让出行的晚餐更丰盛、美味。户外做饭条件有限，因此肉类、蔬菜都可以在家切好后用保鲜盒分装，这样可以在户外轻松实现吃炒菜的愿望。

此外，也可以借助自然条件对食物进行储存或处理，以延长保质期。

（1）利用天然“冰箱”储存食物。在野外活动中，可将易坏的食物用塑料袋密封，放在流动的河水中保存。如将羊肉密封在 3 层塑料袋中放在冰河（湖）里，用石块压好，随吃随取，可保持 20 天肉不变色、不变味。忌将肉不密封直接放入水中保存，水泡过的肉，营养成分会流失，且河水中的泥沙粘在肉上导致无法食用。

（2）利用风、空气、阳光、烟熏或火烤使食物变干（风干、熏晒），延长其保质期，这样可以将其储存并随身携带，需要时即可食用。该方法一般用于储存植物类食物，如木耳、香菇、蔬菜干等。

①风干法。把肉、禽类风干也是一种食品保存方法，一般这类风干方法在内地空气中水分含量大的地区不宜采用，在青藏高原和大西北，气候干燥、湿度低的地区方能采用。风干食品，顾名思义靠热风吹干，绝不能在太阳下晒。风制食品另一种方法就是将食物擦上盐及其他调味品，或用酱油浸红，吊在风口处靠风吹至肉硬化后即可，如风鳗、风鸡、风青鱼、风猪、牛肉等风制食品，肉不宜太厚（太厚不易风干）、太咸。食用时将风制食物烹熟食用。

②熏晒法。熏制食品可以使食品保存时间延长，且味道适口，如熏肉、鸡、鱼等。在野外活动钓到鱼就可以用晒制法将鱼晒成鱼干保存或食用，方法如下：把鱼脊骨连头部切开（鱼腹部不要切断）成一片，去掉内脏洗净，在鱼的两面抹上盐，用竹片或木棍在鱼头部撑开，挂起或平摊在阳光下晒，几日后即晒制成鱼干，可供长时间食用。

注意：如果计划在野外待更长的时间，在食物的取用上要有顺序，先吃不容易保存的鲜品，再吃干物，最后是高热量的方便携带的食物。

第五节　野外求救信号的设置与接收

在野外，生存环境非常恶劣，各种灾难会不期而至。对野外生存者来说，及时了解自己所面临的困境，通知他人，求得救援，是非常重要的。遇险求救时，要通过各种方式与他人取得联系，发出的信号要足以引起人们的注意。求救信号往往具有通识性和国际性。

根据自身的情况和周围的环境条件，发出不同的求救信号。一般情况下，重复3次的行动都象征寻求援助。

一、求救信号的种类

（一）烟火信号

火光作为联络信号是非常有效的，遇险时可根据具体的情况灵活运用。为保证求救烟火信号的可靠程度，白天可在火堆上放些苔藓、青嫩树枝、橡皮等使之产生浓烟；晚上可放些干柴，使火烧旺，火苗升高（图 4–5–1）。

燃放三堆火焰是国际通行的求救信号。将火堆摆成三角形，每堆之间的间隔相等最为理想，这样安排也方便点燃。如果燃料稀缺或者自己伤势严重，或者由于饥饿，过度虚弱，凑不够三堆火焰，那么点燃一堆也行。

不可能让所有的信号火种整天燃烧，但应随时准备妥当，使燃料保持干燥，一旦有任何飞机路过，就尽快点燃求助。

（二）烟雾信号

在白天，烟雾是良好的定位器，所以火堆上要添加散发烟雾的材料。浓烟升空后与周围环境形成强烈的对比，易引人注意（图 4–5–2）。

图 4–5–1　烟火信号

图 4–5–2　烟雾信号

在夜间或深绿色的丛林中亮色浓烟十分醒目。添加绿草、绿树叶、苔藓和蕨类植物都会产生浓烟。其实任何潮湿的东西都产生烟雾，潮湿的草席、坐垫可熏烧很长时间，同时飞虫也难以逼近伤人。

黑色烟雾在雪地或沙漠中最醒目，橡胶和汽油可产生黑烟。

如果受到气候条件限制，烟雾只能近地表飘动，可以加大火势，这样暖气流上升势头更猛，会携带烟雾到相当的高度。

（三）图形信号

图形信号包括文字和图形。其中，国际通用且家喻户晓的求救信号就是用各种方法组成的 3 个英文字母“SOS”（中文意为“救命”）。当需要救援时，想办法组成这样的图形，并使之醒目，放在容易被发现的地方。例如，在雪地和沙滩上，可以直接写成大“SOS”，为引人注意，每个字母应该尽可能写得大些。在开阔地上也可以用石块摆成这样的 3 个字母（图 4–5–3）。

（四）声音信号

如距离较近可大声呼喊，三声短三声长，再三声短；间隔 1 分钟之后再重复。也可借助其他物品发出声响，如用斧子、木棍敲打树木、罐头盒、桶等。也可吹救生哨（图 4–5–4）。

图 4–5–3　图形信号

图 4–5–4　声音信号

（五）灯光

用灯光（手电、头灯、蜡烛）及遮盖物同样可以发出“SOS”的标准求救信号，即短促闪三下，接三长闪，再接短促的三闪（图 4–5–5）。

图 4–5–5　灯光信号

（六）摩尔斯码

摩尔斯码是国际通用的通信代码，广泛应用于电信发报，可以通过控制触击时间的长短形成“滴滴答答”的长短音信号。如果用图形表示，则“点”代表“滴”，“短线”代表“嗒”。不同的长短线分别代表不同的字母（表 4–5–1）。

表 4–5–1　摩尔斯码表

字符	电码符号	字符	电码符号	字符	电码符号
A	·—	N	—·	1	·————
B	—···	O	———	2	··———
C	—·—·	P	·——·	3	···——
D	—··	Q	——·—	4	····—
E	·	R	·—·	5	·····
F	··—·	S	···	6	—····
G	——·	T	—	7	——···
H	····	U	··—·	8	———··
I	··	V	···—	9	————·
J	·———	W	·———	0	—————
K	·—·	X	—··—	?	··——··
L	·—··	Y	—··——	/	—··—·
M	——	Z	——··	()	—·——·—

从表中可看出，三短、三长、三短代表的即“SOS”。

以上介绍的都是国际通用的求救方法，事实上，一切能够引起救援人员注意并引来救援人员施救的方法，都是好的求救方法，可根据实际情况进行选择。

二、其他的救援方法

（一）风筝

如果还可以活动，可就是无法离开（腿或脚受伤），其他的求救方法也不奏效，试试这样的方法：用纸或者衬衫、手帕做个风筝，用救生包里的渔线或用毛衣拆下的线把风筝放飞，到最高处时割断，脱线的风筝会飞得很远。当然，别忘了在风筝上写字：处境和位置。

（二）体示信号

当搜索飞机处于较近的距离范围时，遇险者可借助身体示意信号来传达自身的意图和情况，比如挥手、站成特定的形状等。

（三）旗语信号

将一面旗子或一块色泽亮艳的布料系在木棒上，持棒运动时，在左侧长划，右侧短划，加大动作幅度，做“8”字形运动。

如果双方距离较近，不必做“8”字形运动。一个简单的划行动作就可以，在左侧长划一次，在右边短划一次，前者应比后者用时稍长。

（四）漂流瓶

海上遇到危急情况时的一种求救方法。

（五）灰尘

在干燥的土地上用树枝等工具扬起弥漫的灰尘也能引起注意。

（六）反光信号

利用阳光和一个反射镜即可射出信号光。任何明亮的材料都可加以利用，如罐头盒盖、玻璃、金属铂片，镜子当然更加理想。持续的反射将规律性地产生一条长线和一个圆点，这是摩尔斯代码的一种。即使不懂摩尔斯代码，随意反照，也可能引人注目。无论如何，至少应掌握 SOS 代码。

即使距离相当远也能察觉到反射光线信号，但由于并不知晓欲联络目标的位置，所以要多试探。注意环视天空，如果有飞机靠近，就快速反射出信号光。这种光线或许会使营救人员目眩，所以一旦确定自己已被发现，应立刻停止反射光线。

（七）留下信息

当离开危险地时，要留下一些信号物，以备让救援人员发现。地面信号物使营救者能了解现在或者过去的位置，方向指示标有助于营救者寻找行动路径。一路上要不断留下指示标，这样做不仅可以让救援人员追寻而至，而且在自己希望返回时也不致迷路。如果迷失了方向，或找不着想走的路线，它就可以成为一个向导。

常用的方向指示器包括如下 8 种。

（1）将岩石或碎石片摆成箭形。

（2）将棍棒支撑在树杈间，顶部指着行动的方向。

（3）在卷草的中上部系上结，使其顶端弯曲指示行动方向。

（4）在地上放置一根分叉的树枝，用分叉点指向行动方向。

（5）用小石块垒成一个大石堆，在边上再放小石块指向行动方向。

（6）用一个深刻于树干的箭头形凹槽表示行动方向。

（7）两根交叉的木棒或石头意味着此路不通。

（8）用 3 块岩石、木棒或木桩表示危险或紧急。

知识拓展　野外痕迹的辨别与消除

一、野生动物痕迹辨别

1. 足迹特征与识别技巧

熊类：足迹掌垫宽大（长约 30 cm，宽 18 cm），前端五爪清晰，后足印后端渐细，易误认为人脚印。需注意熊的掌印形状与人类脚印的差异。

狼 / 犬类：足迹紧凑，前足四趾，外侧两趾印小于内侧，爪痕明显。狼行走时步幅规律，犬类可能因训练或环境改变步伐。

野猪：偶蹄印，短边趾印与鹿类区分明显，常伴随拱翻土地的痕迹，需警惕其活动区域的安全风险。

猞猁 / 猫科：梅花形脚印，猞猁比猫大但小于老虎，爪印收缩明显，需结合体型与步幅综合判断。

2. 粪便与食残物分析

食肉动物：粪便含毛发、骨骼碎片，颜色较深，气味刺鼻。

食草动物：粪便呈圆柱状，含未消化植物纤维，颜色较浅。

食残物：需观察啃食痕迹（如树皮剥落方式、果实残渣分布），结合动物食性推断。

3. 活动规律与栖居环境

夜行性动物（如狼、猫头鹰）：夜间活动，白天多藏于洞穴或密林。

晨昏活动性动物（如鹿、野猪）：清晨与黄昏觅食，需避免在此时段靠近其栖息地。

水源附近：需警惕野生动物饮水区域，保持安全距离。

二、自身痕迹消除技巧

1. 移动策略

跳跃前进：雪地或软土区域，通过非连续性移动减少足迹链暴露风险。

之字形路线：被追踪时，采用“之”字形路线增加追踪难度，需结合地形与植被覆盖情况灵活调整。

夜间隐蔽：利用夜视设备或月光条件，减少人工光源暴露，避免成为追踪目标。

2. 痕迹处理

植被恢复：穿越植被时，用树枝或衣物轻扫地面，掩盖踩踏痕迹。

水源利用：需在远离水源的区域活动，避免留下气味或排泄物痕迹。

气味干扰：若遭遇追踪犬，可撒辣椒粉或使用驱狗喷雾，干扰其嗅觉追踪能力。

3. 装备与伪装

雪地吉利服：雪地环境中，需全身覆盖白色或浅色伪装服，减少视觉暴露。

反光材料：避免携带反光物品（如金属表、眼镜），需用布料或植被覆盖。

痕迹误导：故意在反方向留下脚印或物品，制造假象迷惑追踪。

思考题

1. 野外判定方向的方法有哪些？
2. 野外下降时应注意哪些方面？
3. 野外选择营地的基本原则有哪些？
4. 野外生火的方式有哪些？
5. 误食有毒食物时应如何进行处理？
6. 野外求救信号的类别有哪些？

第五章

野外运动中常见问题及处置

野外运动是定向军士生军事训练的重要内容，既考验单兵综合素质，又锤炼战场应变能力。然而，复杂多变的自然环境、突发意外事件以及潜在的安全风险，都可能对训练任务和人员安全构成挑战。本章围绕置身特定区域、遭遇自然灾害、防范未知风险、应对突发伤病等关键问题展开，系统讲解应急处置原则与方法，帮助军士生提高风险预判能力、强化危机应对技能，确保在野外环境下既能完成任务，又能最大限度保障自身和战友安全。

第一节　置身特定区域的处置

在广袤无垠的大自然中，高海拔及极寒的雪山冰川、干旱荒芜的沙漠戈壁、幽深神秘的丛林沼泽，以及浩渺壮阔的海洋岛屿，都有着令人叹为观止的绝美风光，也潜藏着未知的风险与挑战。踏入这些特定区域，多变的气候、复杂的地形、特殊的生态环境，随时可能引发各类突发状况。了解这些区域相关知识，是保障生命安全、实现顺利探索的关键。

一、高海拔及极寒区域

高海拔区域（图 5–1–1）通常是指平均海拔在 3000 m 以上的地区，如青藏高原、喜马拉雅山脉等，特点是氧气稀薄，气压低，昼夜温差大，紫外线强烈。例如海拔 3000 m 时，氧气含量为海平面的 70%~73%。极寒区域（图 5–1–2）包括北极、南极及高纬度严寒地带，或高原海拔冬季环境，特点是气温极低，风力强，积雪深厚。

（一）注意事项

（1）提前了解目的地天气、地形，携带专业装备，如防风防寒冲锋衣、保暖内衣、防水登山靴、高海拔专用睡袋等。

（2）提前做好准备，高海拔区域可提前服用抗高原反应药物，极寒区域需备足高热量食物和便携热源。

图 5-1-1 高海拔区域

图 5-1-2 极寒区域

（3）高海拔区域避免剧烈运动，逐步适应海拔升高，每日上升高度建议不超过 500 m，以防出现或加重高原反应。

（4）极寒区域需时刻保持身体干燥，避免出汗后直接暴露在寒风中，汗水冻结后会加速失温，定时活动手指、脚趾防止冻伤。

（5）出现严重高原反应、重度冻伤或失温时，应放弃行程立即下撤，避免因“坚持”而延误救治时机。

（6）极寒区域若遇暴风雪，优先寻找天然庇护所（如山洞、背风岩石），用帐篷或防水布搭建临时避难所，保持身体核心温度。

（7）至少 2 人同行，携带卫星电话或 GPS 定位设备，规划好每日行程和紧急避难所位置。

（二）常见问题及处理办法

1. 高原反应（AMS）

（1）表现：头痛、恶心呕吐、乏力、呼吸困难。

（2）处理：立即停止上升，原地休息，服用布洛芬缓解头痛，严重时（如出现肺水肿、脑水肿）需吸氧并尽快下撤至低海拔区域。

2. 紫外线伤害

（1）表现：皮肤红肿、脱皮，眼睛刺痛，雪盲。

（2）处理：涂抹防晒霜，佩戴防紫外线面罩、墨镜；雪盲可用湿毛巾冷敷眼睛，避免强光刺激，滴人工泪液缓解不适。

3. 冻伤

（1）表现：皮肤苍白、麻木，严重时出现水疱或变黑。

（2）处理：立即将冻伤部位移至温暖环境，用体温捂热，避免用热水，用干净布料包裹，不可揉搓；重度冻伤需及时就医。

4. 失温

（1）表现：发抖、意识模糊、动作迟缓。

（2）处理：迅速转移至避风处，更换湿衣物，用睡袋或保暖衣物包裹身体，饮用热糖水或高热量食物，必要时进行心肺复苏（如出现心跳呼吸停止）。

5. 雪崩

（1）预防：避开陡坡（坡度大于 30°）和新降雪区域，携带雪崩安全救援装备，如雪崩信标机、探测杆、雪铲等。

（2）处理：若被掩埋，立即启动雪崩信标机发射信号，同伴用探测杆定位后挖掘，优先暴露口鼻保持呼吸。雪崩后 15 min 内为黄金救援时间，超过该时间生还概率大幅降低。

二、沙漠及干旱区域

沙漠（图 5-1-3）及干旱区域主要分布在全球副热带高压控制区、内陆高原地区等，如我国的塔克拉玛干沙漠、非洲的撒哈拉沙漠等。这些区域气候极端，具有以下特点：气候干燥，年降水量极少，空气湿度通常低于 30%，水分蒸发速度极快，人体水分流失严重；昼夜温差大，白天太阳辐射强烈，温度可达 50℃以上，夜间热量迅速散失，温度骤降至 0℃甚至更低；风沙频繁，常有沙尘暴，风力可达 8 级以上，能见度瞬间降至数米，漫天黄沙会掩埋道路、装备；植被稀少，以耐旱的仙人掌、骆驼刺等植物为主，缺乏天然遮阴场所与水源补给点。

图 5-1-3　沙漠

（一）注意事项

（1）携带高帮防沙鞋、防风沙护目镜、防紫外线面罩、长袖速干衣裤等防护装备；配备充足的饮用水（每人每天至少 3~5 L）、高热量食物；准备 GPS 定位仪、卫星电话、急救包、防风帐篷、防潮垫等工具。

（2）提前通过专业设备规划路线，标记沿途可能的水源点、避难场所。

（3）提前进行耐力和耐热训练，适应高强度、极端环境下的运动。

（4）避免正午高温时段长时间行进，选择清晨、傍晚等相对凉爽的时间活动；每行走 1~2 h 休息 15~30 min，补充水分和能量。

（5）注意水的储存，在沙漠和干旱区域中水是非常重要的生存物资。

（6）夜晚注意防风防寒，搭建帐篷时选择背风处，尽量远离风口，帐篷底部铺设防潮垫，防止地面寒气侵入。

（7）装备需妥善存放，避免被风沙掩埋或被野生动物破坏。

（8）定期使用卫星电话等设备向外界汇报位置和状况，确保失联风险可控。

（二）常见问题及处理办法

1. 缺水

（1）表现：口渴、尿少、皮肤干燥、头晕乏力，严重时导致昏迷甚至死亡。

（2）处理：严格控制饮水量，采用“少量多次”原则；寻找水源，如干涸河床下游挖掘、利用冷凝法收集植物蒸腾水；若没有可饮用的水源，可利用简易蒸馏装置净化污水。

2. 中暑

（1）表现：体温升高、头痛、恶心呕吐、意识模糊、抽搐等。

（2）处理：迅速将其转移到阴凉通风处，解开衣物散热；用湿毛巾冷敷头部、腋下等大动脉处；少量多次饮用含盐的清凉饮料；若症状严重，立即拨打救援电话并持续进行物理降温。

3. 迷路

（1）表现：失去方向感，无法确定自身位置和行进路线。

（2）处理：保持冷静，停止盲目移动；利用 GPS 定位仪、太阳和星辰等确定方向；若遇沙尘暴，寻找沙丘背风处躲避，待天气好转后再行动；在原地留下明显标记（如堆砌石块、放置鲜艳衣物），方便救援人员寻找。

4. 风沙伤害

（1）表现：沙尘进入眼睛导致红肿疼痛、视力模糊；吸入过多沙尘引发呼吸道不适，如咳嗽、气喘；风沙掩埋装备、帐篷，甚至造成人员受伤。

（2）处理：佩戴防风沙护目镜和面罩，避免揉眼，可用干净的生理盐水冲洗眼睛；用湿布捂住口鼻，减少沙尘吸入；搭建帐篷时选择背风处，使用防风绳和地钉固定帐篷，遭遇强风沙时及时躲避到坚固掩体后。

5. 晒伤

（1）表现：皮肤发红、疼痛、脱皮，严重时出现水疱。

（2）处理：及时转移到阴凉处，用凉水冲洗晒伤部位降温；涂抹芦荟胶、烫伤膏等缓解疼痛；避免再次暴露在阳光下，严重晒伤需就医治疗。

三、丛林及沼泽区域

丛林（图 5-1-4）广泛分布于热带、亚热带及部分温带湿润地区，如亚马孙雨林、东南亚热带雨林及我国云南西双版纳丛林。丛林具有地形复杂、植被高度密集、气候潮湿闷热、生物种类繁多等显著特点。沼泽（图 5-1-5）主要分布在河流入海口、湖泊周边及地势低洼的平原地带，如美国大沼泽地、我国三江平原沼泽区。沼泽的地理特征包括地质松软泥泞、水体污染严重、环境有隐蔽危险等。

图 5-1-4　丛林

图 5-1-5　沼泽

（一）注意事项

（1）准备好防护装备，穿着高帮防水防刺户外靴、长袖防刮耐磨衣裤、防虫面罩；携带防蛇咬护腿、宽边遮阳帽、速干毛巾。

（2）配备生存工具以及辅助设备，例如锋利砍刀、多功能工兵铲、急救包（含蛇毒血清、抗生素软膏、抗过敏药）、净水片、防水火柴、长绳（20~30 m，用于沼泽区域互相牵引）、驱蚊喷雾等。

（3）学习基础植物识别技巧，掌握常见毒植物特征，了解野外净水方法，并提前进行负重徒步、耐力训练，增强在湿热环境下的运动能力和身体适应性。

（4）丛林中留意藤蔓、毒植物，沼泽地观察植被密度，稀疏处可能暗藏泥潭。

（5）丛林区域避免单独行动，尽量沿已有的动物小径或原有的人类足迹行走；每前行一段距离设置明显标记（如绑布条、摆放石头），防止迷路。

（6）穿越溪流时，用登山杖探测水深和流速，选择底部较硬的浅滩快速通过；

避免在夜晚涉水。

（7）沼泽区域沿铺设的木板路行走，若需穿越，使用长杆（至少 2 m）探测前方地面硬度，遵循“探一步，走一步”原则。

（8）在沼泽区域时，团队成员需保持 5~10 m 间距，采用“之”字形路线分散压力；行进时动作要缓慢，避免突然发力导致下陷。

（二）常见问题及处理办法

1. 蚊虫叮咬

（1）表现：皮肤红肿、瘙痒，抓挠后可能引发感染；部分蚊虫携带病毒，导致发热、头痛等症状。

（2）处理：用肥皂水清洗患处，涂抹驱蚊膏、清凉油或炉甘石洗剂；若出现发热、头晕等全身症状，及时服用抗过敏药并就医。

2. 毒蛇咬伤

（1）表现：伤口处出现疼痛、肿胀、流血不止，伴随头晕、呼吸困难等中毒症状。

（2）处理：立即远离毒蛇，用绷带在伤口近心端 5~10 cm 处包扎，固定肢体低于心脏位置，减缓毒液扩散；保持冷静，减少肢体活动，避免加速毒素吸收；尽快拨打救援电话，拍摄蛇的照片供医生判断蛇毒类型。

3. 失足陷入沼泽

（1）表现：双脚陷入淤泥，且越挣扎下沉速度越快。

（2）处理：保持身体后仰，张开双臂增大受力面积，缓慢将双腿从淤泥中拔出，动作要轻缓，避免产生负压。若身旁有树枝、藤蔓，可抓住借力爬出；若无人协助，可尝试缓慢滚动到坚硬地面。脱困后检查皮肤是否划伤，用净水冲洗伤口，涂抹抗生素软膏防止感染。

4. 食物中毒

（1）表现：食用不明植物或变质食物后，出现恶心、呕吐、腹痛、腹泻等症状。

（2）处理：立即停止食用可疑食物，大量饮用淡盐水催吐；服用黄连素等止泻药物；若症状严重，需尽快就医。

5. 水源污染

（1）表现：直接饮用未经处理的水源后，出现肠胃不适、发热等症状。

（2）处理：饮用水必须煮沸或使用净水片消毒；若出现腹泻，及时补充电解质溶液（如口服补液盐），防止脱水。

四、海洋及岛屿区域

海洋及岛屿区域生态环境独特且复杂，包含广阔的海域、多变的海岸带、形态各异的岛屿。海洋（图 5-1-6）受季风、洋流、潮汐影响，海面可能出现大风、巨浪、海雾等恶劣天气；岛屿（图 5-1-7）周边礁石密布，地形复杂，且多数岛屿淡水资源稀缺，植被分布不均。此外，海洋生物种类繁多，部分具有攻击性或毒性，这些因素都为野外运动带来诸多挑战。

图 5-1-6　海洋

图 5-1-7　岛屿

（一）注意事项

（1）提前通过专业气象网站、海洋预报部门了解活动区域未来数天的天气、潮汐、洋流等信息，研究岛屿地形地貌，规划合理路线。

（2）携带防水背包、救生衣、防水卫星电话、GPS 定位设备、高倍望远镜、防风帐篷、防潮垫、高热量食物和充足淡水。同时，准备专业的航海地图、指南针，确保装备能应对海洋高盐、潮湿环境。

（3）需提前掌握基础的游泳技能和水上自救互救方法，如水中抽筋处理、溺水救援等。

（4）严格遵守海洋及岛屿保护区规定，不随意进入未开发区域，不在敏感生态区域开展活动，避免破坏海洋及岛屿生态环境。

（5）避免独自行动，尤其是在夜间、恶劣天气或复杂地形区域。

（6）海上活动时，必须穿戴救生衣，船只保持安全航速，与其他船只保持安全距离。

（7）关注潮汐时间，避免在涨潮或退潮时靠近危险海岸区域，被困礁石。

（8）熟悉各种求救信号的使用方法，包括国际通用的 SOS 信号、烟雾信号、光信号等，确保在紧急情况下能够有效发出求救信息。

（二）常见问题及处理办法

1. 天气突变

（1）表现：突然出现大风、暴雨、雷电、巨浪，能见度骤降，威胁人员和船只安全。

（2）处理：密切关注气象预警，一旦出现天气恶化迹象，立即停止活动。海上航行时，就近寻找避风港躲避；在岛屿上，远离海边、高地、大树，进入坚固建筑或低洼处避险。若被困，使用卫星电话求救，发出 SOS 信号，等待救援。

2. 迷失方向

（1）表现：因恶劣天气、设备故障导致无法确定位置和方向，偏离预定路线。

（2）处理：保持冷静，优先使用 GPS 定位设备和卫星电话确定位置并求救。若设备失效，利用太阳、星星、植物生长方向等自然特征辨别方向；或寻找岛屿上的制高点观察地形，寻找标志性建筑、道路、河流，尝试返回安全区域。

3. 海洋生物伤害

（1）表现：被水母、海蛇、鲨鱼等有毒或攻击性海洋生物咬伤、蜇伤，引发疼痛、肿胀、呼吸困难甚至昏迷等症状。

（2）处理：立即远离危险生物，保持伤口低于心脏位置，减缓毒素扩散。若被水母蜇伤，用海水冲洗，不可用淡水或酒精，用镊子去除触须，涂抹碱性溶液中和毒素；被海蛇咬伤，用绷带在伤口近心端包扎，减少活动，及时送医注射抗蛇毒血清；遭遇鲨鱼攻击，尽量保持安静，避免剧烈挣扎，寻找机会脱离水域。

4. 船只故障

（1）表现：发动机故障、船体破损漏水、螺旋桨缠绕异物等，导致船只无法正常航行。

（2）处理：立即发出求救信号，启用备用动力（如船桨）控制船只方向，避免靠近危险区域。若船体漏水，使用防水布、木塞等工具堵漏，利用抽水设备排水；若螺旋桨被缠绕，在确保安全前提下清理异物，必要时等待专业救援。

5. 淡水和食物短缺

（1）表现：计划外滞留导致淡水、食物不足，威胁生存。

（2）处理：优先收集雨水、露水，利用简易蒸馏装置淡化海水。在岛屿上，寻找可食用的植物、贝类、鱼类补充能量，但需确认无毒。减少活动量，降低体能消耗，等待救援。

第二节 遭遇自然灾害的处置

大自然的千变万化所形成的环境多样性，使地球千姿百态。长期的进化过程使人类早已适应了大自然的大部分有规律的变化。然而，像地震、台风、火山等这些对于大自然来说很平常的运动，对于人类来说，还没有充分的适应。所以，大自然也会在某些时候给人类带来伤害。人们称那些还不能充分适应的自然变化为自然灾害。

一、火灾

火灾是指在时间和空间上失去控制的燃烧所造成的灾害。野外火灾主要是森林大火或在野外宿营时由于用火不慎而造成的野营设施起火。火灾的原因很多，雷电、火山、摩擦、化学反应及炊事的明火处置不当等都会引发火灾。大多数森林火灾（图 5-2-1）是在天干物燥的气候下，由人为因素引发的，这类火灾会对森林、植被及当地居民的生活造成巨大的损害。宿营地发生火灾的规模一般很小，但对人员造成的伤害可能更直接、更大。

图 5-2-1 森林火灾

（一）求生方法

（1）冲出火场的第一要诀是必须向头部、身上浇冷水或用湿毛巾、湿棉被、湿毯子等将头、身体裹好，再冲出去。遇有浓烟和有毒气体时，可用湿毛巾捂住口鼻，如没有水，可用尿液打湿手绢，并尽量使自己贴近地面。烟要比空气轻些，在地面附近的空间里会有空气供人呼吸。

（2）在被大火包围时一定要顶风逃跑。在野外，应首先利用水塘、小溪、河流逃生，其次是缺少植物的干涸河道、乱石岗等。

（3）当大火离开自己仍有一段距离，而且无法脱离火势或穿越火场时，如附近恰好有可以很快烧尽的草丛，就可以在大火主体到达前点燃这片草丛，主动烧出一片空地。没有残留的可燃物，大火自然无法前进，这样就给自己提供了避难所。但前提是必须在大火主体到达前有一段距离，有烧出一块空地的时间。点燃的火带尽可能宽，至少宽 10 m，它将同火灾的火向同一方向燃烧，产生一条足以避难的隔离带，但风向一定要正确。

（4）如果衣服不慎着火，应马上脱下衣服拍打；不方便脱衣时，应就地打滚将火压灭。

（5）被火包围时，躲开燃烧物较多的地方也是有效的逃生方法。如果没有天然隔离带或山谷可以躲避，火势又猛，想穿过它几乎等于送死，那么可能不得不向泥土寻求保护。在地面挖一坑钻入，用泥土覆盖，忍受大火在身上烧过。但这样做十分危险，不仅因为热度，而且因为会引起窒息——大火耗光了氧气。尽可能挖出一个合适的凹形坑，将泥土盖在大衣或布料上，然后将被泥土覆盖的大衣拉到身上，手弯曲成环状放在口鼻上以利于呼吸。这样虽然不能增加氧气量，但可降低气温，将过热的气体和火星过滤一遍，以防损伤呼吸系统。火焰通过时，要屏住呼吸。许多人在熊熊大火中运用这一方法侥幸生存下来，但这个方法过于冒险，不到万不得已绝不要使用。

（二）救援方法

（1）火势较小时，可利用附近的水、泥土、湿衣被、树枝等浇灭或扑打火苗。

（2）火势较大时，要迅速撤离现场，并拨打 119 报警。在救援人员没有到达前，应该积极组织灭火，救助伤员。

（三）预防措施

（1）在野外生火，要有专人负责。注意：生火地点要远离树木、草丛，不要在风口点火；有风天点火要用石块、泥块垒好防火墙；干树叶会引起飞舞的火星，有风天气不要往火堆添加干树叶；生火时在附近放一盆水或一堆泥土，准备好灭火的措施；晚上除非有人看管，否则一定要彻底熄灭火焰。

（2）建设营地时预留逃生通道，火灾发生时有安全地带可撤离。

二、水害

水害是指一切与水有关的直接或间接伤害，是自然界最具突发性和破坏性的灾害类型之一，包括洪水（图 5-2-2）、暴风雨、冰雹、急流、海啸等。山洪暴发、河道溃决等灾害不仅严重破坏生态环境与基础设施，更直接危及人们的生命安全。掌握水害的发生规律、识别预警信号与科学应对策略，是保障野外运动安全的必要前提。

图 5-2-2　洪水

（一）求生方法

（1）在洪水到来时，如果来不及撤离，可以就近爬到坚固的建筑物上面，但是别忘了带上求生必需品。

（2）如果不幸被卷入急流中，想办法抓住不会被冲走的树、石头、建筑物等，先让自己停下来，环顾四周，然后再根据具体情况决定下一步怎么办。

（3）无论会不会游泳，都要想办法抓住一切可以漂浮的东西。

（4）如果什么利用物都没有，在沉下去前，先深深吸气，然后钻进水里。大多数的人体本身就有一定的浮力，在吸气后，可在水中漂浮。切记：在水里换气时，要用口吸气，用鼻孔出气，否则容易呛水。

（5）被冲到宽阔的水域，水流渐渐平缓时，可顺应水流的方向，斜着向岸边游，并快速上岸。

（6）在深水区，一定要脱掉鞋子和吸水后比较笨重的衣物。口袋里如有很重要的东西，也要放弃。

（二）救援方法

（1）在水比较急时，一定要先跑向下游实施搭救。马上寻找最佳营救点，并做好自我保护，准备营救。

（2）如果落水者比较清醒，可以向他前方能够到的水中抛投木头、气垫等漂浮物，或抛绳子，并让其抓住。

（3）如果没有必要的保护措施，即使会游泳，也不要盲目下水搭救落水者。因为落水者这时都极度恐慌，他们看到施救人员便会死死地抓住，不仅妨碍救援，而且会对施救人员的生命造成威胁。因此，下水救援时，一定要注意尽量不要接近落水者。可以伸过去根木棒让他抓住，也可以递给他一个漂浮物，总之，一定要让他手里有抓的东西，而不是抓住你。

（4）如果有很多人在岸上，可以利用长杆和绳子保护前面的救援人员。

（5）落水者被打捞上来以后，应马上实施抢救。先清除口中的堵塞物，再把落水者以卧姿放在膝盖上，倒出体内的水。如果没有呼吸及心跳，要进行人工呼吸和心脏复苏。

（6）尽早求救及叫救护车。

（三）预防措施

（1）去野外之前，一定要收听当地的天气预报。在野外宿营时，先了解营地是否容易发水。如果是，就要考虑以下问题：如果夜里发水，应往什么地方跑，那个地方会不会被淹没，要不要换个地方？

（2）雨季来临时，千万不要在干涸的河床上宿营，营地一定要搭建在高一点的地方。

（3）洪水来临前常会出现干涸的河床突然有水流动，或原本平缓的溪流变得湍急，并且清澈的溪流变得浑浊，河岸两侧出现积水或沼泽化。山区中若听到异常的“隆隆”声（类似雷鸣或闷响），可能是上游山洪暴发的声响。

（4）一旦洪水到来，来不及做其他的事情时，最简单的方法就是往高处跑。如果有时间，尽量带上火种、食物、衣服及可以信赖的漂浮物。这样，一旦跑不了，也可以有个漂浮物做依靠。如果没有高点或者来不及跑向高点，应该马上寻找可以信赖的漂浮物。

三、雪灾

雪灾亦称白灾，是因长时间大量降雪造成大范围积雪成灾的自然现象。雪灾主要发生在稳定积雪地区和不稳定积雪山区，偶尔出现在瞬时积雪地区。中国牧区的雪灾主要发生在内蒙古草原、西北和青藏高原的部分地区。在冬季的北方，雪的危险也是时刻存在的，如道路堵塞、迷路、陷住汽车、发生交通事故、雪崩等。根据我国雪灾的形成条件、分布范围和表现形式，将雪灾分为雪崩（图 5-2-3）、风吹雪灾害（图 5-2-4）和牧区雪灾 3 种类型。

图 5-2-3　雪崩

图 5-2-4　风吹雪

（一）求生方法

（1）如果在车里被暴风雪围困，应尽量把车开到有人活动的地方，不要离公路太远，更不能开到沟谷里避风。如果在野外与暴风雪相遇，可以立刻躲到一棵大树下，因为在大树下可以就地取材建立庇护所；或者就近寻找山洞，并尽量多抱进些柴火；也可以就地用雪建立一个雪地庇护所。

（2）当突然遇到雪崩时，马上扔掉随身重物，使身体保持平衡，手脚划动似游泳状，保持身体位于雪面之上。被雪掩埋时，冷静下来，让口水流出从而判断上下方，然后奋力向上挖掘自救——如果还能动的话。或者节省体力，当听到有人来时大声呼叫。

（二）救援方法

（1）通过痕迹及注意各种不寻常的声音和方向寻找失踪队员。

（2）确定某处雪下有队友时，以直线交错的方式挖沟搜索，同时注意遇险者的一切物品和标志。

（3）找到遇险者后，根据情况处理。如果遇险者已经停止脉搏和呼吸，应立即清除口中的雪并进行人工呼吸和心脏按压。

（三）预防措施

（1）在容易发生雪崩的天气和季节，不要登山。

（2）在雪山活动或宿营时，选择不易发生雪崩的区域。在穿越雪地时，队员间应该拉开距离，并用绳索连接，同时声音不能过大，否则容易导致雪崩。在穿越时，一定要用登山杖或木棍探测雪洞。

（3）在暴风雪来到的时刻，如不能及时下撤，则应迅速找好庇护所。尽量预备和收集食物、保暖物、引火物。遇到暴风雪时，一定要想办法留下标记，一旦发生危险，标记可以给救援者提供线索。

（4）用各种方法（通信工具、标志物等）保持团队的联系。

四、泥石流

泥石流（图 5-2-5）是指在山区或者其他沟谷深壑、地形险峻的地区，因为暴雨暴雪或其他自然灾害引发的山体滑坡并携带有大量泥沙以及石块的特殊洪流。泥石流具有突然性以及流速快、流量大、物质容量大和破坏力强等特点。发生泥石流常常会冲毁公路、铁路等交通设施甚至村镇等，造成巨大损失。泥石流一般发生在雨季，并在雨中和雨后出现。

图 5-2-5　泥石流

（一）求生方法

（1）迅速离开危险区，并防止在泥石流中被撞击和滑倒，否则，很可能被接下来的泥石流吞没。

（2）立刻向河床两岸高处跑，或向与泥石流成垂直方向的两边山坡高处爬，如果来不及奔跑要就地抱住河岸上的树木。

（3）一定不要往泥石流的下游方向逃生，也一定不要顺着泥石流方向往上游奔跑。

（二）救援方法

（1）如发现有人被困在泥石流当中，可以通过侧面挖掘泥石流的方法营救。救援者应有绳索保护。

（2）如果有人发生休克、昏迷，应及时检查是否发生骨折或脑损伤，根据情况立即进行人工呼吸及心肺复苏。

（三）预防措施

（1）去野外活动前要了解、掌握当地的气象趋势及灾害预报。

（2）一旦听到连续不断雷鸣般的响声，应立即向两侧山坡上转移。

（3）在穿越沟谷时，应先观察，确定安全后方可穿越。

（4）在雨季，尤其在下雨过程中，避免在山谷水流汇集处活动。也不要把营地搭建在沟谷的低点。

（5）在山地活动时，如果遇上大雨，一定选择山脊、树木多的山坡通过，不要走在两山之间的低谷。

（6）当泥石流来临之前，要躲到离泥石流发生地较远处的高地上。一定不要站在泥石流岸边观看，也不要躲在河谷旁边的大石头后面。

（7）在雨季泥石流滑坡可能来临前，提前做好必要的物资准备，在可能的情况下，在避灾场所预先做好必要的生活物资准备，例如事先在避灾场所搭建临时住所，将部分生活用品转移到避灾场所，并根据实际情况，适当准备交通工具、通信器材、常备药品及雨具等，以及准备充足的食品和饮用水。

（8）不要刚下过大雨便到野外活动或雨后到山野河沟中戏水、劳动。

五、雷击

雷电（图 5-2-6）是大气中静电放电的自然现象，当云层内部或云层与地面间积累的电荷突破空气绝缘限制时，便会形成高温、高能量的闪电通道，并伴随强烈的雷声。闪电的危险性在于击穿物体和人体，引起火灾，以及所产生的雷声震破人的耳膜。雷击作为雷电直接或间接作用于地面物体的现象，具有瞬时性、随机性和高破坏性三大特点。在阴雨天气里，云中的电荷可以形成强大的电流袭击地面，人体被雷击后轻者受伤，重者致残甚至死亡。

图 5-2-6　雷电

（一）求生方法

（1）团身法：闪电击中物体之后，电流会经地面传开，因此不要躺在地上，潮湿地面尤其危险。应该像刺猬一样把身体缩起来，双手抱住小腿，头靠在膝盖上，手脚最好离地。尽量减少与地面接触的面积。

（2）短路法：雷击时会受到类似静电的袭击，紧接 2~3s 后强大的电击就将到来，此时唯一的方法就是双手着地，并低头，希望电荷从手臂传到地面，避免内脏受损。

（二）救援方法

（1）一个人在野外，一旦被雷击中，可能会出现灼伤、下肢麻痹、失明、呼吸困难等症状。如果还有意识，一定要想办法移动到有人经过的地方。

（2）应就地及时抢救被雷击者，抢救方法：口对口吹气；体外心肺复苏。

（3）有条件的尽快送医院抢救。

（三）预防措施

（1）如必须在户外活动，应穿着胶鞋，胶鞋有一定的绝缘作用，可以阻断电流通过人体。

（2）最好的防护场所就是洞穴、沟渠、峡谷或高大树丛下面的林间空地。如果进洞避雷，应离开所有垂直岩壁 3 m 以外，以免岩壁导电伤人。

（3）如果在露天场所，应离开孤立的大树高度的两倍距离之外。有闪电的雨天，在方圆一千米之内，不要使自己成为最高点。

（4）当感觉到电荷时，即头发竖起，或皮肤颤动，那很可能是受到了电击，要立即倒在地上，施以自身保护。

（5）如果在孤立的凸出物附近躲避，则该凸出物的顶部至少应高出自己头部 15~20 m。

（6）离开垂直的墙壁或悬崖，并避开裸露的山峰和山脊以及平坦的开阔地形。万不得已，可以坐在散乱的石块中间。

（7）在海边，雨天不要站在礁石上工作、钓鱼。

六、风灾

风灾是指因强风引发的自然灾害，当大气环流异常导致空气流动速度急剧增强，超过一定阈值时，便形成破坏力极强的灾害性大风，如龙卷风（图 5-2-7）、台风（图 5-2-8）等。风灾具有突发性强、影响范围广、破坏力多样的特点。在野外运动场景中，劲风力不仅能直接掀翻帐篷、吹落山体岩石，而且可能将人卷入危险区域，导致摔伤、窒息甚至死亡；伴随风灾的暴雨、低温等恶劣天气，更会加剧失温、迷路等风险。此外，强风引发的树木倒伏、高空坠物，以及在水域中形成的巨浪，都可能对身处其中的人员构成致命威胁。

图 5-2-7　龙卷风

图 5-2-8　台风

（一）求生方法

（1）尽量不要待在山的高处，如一时不能撤离，想办法抓住坚固的固定物，防止被风刮走。在确定风力已经下降时，马上撤离。

（2）在野外，可以利用山洞、岩石、树洞、有凹陷的石壁等背风处避风。防止被飞石等击伤。

（3）在沙漠地区，要跑向迎风口，防止被流沙吞没。

（4）在野外，遭遇龙卷风时，要避开龙卷风的行进方向，并迅速移动到附近的低洼处，抓住或抱住绝对坚固的物体。不要待在汽车或不坚固的建筑物内。

（二）预防措施

（1）去野外活动前，注意收听当地的天气预报，然后制订计划。

（2）风较大时，不要在有滚石的山崖下活动，以防被滚动的石块砸伤，更不要进行水上活动；不要站立在悬崖边、码头等地，以防突然被风吹落。

第三节　防范未知风险的处置

野外运动作为探索自然、挑战自我的重要实践形式，在拓展人类活动边界的同时，也使参与者暴露于复杂多变的生态环境风险之中。野生动物的防御性攻击行为与有毒植物的生物毒性，构成了野外环境中不容忽视的安全威胁。这些风险不仅关乎个体生命健康，更与生态系统的稳定性与可持续性紧密相连。

一、防范野生动物

（一）野猪

野猪（图 5-3-1）与家猪在外观上颇为相似，然而野猪的头颅较大、口裂较深、耳朵较小，并且拥有发达的犬齿，这些犬齿外突形成显著的獠牙。野猪的身高大约为 1 m，体长介于 1.5~1.8 m 之间。

通常情况下，野猪不会主动对人类发起攻击，但在以下特定情境下可能出现例外：当它们被逼至绝境、在进食或饮水时受到干扰和惊吓，以及在保护幼崽时。野猪的攻击主要通过獠牙进行刺击，其下颌力量足以咬断人类的腿骨。在野外遭遇野猪时，最佳的做法是静悄悄地避开，只要不故意打扰它们，通常不会遇到麻烦。只要不惊扰它们，野猪通常也会自行离开。在遭遇野猪时，应当注意以下几点：

图 5-3-1　野猪

（1）野猪在远距离时对人类有所畏惧，但当距离接近时，它们反而可能表现出攻击性。因此，避免与野猪过于接近是明智之举。

（2）野猪在夜间比白天更为活跃，因此，避免在野猪出没的区域过夜是明智的选择。

（3）野猪在遇到人类时，可能会停下观察。此时，保持冷静，不要表现出恐惧，野猪通常很快会自行离开。

（4）野猪在其熟悉的领地内相较于陌生环境更具攻击性，因此，尽量减少在野猪活动区域的停留时间。野猪活动过的地方通常会留下被压倒的植物、不平整的地面以及形状不规则的排泄物。

（5）野猪的幼崽是许多食肉动物的捕食目标，因此它们通常不会远离母猪。避免靠近野猪的幼崽是保护自身安全的重要措施。

（二）狼

狼（图 5-3-2）与狗虽外观相似，但存在明显差异：狼的尾巴通常不会上翘，颈部多覆盖着浓密的毛发，且口裂较狗更深。单只狼通常对人类怀有畏惧之心，遇到人类时往往会主动避开。然而，狼具有群居的天性，特别是草原狼。通常情况下，狼群不会对无武装的人类产生畏惧，因此遭遇狼群将极为棘手。在进行户外探险活动时，若不幸遭遇狼群，应特别留意以下几点：

图 5-3-2　狼

（1）狼生性谨慎，即便意图攻击人类，也不会立即行动，这为人们提供了最佳的撤离时机。

（2）若无法撤离，必须学会与狼周旋。最佳策略是持续激发狼的好奇心。当狼对猎物的动作习以为常时，便是它们发起攻击的时刻。狼通常会与猎物保持一定距离，既不立即进攻也不会轻易离去。此时，若有多人同行，可尝试进行各种动作，如唱歌、跳舞、走动、拍手等，同时密切观察狼的反应，并收集所有可燃物品。当表演结束时，应点燃篝火，以壮声势。

（3）即使在遭受攻击时，也不应放弃任何逃生的机会。狼最脆弱的部位是鼻子和小腹，应抓住机会猛烈反击。若手臂被咬住，切勿用力回拉，而应尝试向狼口中塞入物品。因为在狼嘴中的物体，越是向外拉扯，其咬合越紧。若向内推送，狼反而可能松口。

（4）若携带武器，应优先考虑击倒在旁观察、体型较大的狼。

（5）一旦发现有狼出没的迹象，切勿在该地过夜或夜间穿越。

（三）熊

熊的种类较多，常见的有棕熊（图 5–3–3）、黑熊（图 5–3–4）等，它们通常栖息在森林、山区等环境，喜欢独居。熊虽然体型庞大，但奔跑速度很快，且具有很强的攀爬和游泳能力。熊的嗅觉极其灵敏，能嗅到数千米外的食物气味，但视觉相对较弱。熊在受到威胁、保护幼崽或守护食物时，攻击性很强。

图 5–3–3　棕熊

图 5–3–4　黑熊

在野外时要注意：

（1）进入熊出没的区域，可携带铃铛等发出声响的物品，让熊提前察觉人类存在，主动避开。

（2）遇到熊时，先判断熊的状态。若熊未发现你，悄悄后退离开，避免惊扰它。若熊发现了你，但没有表现出攻击性，可缓慢后退，同时与熊保持眼神交流，让它知道你在关注它，不会构成突然威胁。

（3）如果熊表现出攻击行为，比如站立起来、发出吼声，千万不要逃跑。

（4）若是遇到黑熊，可尝试大声呼喊、挥舞手臂，做出威慑动作，若有防熊喷雾，可在熊靠近时使用；若是棕熊，应立即趴在地上，双手抱头，保护要害部位，尽量保持静止不动，直到熊离开。

（5）熊不怕火，但害怕没有听过的声音。想办法弄出各种各样奇怪的声音也许会吓跑它们。

（四）毒蛇

在野外，被毒蛇咬伤而死亡的概率在动物伤害的死亡率中是最高的。所以，对于野外运动来说，掌握有关毒蛇方面的知识非常重要。如果被咬到，首先要通过头型和咬痕判断蛇是否有毒，然后再进行处理。如无法判断，也可以把蛇打死后带到医院，这样会方便治疗，对症下药。

1. 有毒蛇与无毒蛇的区别

有毒蛇和无毒蛇在多个方面存在区别。外观上，有毒蛇头部多呈三角形，尾部短粗且突然变细，部分种类腹鳞不规整，颜色鲜艳，花纹复杂；而无毒蛇头部一般为椭圆形，尾部细长逐渐变细，腹鳞排列整齐，颜色相对暗淡，花纹简单。生理结构上，有毒蛇具有发达的毒牙和毒腺，咬痕通常是两个较深的牙印，无毒蛇牙齿细小，咬痕多为一排细牙印。行为习性方面，有毒蛇行动相对迟缓，遇威胁常摆出攻击姿态，无毒蛇行动较为敏捷，多会主动躲避人类。不过，这些判断依据不是绝对的，野外遇到蛇类，务必保持安全距离，切勿轻易尝试分辨或接触。有毒蛇与无毒蛇的区别如图 5-3-5 与表 5-3-1 所示。

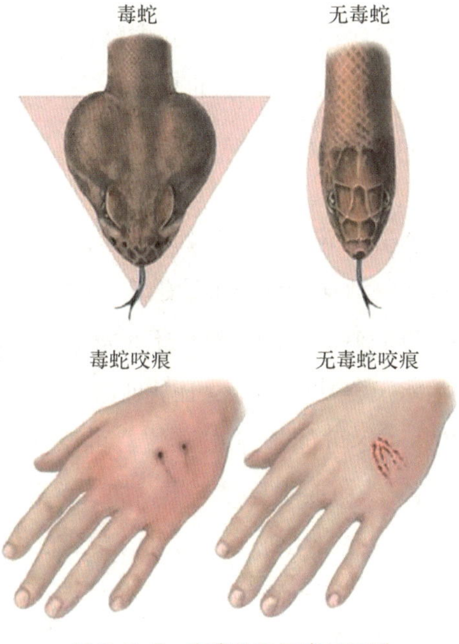

图 5-3-5　有毒蛇和无毒蛇区别

表 5-3-1　毒蛇与无毒蛇区别表

鉴别项目	毒蛇	无毒蛇
头形	三角形、心形	椭圆形
吻形	吻尖，吻端上翘	吻端圆，不上翘
尾形	短粗，突然变细	细长，逐渐变细
体色	鲜艳，花纹复杂	暗淡，花纹简单
颈部	可以竖立	不竖立
咬痕	两个较深的牙印	两排细小整齐牙印

2. 中毒症状

（1）毒蛇咬伤的普遍症状一般表现为局部充血、水肿，时间稍长伤口逐渐变黑。伤口胀痛，附近淋巴结肿大。

（2）如果是被神经毒液的毒蛇咬伤，例如金环蛇、银环蛇、海蛇等，一般表现为伤口疼痛、局部肿胀，嗜睡，运动失调，眼睑下垂、瞳孔散大，局部无力，吞咽麻痹，口吃、流口水，恶心、呕吐、昏迷、呼吸困难，甚至呼吸衰竭。伤者可能在 8~72 h 内死亡。

（3）被血液毒素的毒蛇咬伤，例如蟒蛇、尖吻蝮蛇、竹叶青等，一般表现为伤口灼痛、局部肿胀并扩散，伤口周围有紫斑、淤斑、起水泡，有浆状血由伤口渗出，皮肤或者皮下组织坏死，发烧、恶心、呕吐、七窍出血，有血痰、血尿，血压降低，瞳孔缩小，抽筋等。被咬后 6~48 h 内可能导致伤者死亡。

（4）如果是混合毒液的毒蛇咬伤，例如眼镜蛇、眼镜王蛇、蝮蛇等，两方面的症状都可能出现。

3. 处理方法

（1）判断：被咬后，首先确定是否是毒蛇咬伤。如果可以确定是毒蛇咬伤，马上让受伤者安静下来，过多的活动会导致毒液迅速扩散。

（2）结扎：结扎伤口近心脏方向的一端，阻止毒液扩散。

（3）冲洗伤口：用清水反复冲洗伤口，任凭血液外流。

（4）排出毒素：想办法尽可能地排出毒液，可以在伤口处用刀切大一点的“十”字使毒液流出，并用罐头瓶或水杯拔火罐，加快毒液的排出。

（5）药物：野外工作或探险必备蛇药。另外，草药也可以临时救急。例如，紫花地丁捣碎外敷，煎汤内服，都有一定疗效。

（6）紧急送医院。

4. 预防措施

（1）在多蛇地区，准备一根木棒，或用手杖，边走路，边在身体前用它扫打草丛，被惊动的蛇一般都会跑开。

（2）蛇类对静止的东西不敏感，喜欢攻击活动的物体。如果与毒蛇相遇，不要突然移动，保持镇静，原地不动，毒蛇便会自己离开。蛇一般不会主动攻击人类，但是，走路时要小心，不要踩到蛇。

（3）利用工具：用分叉的树枝制造蛇叉，干长 1.5 m 左右，分叉长 10 cm 左右，一定要结实。当蛇向你爬过来的时候，看准并迅速叉其颈部，制服它。

（4）遇到蟒蛇，主要是防止被缠绕。一般情况下，蟒蛇是不会伤害人类的。除非过分靠近或踩到它。但一旦被缠绕则用力去指它的肛门和下颌部，蟒蛇感觉难受就会松开。

（五）蛭

蛭，俗名蚂蟥，在内陆淡水水域内生长繁殖。体长 30~60 mm，宽 4~8 mm：背腹扁，体色背黑褐、腹黄褐；整体密生环纹；体前后各有一个吸盘，前吸盘中有口，在吸血的同时，唾液腺能分泌抗凝血酶和血管扩张素，使伤口流血不止。被咬部位常发生水肿性丘疹，不痛。水蛭（图 5–3–6）广泛分布于我国各地的河流、湖泊、池塘、水田、水库等水域。旱蛭（图 5–3–7）形态与水蛭类似，体色比水蛭浅，为黄褐色。旱蛭常栖息在山林的草丛和灌木中，主要生活在我国南方，旱蛭对人类的气味比较敏感，对经过的人可以迅速作出反应。可“从天而降”，悄无声息地附着在人体皮肤上，而且吸血量惊人，吸血后体重可以增加 5 倍。

图 5–3–6 水蛭

图 5–3–7 旱蛭

当被蛭咬伤时，不要硬性将蛭拔掉，因为越拉蛭的吸盘吸得越紧，这样，一旦蛭被拉断，其吸盘就会留在伤口内，容易引起感染、溃烂。

发现蛭已吸附在皮肤上，可用手轻拍，使其脱离皮肤：也可用食醋、酒、盐水、清凉油涂抹在水蛭身上和吸附处，使其自然脱出。蛭脱落后，伤口局部的流血与丘疹可自行消失，一般不会引起特殊的不良后果。只需要在伤口涂抹碘酒预防感染即可。

预防水蛭叮咬的方法很简单，即不要到水蛭多的水里去洗澡、游泳等。如果因考察、劳动等非去不可时，打上绑腿，也能有效地防止旱蛭侵袭。用灭害灵、风油精喷洒在裤管和鞋、袜上，对旱蛭有驱避作用。用浓盐水洒在这些部位，也能起到驱避效果。在野外尽量喝开水，不喝有寄生水蛭的水。细小的幼水蛭不易发现，喝进后会在呼吸道、食道、尿道等处寄生。

（六）蝎子

蝎子（图 5-3-8）白天常隐藏在缝隙、石块、落叶下，夜间活动。蝎子尾端有一个发达的尾刺，具有毒腺，能分泌神经性毒素。人被蝎子蜇刺后，疼痛难忍，并伴随局部或全身中毒，多处被蜇刺甚至有性命之忧。中毒症状包括：

图 5-3-8　蝎子

（1）伤口剧痛，局部红肿、水泡、血泡、组织坏死。

（2）稍严重者过一阵则出现烦躁、出汗、流口水、气喘、恶心，甚至呕吐。

（3）严重者可出现寒战、高热、恶心呕吐、肌肉强直、呼吸增快、脉搏细弱、昏迷，甚至呼吸麻痹而死亡。

处理时，在伤肢上端 2~3 cm 处，用布带扎紧，以阻止毒液扩散。绑扎的松紧以阻断淋巴和静脉回流为准，即绑扎肢体远端动脉搏动略减弱。再以小刀、碎玻璃片等尖锐物品火烧消毒后以“十”字形切开伤口，深达皮下，拔出毒针，用弱碱性液体如肥皂水、淡氨水冲洗伤口，由绑扎处向伤口方向挤压排毒，持续 20~30 min，或用拔火罐法排毒。经过上述处理后，一般可松开近心端的绑扎带。若伤口周围皮肤红肿，可用冷毛巾或冰袋冷敷。

（七）蜈蚣

蜈蚣（图 5-3-9）是蠕虫形的陆生节肢动物，与蛇、蝎、壁虎、蟾蜍并称“五毒”，并位居五毒首位。蜈蚣通过毒腺分泌毒液，在咬伤人体时，经腭牙的毒腺口注入被咬者皮下组织致人体发生中毒反应。蜈蚣有一对中空的螯，咬人后毒液经此进入皮

图 5-3-9　蜈蚣

下。蜈蚣越大，中毒越深。

被小蜈蚣咬伤，仅在局部发生红肿、疼痛。被热带大型蜈蚣咬伤，可致淋巴管炎和组织坏死，有时整个肢体出现紫癜。有的会出现头痛、发热、眩晕、恶心、呕吐，甚至抽搐、昏迷等全身症状。

由于蜈蚣的毒素属于酸性，所以可用一切碱性液体中和，肥皂、石灰水都可以涂抹患处。亦可用蛇药片溶化外敷，或用鱼腥草、蒲公英捣烂外敷。局部应用冷湿敷伤口。对于症状严重者，应立即送往医院治疗。

预防蝎子与蜈蚣的措施包括：不要赤手在缝隙、石块下摸索；放在营地地面的服装、鞋帽，经抖落、检查后再穿；帐篷的拉锁一定要拉好。

（八）蜂类

蜂的种类有很多，如蜜蜂（图 5-3-10）、黄蜂（图 5-3-11）、大黄蜂、土蜂等。雄蜂是不伤人的，因为它没有毒腺及毒针。刺人的都是雌蜂（工蜂），雌蜂的腹部末端有与毒腺相连的蜇针，当蜇针刺入人体时随即注入毒液。蜜蜂蜇人时，常将毒针遗弃于伤处，而黄蜂刺人后则将蜇针缩回，还可继续伤人。蜂类毒液中主要含有蚁酸、生津毒素和组织胺等，能引起溶血及出血，对中枢神经具有抑制作用，还可使部分受伤者发生过敏反应。

图 5-3-10　蜜蜂

图 5-3-11　黄蜂

被蜇刺后，局部有红肿、发热、剧痛感，也可有水泡、瘀斑、局部淋巴肿大，数小时或 1~2 天逐渐消退。严重者出现发热、头痛、恶心、烦躁不安、昏厥等全身症状，蜂过敏者可引起荨麻疹、鼻炎、唇及眼睑肿胀，腹痛、腹泻、恶心、呕吐，个别严重者会致喉头水肿、气喘、呼吸困难、昏迷、终止呼吸或循环衰竭死亡。处理方法包括：

（1）千万不要挤压伤口，以免毒液扩散。如果有蜂刺留在皮肤内，应及时用镊子、小刀或针挑出。

（2）用肥皂水或用 3% 的氨水、碳酸氢钠溶液、盐水或糖水冲洗伤口。

（3）被黄蜂蜇后，用食醋敷或用鲜马齿苋汁涂于伤口。

（4）将蛇药用温水溶后涂于伤口周围。

（5）用紫花地丁、七叶一枝花、蒲公英、半边莲、鲜马齿苋或夏枯草捣烂外敷，效果也好。

（6）如果情况严重，应立即送医院。

蜂类在没有受到攻击时是不会主动攻击人的，因为蜇刺以后它就意味着死亡。要远离蜂巢。蜂类对自己的蜂巢十分珍惜，会誓死捍卫。如果在蜂巢附近无意晃动其筑巢的树枝，就有可能遭到猛烈的攻击。建立营地时，应该远离蜂巢。

一旦被大群蜂类攻击，千万不要去扑打，那样会引来更猛烈的攻击。可以用衣服裹住外露的皮肤，远离蜂巢，如果附近有水源，可以立刻钻到水里。也可用火、烟驱赶，找把干草，迅速点燃，手拿着点燃的柴草原地转圈挥舞，蜂类比较害怕火和浓烟。

（九）毛毛虫

毛毛虫（图 5-3-12），一般指鳞翅目（蛾类和蝶类）昆虫的幼虫。有 3 对胸足，腹足和尾足大多为 5 对。有毒毛毛虫体表长有毒毛，刺入人体后，毒毛随即脱落，放出毒素，会引起局部皮肤发痒、刺痛、红肿。如大面积被毛毛虫蜇刺，会引起全身过敏反应。

图 5-3-12　有毒毛毛虫

被刺后用黏胶带或医用橡皮膏贴在被刺部位，然后拉下，这样可以拔出毒毛。如果没有胶带可以用饭团或其他黏的东西代替，然后把毒毛一一拔出。切忌用手乱搓。如果有过敏现象，可以口服抗过敏药物。

所以在野外尽量穿长袖衣裤，并戴有“屁帘”的帽子；工作时戴上手套；果树上毛毛虫较多，采集野果时一定要注意观察。

二、防范野生植物

在野外，部分植物可能通过毒性、物理伤害或过敏反应对人造成危害，以下是常见类型和代表植物，以及处理方法。

（一）有毒植物（误食或接触中毒）（图 5-3-13）

（1）毒芹：全株有毒，茎叶含毒芹碱，误食会导致恶心、抽搐甚至呼吸麻痹，常生长在湿地或水边。

（2）曼陀罗：花朵、果实（带刺浆果）和茎叶含莨菪碱，误食可致幻觉、口干、心律失常，常见于荒地、路边。

（3）颠茄：果实呈紫黑色浆果，外观似葡萄，全株含阿托品，误食会引发瞳孔散大、昏迷，多生于温带地区。

（4）毒蘑菇：部分种类（如“死亡帽”）含致命毒素，误食后可能肝肾衰竭，需警惕伞盖鲜艳、菌柄有环的种类。

（5）夹竹桃：叶片、花朵和汁液含强心苷，误食会恶心呕吐，接触汁液可能刺激皮肤，常见于南方野外或人工种植区域。

（6）毛茛（野芹菜）：叶片类似芹菜，但含原白头翁素，误食会刺激消化道，接触汁液可能导致皮肤发炎，多生于潮湿草地。

毒芹 曼陀罗 颠茄

毒蘑菇 夹竹桃 毛茛

图 5-3-13 有毒植物

若皮肤接触有毒植物，应迅速离开毒源，脱掉污染衣物，用大量流动清水冲洗接触部位 15~20 min，避免搔抓。若误食，且意识清醒，误服时间在 2 h 内，可饮用大量温水催吐，但昏迷或抽搐者禁止催吐。出现呼吸困难、意识不清等严重症状，立即拨打急救电话，尽量保留植物样本以便医生判断中毒类型。

（二）引发接触过敏的植物（图 5–3–14）

（1）漆树：茎叶破损后流出的汁液含漆酚，接触后易引发严重过敏（皮疹、水肿），多生长在山区树林中。

（2）豚草：花粉易引发过敏性鼻炎、哮喘，叶片和茎秆的绒毛也可能刺激皮肤，常见于荒地、路边。

（3）荨麻（蝎子草）：叶片和茎秆密布刺毛，触碰后释放蚁酸等物质，导致皮肤刺痛、红肿，多生于湿润草地。

漆树　　豚草　　荨麻

图 5–3–14　接触过敏植物

当遇到植物过敏，首先要尽快远离过敏植物，用清水或肥皂水清洗接触部位皮肤，可冷敷缓解瘙痒和肿胀。症状较轻时，可局部涂抹炉甘石洗剂；症状严重则需口服抗组胺药物，如氯雷他定或西替利嗪。若症状持续不缓解，应及时就医。

（三）造成物理伤害的植物

（1）荆棘类（如野蔷薇、山楂树）：枝条上的尖刺易划伤皮肤，甚至造成深部刺伤，常见于灌木丛。

（2）苍耳：果实表面布满钩刺，易粘在衣物或毛发上，可能钩住皮肤引发轻微划伤，多生长在农田、路边。

（3）多刺仙人掌（野外种类）：茎秆密布尖刺，若不慎触碰可能刺入皮肤，难以拔除，常见于干旱荒漠地区。

（4）芒草（如五节芒）：叶片边缘锋利如刀刃，快速穿过草丛时可能割伤皮肤，多生于山坡、草地。

被植物刺扎伤，需用肥皂和清水清洗伤口，用消毒过的镊子或针小心取出刺，然后涂抹抗生素药膏并包扎。若被划伤，可用碘伏消毒伤口，保持清洁干燥。伤口深或被生锈物件扎伤，要及时就医注射破伤风疫苗。

第四节　应对突发伤病的处置

一、开放性损伤及其救护

开放性损伤的伤口与外界相通，容易引起出血和感染，最常见的有擦伤、切伤和撕裂伤等，还有种是开放性骨折，覆盖骨折部位的皮肤及皮下组织损伤破裂，使骨折断端部暴露皮肤之外。

（一）开放性伤口的一般处理

皮肤擦伤是户外活动中最常见的损伤，即便损伤范围比较大，也不过是浅表损伤和毛细血管出血，不可能造成大量失血。其伤口处理，主要是预防感染。

（1）每次处理伤口前都要洗手。

（2）观察伤口。

（3）被严重污染的伤口要用煮过的盐水（1 L 水中放 1 茶勺盐）冲洗，用器械的尖端剔除脏东西。

（4）将伤口周围的皮肤消毒，以保持伤口的清洁。

（5）如果受伤时间不超过 6 h，应清洁伤口边缘，清除破碎的组织。将伤口边缘合拢并固定（缝合、夹住或用胶布粘贴）。

（6）时间较长的伤口用抗菌敷料包扎。

（7）固定身体受伤的部位。

（8）定期重新包扎伤口（间隔 1~2 天），并检查伤口情况。

（9）如果从伤口向心脏方向延伸出红色痕迹或是发热，立即服用抗生素。

（10）如果是头皮则出血通常比较严重，因为头皮的血管比较丰富，出血量自然比较多。头皮比较脏，处理时要注意彻底清创，以免感染，可先剃去毛发再清洗、消毒、包扎。

（二）咬伤、刺伤

咬伤分为软组织咬伤和骨骼咬伤，刺伤、咬伤的伤口较深，有不洁物质感染、中毒、病原体侵入的危险。

1. 救助方法

（1）用水或肥皂尽量深入清洁伤口。

（2）用双氧水或盐水杀菌。

（3）涂抹百多邦或类似药物，然后包扎。

（4）服用抗生素。

2. 受伤后的免疫方法

（1）被狗咬后定时注射狂犬病疫苗，严重者还应加注射血清或免疫球蛋白。

（2）被铁器刺伤后在 24 h 内注射破伤风抗毒素和人体破伤风免疫球蛋白。

（三）烧伤

烧伤是由高温、化学物质或电引起的组织损伤。烧伤时可见血波中的乳酸量增加，动静脉血的 pH 值降低，随着组织毛细血管功能障碍的加重缺氧血症也增重。

1. 烧伤的面积及程度

烧伤的严重程度取决于受伤组织的面积和深度。最简便易行的面积估算方法称为手掌法，即以烧伤者本人五指并握的一个手掌面积约定为体表面积的 1%，烧伤总面积在 10% 以下时为轻度烧伤，在 11%~30% 之间为中度，在 31%~50% 之间为重度，超过 50% 为特重烧伤。临床经验证明，烧伤达全身表面积的 13% 以上时则可有生命危险。烧伤的深度因温度的高低、作用时间的长短而不同，一般烧伤深度均采用三度四分法。

Ⅰ度烧伤损伤最轻。烧伤皮肤发红、疼痛、明显触痛，有渗出或水肿。轻压受伤部位时局部变白，但没有水疱。

Ⅱ度分为两级。浅Ⅱ度烧伤损伤达表皮全层及部分真皮浅层，表皮细胞变性坏死，真皮与表皮分离，两层之间有渗出的血浆样液体积聚，形成大水疱，局部疼痛剧烈。损伤达深Ⅱ度时，烧伤表皮及真皮浅层细胞全部坏死，无水疱或仅有少量小水疱，部分神经末梢损伤，造成局部痛觉迟钝。

Ⅲ度烧伤是指除皮肤全层烧伤外，还伤及皮下组织如肌肉、骨骼等，烧伤表面呈黑色，焦炭状，带有焦痂，也称为毁损性烧伤。多发生于四肢末端，耳、鼻等部位，发生原因主要是火焰烧伤、电击伤、热压伤和强酸、强碱等，修复难度大，恢复时间长。

2. 烧伤创面预后

烧伤愈合取决于烧伤的深度和部位。Ⅰ度创面烧伤 2~3 天内症状消退，3~5 天痊愈，脱屑，无瘢痕，少数有轻度色素改变，短期可恢复正常。浅Ⅰ度如无感染，10~14 天痊愈，不留瘢痕，色素沉着较浅，容易恢复。深Ⅰ度创面由于表层有坏死组织附着，易发生创面感染，愈合时间需 4 星期以上，若残存皮肤附件的上皮成分被破坏，演变成全层皮肤损伤，创面不能自行愈合，必须植皮修复。

因愈合过程中伴有肉芽组织形成，愈后可遗留不同程度的增生性疤痕。Ⅲ度创面 3~4 星期焦痂脱落，需要植皮后愈合，遗留瘢痕，畸形。

3. 烧伤伤口的处理方法

（1）冷疗。对烧伤的患者应毫不犹豫地进行创面早期冷疗处理，使损伤降到最低限度。可将烧伤肢体浸入井水、河水中。及时冷疗可降低局部温度，减轻创面疼痛，阻止热力的继续损害及减少渗出和水肿，防止创面继续加深，减轻组织烧伤深度。

（2）包扎。将伤员的衣服脱去，如衣服和皮肤粘在一起，可在救护人员的帮助下把未粘连的部分剪去，并对创面进行包扎。尽量不要弄破水疱，不能涂龙胆紫一类有色的外用药，以免影响烧伤面深度的判断。为防止创面继续污染，避免加重感染和加深创面，对创面应立即用三角巾、大纱布块、清洁的衣服和被单等，给予简单而确实的包扎。手足被烧伤时，应将各个指、趾分开包扎，以防粘连。

（3）送医院。烧伤面积在 10% 以上，深度在Ⅱ度及以上的烧伤患者应尽快送医院，要特别注意防止休克、感染。

（四）大量出血的伤口处理方法

大量出血可能是动脉出血，危险性很大，必须止血。面对大量出血的伤口，不要慌张，要冷静处理。

首先使用指压止血法先控制出血，然后利用手头的棉织品加压包扎。如果遇到大动脉出血难以止血时，还要选择止血带止血。

1. 野外上止血带的方法

野外常用的止血带包括橡皮带、止血带、三角巾、有弹性的棉织品（如宽布条、毛巾）等，每次户外出行前要准备若干，不要用铁丝、电线、尼龙绳、麻绳等做代用品。

上止血带的位置要求严格。上肢出血，止血带应扎在上臂上 1/3 段，禁止扎在上臂中段，避免短时间内损伤神经而导致残疾；下肢出血，止血带应扎在大腿上段，尽量不在小腿、前臂上扎止血带，因为小腿、前臂都由两根骨头组成，无法捆扎夹在两根骨头中间较深的动脉。

上止血带前，在肢体无骨折的情况下，要先将伤肢抬高，尽量使静脉血回流，减少出血量，并严格遵守下列要求。

（1）止血带不直接与皮肤接触，利用棉织品做衬垫。

（2）上止血带松紧要合适，以止血后远端不再大量出血为准，越松越好。

（3）止血带定时放松，每 40~50 min 松解一次，松解时要用手进行指压止血 2~3 min，然后再次扎紧止血带。

（4）做好明显标记，记录上止血带的时间，并交代给接替人员。上止血带的总时间不要超过 2~3 h。

2. 止血的步骤

（1）抬高流血的部位。

（2）挤压相关的大动脉。

（3）合拢伤口边缘。

（4）直接用绷带加压包扎。

3. 包扎

（1）伤口边缘尽量合拢。

（2）使用尽可能清洁的敷料覆盖伤口。情况紧急时，可以使用干净的手帕或其他纺织品，甚至可以使用卫生纸。

（3）用绷带固定敷料，并包扎牢固。

（4）在伤口处绷带外面加一个（用纱布或毛巾折成的）垫子，局部压迫止血，如果一个垫子被血浸透，再加一个。

（五）开放性骨折的处理与救护

1. 颅底骨折

滑坠、跌落使头部受伤造成的七窍流血，有可能是颅底骨折的结果，此时用填塞止血，会使原本能从耳、眼、鼻、口流出的颅内出血积攒在颅内，导致脑疝。正确的做法是不要试图填塞止血，利用体位变化让其彻底流出。但是，颅底骨折是很严重的颅脑外伤，现场还要考虑有无颈椎骨折。一旦颈椎骨折，变换体位就容易造成截瘫。

2. 四肢开放性骨折

首先应尽快对伤员进行全面检查，注意是否存在颅脑、胸腹腔内脏及盆腔损伤。检查伤口有无出血，及时止血（如骨端外露，应在保持原位包扎固定，避免擅自复位，以防污染的骨端带入深层组织，应待送医院后处理。注意不要涂放任何药膏和药粉，以免给观察和清创带来困难。）

3. 骨盆骨折

骨盆骨折是一种严重外伤，出血量大且难以止血。在怀疑是骨盆骨折时，应立即用宽大的棉织品或三角巾紧紧捆住臀部，将骨盆切实固定，防止骨盆继续出血。再用另外的棉织品将双膝关节绑扎在一起，双膝关节中间用棉织品隔开。3 人平托轻轻地将伤患者放在硬板上，使之膝关节屈曲，下方垫上软物，减轻骨盆骨折的疼痛，并将其迅速送往医院。

二、闭合性损伤的处理方法

野外生存实践中，脚滑倒或身体失去平衡而摔倒容易发生骨折、脱臼或扭伤。野外生存的闭合性损伤多发生在手腕、脚腕及腰部，高空坠落时常有脑震荡及四肢的骨折发生。

（一）关节扭伤

（1）原因：运动中关节发生异常扭转，引起关节囊、关节周围韧带和关节附近的其他组织结构损伤。

（2）症状：伤处疼痛、肿胀，活动受限，皮下淤血，行动困难。

（3）处理：受伤后应立即冷敷或用自来水冲淋，抬高患肢，检查是否有错位、骨折，在确诊没有问题时可固定伤位、敷药，24 h 后热敷、按摩。如怀疑有骨折、骨裂时应及时送医院拍 X 光片确诊。

（二）急性腰扭伤

（1）原因：因腰部受力过重，肌肉收缩不协调，或脊椎运动超过正常生理范围而致伤，严重时可发生错位并压迫神经。

（2）症状：疼痛、腰部肌肉痉挛、运动受限、神经受压迫时下肢酸麻，甚至失去知觉。

（3）处理：腰部急性损伤后，让患者平卧，一般不应立即扶动。如果疼痛剧烈，则用担架送医院诊治。处理后，应该睡硬板床或者腰后垫一个高度合适的枕头，使肌肉韧带处于放松状态，24 h 后方可施行按摩、针灸、外敷等。若是轻度损伤，则停止运动，稍作休息，等自行恢复后，加强腰部肌肉的训练。

（三）关节脱位

关节面失去正常的联系，叫作关节脱位。关节脱位时，通常伴有关节囊撕裂，关节周围的软组织损伤或破裂。关节脱位后，受伤关节疼痛，有压痛和肿胀，关节功能丧失，受伤的关节完全不能活动，出现畸形，关节内发生血肿。如果复位不及时，血肿会机化而发生关节粘连，增加关节复位的困难。

（1）原因：由于外力使关节完整接连受到破坏。关节脱位常伴随韧带及关节囊的撕裂，甚至损伤神经。

（2）症状：关节脱位后常出现关节畸形，局部疼痛、肿胀，失去正常功能，甚至发生肌肉痉挛等现象。

（3）处理：用夹板固定伤肢，如没有夹板可将伤肢固定在自己的躯干或健肢上，防止震动，及时送医院做复位治疗。

（四）骨折

（1）原因：当身体受到暴力撞击时易造成骨折。骨折属严重损伤，可分为完全性骨折和不完全性骨折。

（2）症状：骨折发生后，患处立即出现肿胀、皮下淤血、剧烈疼痛，活动时疼痛加剧，肢体失去正常功能，肌肉产生痉挛。骨折部位可能变形，移动时可听到骨摩擦声。严重骨折时，伴有大出血、神经损伤及休克等，开放性骨折（骨折断端部暴露于皮肤之外）还可能导致感染、发烧直至休克。

（3）处理：闭合性骨折须超关节固定，即先固定骨折的两个断端，然后固定上、下两个关节。固定材料可就地取材，如树枝、竹竿、木板、木棍、报纸卷、杂志、雨伞等，用棉花、衣服、帽子等作垫子，用腰带、皮带、背包带、绳索等作固定带，无物可取时，上肢可用布条将其悬吊并固定于下胸前，下肢可与健侧绑在一起。捆绑时，夹板和肢体之间要垫棉花、衣服等物，防止皮肤受压。四肢要露出指（趾）尖，以便观察血液循环。如出现苍白、发凉、麻木等应放松。

对骨折患者进行搬运时应小心谨慎，一般可采用两人做手椅、单人背负、两人搀扶、担架搬运的方法。对于脊椎受伤的患者，一定要放在平坦而坚固的担架上固定后送往医院，身体不能弯曲，否则可能会造成脊髓损伤而导致瘫痪。

（五）脑震荡

（1）原因：头部受到外力冲击后，使大脑的膜半规管、椭圆囊、球囊等感受器机能失调。轻则引起意识和功能的一时性障碍。

（2）症状：患者神志昏迷，脉搏徐缓，肌肉松弛，瞳孔稍大但尚对称；神经反射减弱或消失；清醒后，常有头痛、头晕、恶心呕吐感，注意力不集中，耳鸣、心悸、多汗、失眠、记忆力减退、情绪烦躁等。

（3）处理：立即让患者平卧，头部冷敷。如昏迷则指压人中、内关、合谷穴。若呼吸障碍，立即进行人工呼吸。如仍反复出现昏迷，或耳、口、鼻出血，瞳孔放大且不对称，则表明病情严重，应立即护送医院抢救。运送过程中应固定头部，避免颠簸。轻度脑震荡只要注意休息可以自愈，无须住院治疗，但要注意休息和必要的药物治疗，保持情绪安定，减少脑力劳动。在恢复过程中，可定期做脑震荡平衡试验，以检查病况进展。其方法是闭目、单腿站立、两臂平举，如果能保持平衡，表明脑震荡已基本治愈。

三、中暑

中暑是夏季野外生存最为常见的疾病。热天进行野外生存活动，体内因热产生的毒素如果不及时排出体外，就会造成人体中暑现象。中暑属于急性热致疾患，可分为先兆中暑、轻症中暑、重症中暑，而重症中暑又依据程度不同分为热痉挛、热衰竭和热射病。

（一）症状

一般初期症状为头晕眼花、浑身乏力、上不来气、口渴、体温稍微升高等。轻症中暑时，则表现为体温明显升高、面部潮红或者苍白、呕吐、大量出汗、脉搏细速、血压下降等。如进一步发展，则出现高热、肌肉痉挛、意识模糊、昏迷等。

（二）不同中暑类型的救助方法

1. 先兆与轻症中暑

野外发生中暑时，要尽快离开高温潮湿的环境，转移到阴凉透风处坐下休息，喝些糖盐水或其他饮料，在两侧太阳穴擦些清凉油。如果是因为在强烈的阳光下或闷热的环境中停留时间过长，表现为面色潮红、皮肤发热的病人，要根据现有条件给予降温处理。用冷水擦身，若有冰块则可敷在病人的额头、颈部等，尽快使病人体温下降并清醒。神志清醒者，可服用清凉饮料、糖盐水及人丹、十滴水或藿香正气水等消热解暑药，若病人昏迷不醒，掐病人的人中穴（位于鼻唇之间中上 1/3 交界处）和内关穴（位于手腕内侧上方约 5 cm 处）以及合谷穴（即虎口）等。

2. 重症中暑的救助方法

（1）热痉挛。当大量饮水而盐补充不足时，血液中氯化钠浓度降低，引起肌肉兴奋性提高，造成肌肉痉挛。因而要多喝冷却的盐开水，补足体液，其他与中暑的救助方法相同。如仍有四肢肌肉抽搐和痉挛性疼痛症状，则迅速送医院救治。

（2）热衰竭。在炎热季节里进行大强度运动或劳动，大量出汗，如果没有及时补充水分和盐分，可导致脱水、低钠、血液浓缩及血液黏稠度增高；加上血管扩张，血容量不足，引起周围循环衰竭。以中暑的救助方式降温、补体液，在积极进行上述处理的同时，应将其尽快送往医院救治。

（3）热射病。在烈日下运动，头部缺乏保护直接受到烈日暴晒，可见光线及红外线长时间作用于头部，可穿透头皮和颅骨引起脑膜充血、水肿和脑组织损伤。此时，大脑组织的温度可达 40~42℃，但体温并不一定升高。头痛、后颈疼痛直至后颈强直，恶心，神志不清甚至不省人事。热射病预后严重，病死率可达 30%。

现场可采取以下救助措施：物理降温，尽可能用温度较低的水湿润皮肤，甚至浸浴在温度4℃的水中，并按摩四肢皮肤，加速血液循环，促进散热；如神志清醒应送服凉水、人丹、十滴水或藿香正气水等清热解暑药，有条件的及时用空调车转送医院救治。

（三）预防中暑的措施

1. 出行躲避烈日

夏日出门要备好防晒用具，最好不要在10时至16时在烈日下行走，因为这个时间段的阳光最强烈，发生中暑的可能性是平时的10倍；做野外生存活动也要合理安排时间，可安排在清早或傍晚温度稍低的时间。如果此时野外温度太高必须外出，一定要做好防护工作，如戴遮阳帽、太阳镜，有条件的最好涂抹防晒霜，准备充足的水和饮料。此外，在炎热的夏季，防暑降温药品十滴水、风油精等一定要备在身边，以防应急之用。外出时的衣服尽量选用透气性高的服装，以免大量出汗时不能及时散热。另外，穿浅色的衣服，因为白色、浅色衣服吸热慢，散热快，穿着凉爽；而黑色或蓝色衣服吸热快，散热慢，穿着闷热，容易中暑。

2. 多喝水

不要等口渴了才喝水，因为口渴表示身体已经缺水了。最理想的饮水方式是根据气温的高低，每天喝1.5~2 L水。野外生存出汗较多，可适当补充一些盐水，弥补人体因出汗而失去的盐分。另外，夏季人体容易缺钾，使人感到倦怠疲乏，含钾茶水是极好的消暑饮品。

3. 合理饮食

夏季野外活动少食高油高脂食物，以减少人体热量摄入。以新鲜的蔬菜瓜果为主，如生菜、黄瓜、西红柿等蔬菜的含水量较高；新鲜水果，如桃子、杏、西瓜、甜瓜等水分含量为80%~90%，均可以用来补充水分。另外，乳制品既能补水，又能满足身体的营养之需。连续在高温环境中活动，应适当补充含有钾、镁等元素的蔬菜与饮料。

四、体温过低

体温降至35℃以下被认为体温过低。人体散热大于产热时，可导致体温过低。体温过低最常见于寒冷季节或浸泡在水中，但若代谢性或活动性产热（发抖）不能维持核心体温时，也可发生于夏天或温暖季节。严重外伤后也可发生体温过低。固定不动，穿湿衣服，寒风和躺在寒冷的表面物上，可增加发生体温过低的危险性。一般野外生存过程中因落水、雪地迷路遇险时常有发生。

（一）症状

1. 32~35℃轻度低温

无生气，思维混乱，颤抖，肌体协调能力丧失。当体温在34~35℃时，大多数病人会剧烈颤抖，感觉极度寒冷，肌肉颤抖，四肢无力，协调性、记忆力下降，语言障碍，不能识别方向，轻微神志不清，极度烦躁，全身疼痛。当体温下降到34℃时，会出现健忘、发声障碍、呼吸频率升高。33℃时的典型症状是运动性失调。一般来讲，轻度低温病人的血液动力学指标正常，能够在复温后完全消除低温症状。

2. 29~32℃中度低温

精神错乱，反射活动减慢。耗氧量降低，中枢神经系统活跃性降低。大多数32℃或更低体温的病人处于昏迷状态。当核心体温降到31℃以下时，肌体不再能够通过颤抖来产生热量。体温降至30℃时，病人可能发生心律不齐，会出现房颤，脉搏减慢，心输出量降低。体温降到29~30℃时，瞳孔明显扩大，对光线的反应下降到最低，出现类似脑死亡的状况。

3. 低于29℃重度低温

皮肤寒冷，反应消失。28℃，肌体特别容易受室颤和心肌收缩的影响。呼吸停止，无脉搏，无反射，无反应，瞳孔固定。

（二）救助方法

（1）避免一切没有必要的运动。在等待救援时双膝弯曲至胸部，双臂抱腿，像胎儿在母体内的姿势。如果遭遇翻船、船身破裂等情况必须在水中等待救援时，同样避免运动。

（2）仰卧运送。在运送体温过低的病人时，需要特别小心，以保持体内余温。

（3）逐渐温暖病人的身体。首先不要脱去病人的衣服，而是用温水（不是热水）浸湿病人的躯干（不要直接在四肢浇水，否则会引起休克）。如果没有温水，可以将病人夹在两人之间用体温逐渐温暖病人，并为其戴上毛线帽，盖上被子保暖。既不要为病人按摩，也不要用雪摩擦病人。此外，可以用温暖的湿毛巾覆盖在胸部、后颈、腰部和腋下等处，让病人吸入温热的水蒸气。

（4）病人昏迷时要不断为其检查脉搏，如果发现心跳停止，立即采取心肺复苏措施。当病人的体温恢复到34℃时，可以在温暖的室内（如有火炉取暖的帐篷内）脱去衣服，如果病人神志清晰，可以大量喝热的甜饮料。不要饮酒，也不要服用止痛片。如果病人的肌肉再次颤抖，说明病人已经脱离危险。

（三）预防措施

野外生存预防体温过低的措施主要是防止体热的大量散失，其次是提高肌体对寒冷的适应能力。具体方法如下：

（1）注意着装保暖，穿防寒服。防寒服隔热值高、携带方便，既能防风，又能防水，是一种理想的防寒用具。在野外，夜晚的气温会更低。衣服要扎紧袖口、裤口，扣上领口，放下帽耳，戴好手套。保持服装的通气性相当重要。衣服不可穿得过紧，这样不仅不会使人感到暖和，反而会感到寒冷、难受。

（2）寒从脚下起，鞋的材料要选通气性好的，如帆布鞋、皮革鞋等。穿橡胶与塑料鞋，脚在出汗以后，易发生冻伤。硬而紧的鞋子妨碍脚部的血液循环，也易发生冻伤。当脚趾有麻木感时（冻伤预兆），可作踏步运动，以促进血液循环。

（3）发现体温过低要及时处理，防止身体热量进一步散发。置身室内，避风，脱去潮湿的衣服（不能脱光），换上干衣。不要将病人直接躺于地面，要采取保暖措施，如用身体或温热岩石暖和病人。病人清醒时，让其饮用热饮料，食用含糖食品。

（4）经常活动按摩，要尽量减少皮肤暴露部位，对易于发生冻疮的部位，有必要经常活动或按摩。避免接触导热快的物品，如金属与赤手或雪与臀部的接触，可使热量加速丧失，引起局部冻伤。

（5）及时补充能量，食用高热量的蛋白质、脂肪类的食物。人体在寒冷环境中要维持体温，就必然代谢增加，体力消耗增多，只有增加营养物质的摄取量才能满足人体需要。

五、冻伤

当气温降到零下 1℃时，冰雪宿营最容易发生冻伤。人体容易冻伤的部位一是体表裸露的皮肤，如手、鼻、耳、脸等；二是人体远离心脏的区域，如双脚，这主要是因为远离心脏的区域受血液循环的影响最小。

（一）症状

冻伤初期首先会感到刺痛，接着皮肤会出现苍白的斑点，伴有麻木感。而后就会出现卵石似的硬块，伴有疼痛、肿胀、发红、起疱，最后减弱、消失。

（二）救助方法

（1）初步冻伤：将冻伤部位放到温暖的地方，如把手夹在腋下，或将脚抵在同伴的胃部。如果发现皮肤出现冻伤的现象，要及时用手或干燥的绒布摩擦伤处，促使血液循环，减轻冻伤，如果冻伤不是很严重，第一次采取的治疗措施可能就达到了冻伤痊愈的效果。

（2）深度冻伤：发现后应及时防止伤势进一步恶化，最好的办法是将冻伤的部位放于28~28.5℃的温水中慢慢恢复，但不可用雪揉擦或用火烘烤。如果身体发生冻僵的情况，不要立即将伤者抬到温暖的地方，这是冻伤最忌讳的方法，一般都是先摩擦受冻的部位，待恢复知觉后，再到较温暖的地方使用更具体的急救措施。

（3）严重冻伤：此时可能发生的症状是起水疱，不但很容易受到感染，也很容易转为溃烂。继而被冻伤的部位将逐渐变灰、变黑、坏死，最终剥落。这时候要尽快送往医院治疗，不要把水疱挑破，也不要摩擦伤处，伤处受热更会产生剧痛。冻疮未溃破者，用白酒将云南白药药粉调成糊状外敷，并注意保温。冻疮已溃破者，将患处洗净后，直接撒云南白药药粉于创面，用消毒纱布包扎，数日内可愈。

（三）预防措施

长期在户外的人可能都会碰到类似的问题，在高寒地带，都或多或少地受到寒温的影响。虽然局部的冻伤可能不会致命，但是后遗症是不能避免的，如果失温太严重，就有可能导致死亡。如果能在户外的时候采取适当的预防措施，就有可能避免或减轻冻伤的程度。必须要清楚地认识到，预防冻伤比治疗冻伤容易得多，而且治疗也不一定能及时痊愈。所以，采取适当的预防措施是很有必要的。具体的方法有如下几种。

（1）最原始的方法：在高寒地带，不要把易受冻的部位暴露在外，如手、脸部、耳朵，这些部位习惯性地暴露在外，极易受冻伤，可适当地进行“武装”。戴一双暖和的皮手套，扎紧手套、衣服，防止风雪侵入到衣服内，脸上可戴上专业的护脸套，耳朵也戴上耳罩，这样才能防止这些敏感的部位发生冻伤。

（2）不要站在风比较大的风口处，切记不要在疲劳或饥饿的时候坐卧在雪地上，这样就有可能对雪地产生疲劳的感觉，时间久了会很危险。

（3）被冻伤的局部，在初期可能没有明显刺痛感或是某种现象，因此要随时注意观察自己易被冻伤的部位，也可以让同伴观察自己的脸上是否有冻伤症状。

（4）为了防止冻伤，要及时通过揉搓或摩擦等活动方式使其受热，衣服湿了应及时烘干。潮湿的衣服容易结冰，而且还吸收体温以烘干衣服，这样就很容易被冻伤。

（5）户外条件好的话，可使用温水浸泡易发冻疮的部位，水的温度不宜太高也不宜太低，否则效果会适得其反，一般在43℃左右最好。

六、高山病

高山病也称“高山适应不全症”，是人体对高山缺氧环境适应能力不足而引起的各种临床表现的总称。特别是达到 3000 m 以上时，这种反应尤为突出，这时大多数人会感觉到仿佛突如其来的高度变化。海拔越高，空气越稀薄，高山反应越严重，高山病发病率越高。

（一）症状

呕吐，耳鸣，头痛，呼吸急迫，嘴唇和皮肤泛青色，食欲不振，发烧，睡意朦胧，严重者会出现感觉迟钝、烦躁不安、精神亢奋，思考力、记忆力减退，听、视、嗅、味觉异常，产生幻觉等，也可能发生浮肿、休克或痉挛等现象。

（二）救助方法

休息、使病人保持安静，吸氧及降低高度是最有效的急救处理方法。若有休克现象，应优先处理，注意失温及其他并发症。将患者移至无风处，若病情严重（如头痛剧烈），可服用镇痛剂止痛。如果仍不能适应，则需降低高度，直到患者感到舒服或症状明显减轻为止。一般而言，高山病患者降低至平地后，即可不治而愈。虽然如此，严重患者仍需送医院治疗。

如果不可能转移到低海拔地区，可用增压装置治疗严重高山病患者，相当于降低海拔高度的这种装置（高压袋）。把患者放入袋中，密封后用手动泵向袋中加压，病人在袋中停留 2~3 h。这种补充氧气的方法同样是一种有效的临时措施。

（三）预防措施

预防高山病的最好方法是减慢登高速度，用 1~2 天的时间上升到 2400 m 高度，然后，每天登高 300~600 m。按适合每个人自己的步速登高比以固定速度登高，更有助于预防高山病。登至一半高度停下来过夜休息可以减少发病的危险。身体健康的人患高山病的危险较小，但不能保证在高海拔地区不出现高山病。到达目的地后头两天要避免大量出汗、喝大量的水，避免吃盐或含盐的食品。在高海拔地区饮酒应特别小心，高海拔地区饮一杯酒精饮料的影响相当于海平面地区的两倍。酒精过多的表现类似某些类型的高山病。

登山开始时和到达目的地后几天内，服用小剂量的乙酰唑胺或地塞米松可减少患急性高山病的危险。出现高山肺水肿症状时可使用心痛定。布洛芬对减轻高海拔引起的头痛最有效。

思考题

1. 迷失方向是野外运动中最常见的问题之一，列举3种在没有导航工具时确定方位的方法，并说明适用场景。

2. 在野外遭遇暴雨、雷电、山洪等自然灾害时，应该如何选择避险地点并采取防护措施？

3. 野外环境中可能遇到毒蛇、猛兽等危险生物，如何提前预防？若遭遇攻击，应如何正确应对？

4. 野外运动中容易发生扭伤、骨折、中暑、失温等伤病，请分别说明应急处置方法。

5. 在陌生野外环境中，如何判断水源是否安全？如果缺乏净水设备，有哪些简易方法可以净化水质？

第六章 野外运动常用急救方法

救护能力是保存有生力量、维系部队战斗力的核心要素，表现为在野战条件下快速、有效地实施创伤急救与生命支持的技术水平。精湛的急救技能直接关系到战友的生存率和后续归队率，是遂行高强度作战与非战争军事行动不可或缺的保障。科学的急救训练不仅能提升官兵应对突发伤情的处置效率，更能强化心理承受力与团队协作精神。通过严苛的野外急救实训，锤炼定向培养军士生“救死扶伤、分秒必争、精益求精”的职业操守，践行“人民至上、生命至上”的价值理念，弘扬“不抛弃、不放弃”的革命情谊，铸就“平时保健康、战时保打赢”的卫勤尖兵。

第一节　止血法

血液是维持生命的重要物质。循环系统由心脏、血管组成，共同维持全身的血液循环。血管包括动脉、静脉和毛细血管等。血液是一种奇妙的液体，它在血管中流动，将氧气输送给人体的每个细胞。它还运载养分、激素、代谢废物和热量，并对人体起着重要的防卫作用。一滴血看上去只是一滴红色的液体，但是在显微镜下，就会看到千千万万个细胞悬浮在稀薄的液体中。人体内大约有 4 L 血。血细胞经常受到挤压和撞击，每天有数百万个血细胞被更换。成年人的血量平均在 5000~6000 mL，约占体重的 7%~8%。失血 500 mL 将会感觉到头昏眼花。失血 1000 mL 将引起虚脱，呼吸及心跳加快，面色发白，肢体发凉。失血 1500 mL 以上将倒下不起，昏迷不醒，如不能及时补充血液将会死亡。

出血的种类大体分为外出血和内出血两种。外出血是指血液由皮肤损伤处流出体外。内出血是指血液由破裂的血管流入组织、脏器和体腔中。对内出血的判断，主要看有没有吐血、咯血、尿血和便血等症状。

在野外，由于意外造成身体某部位的损伤出血是很常见的，一般小的出血，无须特殊处理可以自行愈合，而严重出血时常会危及生命，需采用紧急的止血措施。因此我们必须了解一些常用的止血方法，以防万一。最常见的止血方法有：指压止血法、加压包扎止血法（包括止血带止血法）。

一、指压止血法

用手指在伤口上方（近心端）的动脉压迫点上，用力将动脉血管压在骨骼上，中断血液流通以达到止血目的。指压止血是较迅速有效的一种临时止血方法，止住出血后，需立即换用其他止血方法。在按压时按压力度足够阻止搏动即可，同时用指腹非指尖，寻找搏动点（如伤员清醒时可让其指出痛点）。

（1）颞浅动脉指压止血：拇指或食指在耳屏前稍上方正对下颌关节处用力压。用于头顶及颜部出血时的止血（图 6–1–1）。

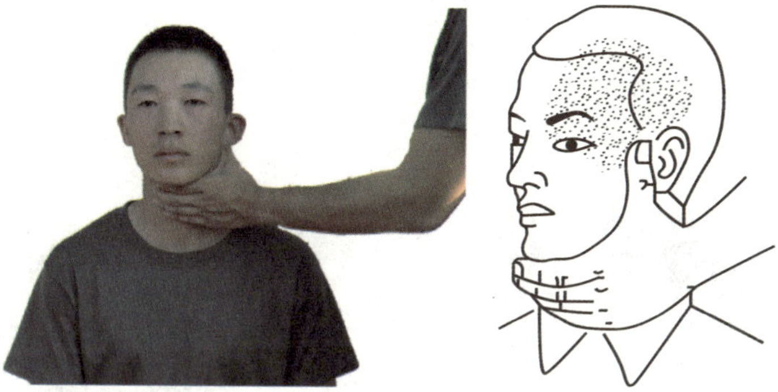

图 6–1–1　颞浅动脉指压止血

（2）颌外动脉指压止血：拇指或食指在下颌角前约半寸处，将颌外动脉压在下颌骨上。用于腮部及颜面部出血时的止血（图 6–1–2）。

（3）颈总动脉指压止血；把拇指或其余四指，放在气管外侧（平甲状软肌）与胸锁乳突肌前缘之间的沟内可触及颈总动脉，将伤侧颈总动脉向颈后压迫止血。用于头、颈部大出血时的止血。此法非紧急时不能使用（仅用于危及生命的大出血且无他法时），禁止同时压迫两侧颈总动脉，以防止伤者因脑缺血而昏迷死亡（图 6–1–3）。

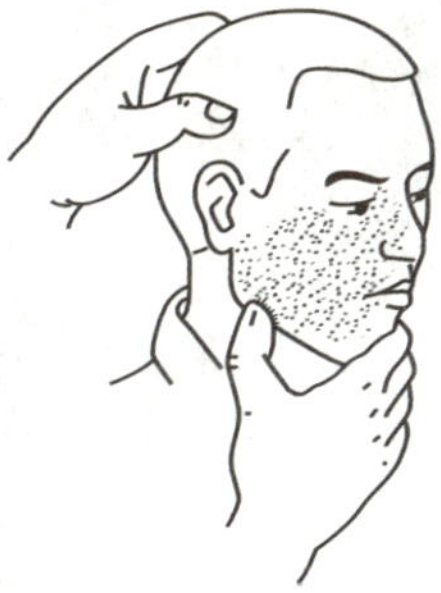

图 6–1–2　颌外动脉指压止血

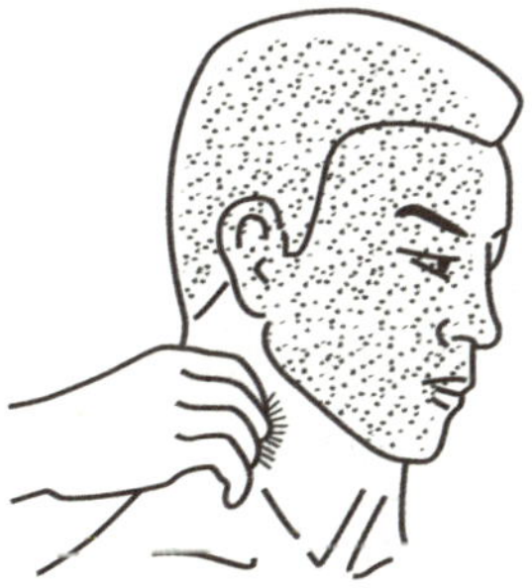

图 6–1–3　颈总动脉指压止血

（4）锁骨下动脉指压止血：拇指在锁骨上凹摸到动脉搏动处，其余四指放在受伤者颈后，拇指向凹处下压，将动脉血管压向深处的第一肋骨上止血。用于腋窝、肩部及上肢出血时的止血（图 6–1–4）。

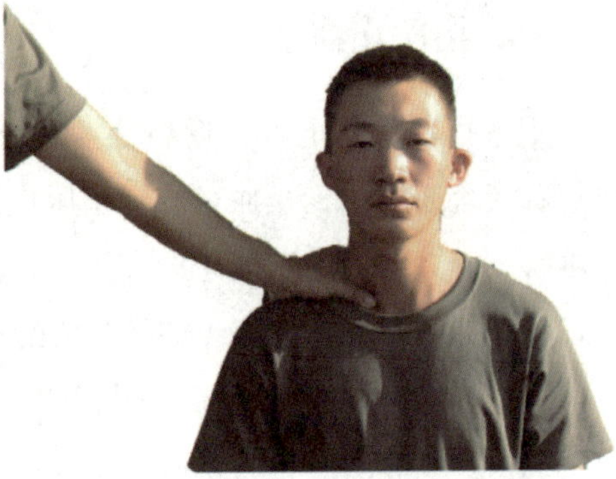

图 6–1–4　锁骨下动脉指压止血

（5）尺、桡动脉指压止血：将伤者手臂抬高，双手拇指分别压迫手腕横纹上方内、外侧搏动点（尺桡动脉）止血。用于手部出血时的止血（图 6–1–5）。

（6）肱动脉指压止血：将上肢外展外旋，曲肘抬高上肢，拇指或四指在上臂肱二头肌内侧沟处，施以压力将肱动脉压于肱骨上即可止血。用于手、前臂及上臂下部出血时的止血（图 6–1–6）。

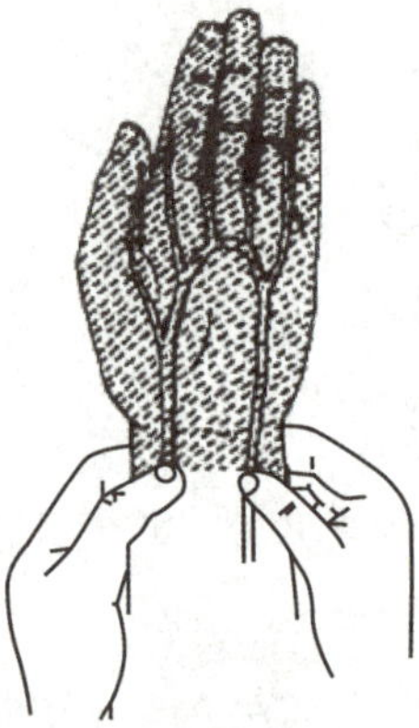

图 6–1–5　尺桡动脉指压止血

图 6–1–6　肱动脉指压止血

（7）股动脉指压止血：在腹股沟中点稍下方，大腿根处可触摸到一个强大的搏动点（股动脉），把两手的拇指重叠施以重力压迫止血。用于大腿、小腿、脚部的动脉出血时的止血（图 6–1–7）。

（8）胫前动脉（足背动脉）和胫后动脉指压止血：两手食指或拇指分别压迫足背中间近脚腕处（足背动脉）和足跟内侧与内踝之间（胫后动脉）止血。用于足部出血时的止血（图 6–1–8）。

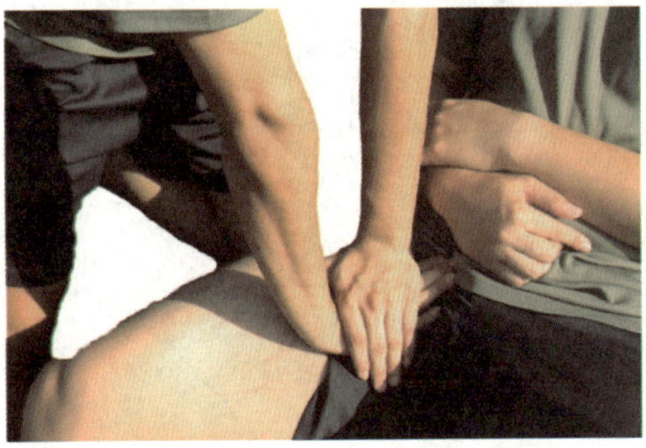

图 6–1–7　股动脉指压止血

（9）指动脉止血：将伤肢抬高，

可自行用健侧的拇指、食指分别压迫伤指指根的两侧。用于手指出血时的自救（图 6-1-9）。

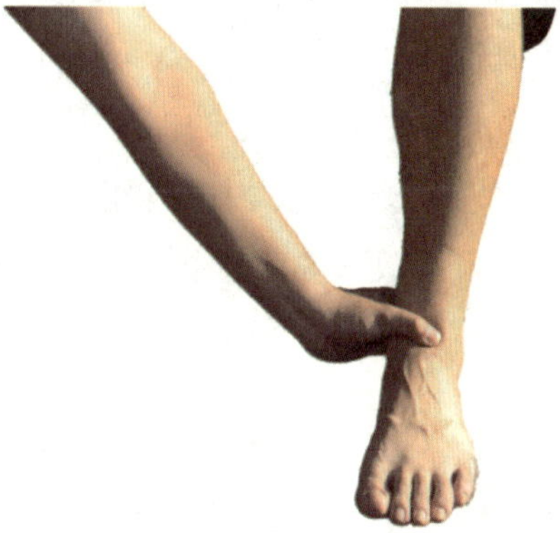

图 6-1-8　胫前、胫后动脉指压止血

图 6-1-9　指动脉止血

二、加压包扎止血法

先用消毒纱布垫覆盖伤口（在野外如没有消毒纱布，则可用火燎过的布内侧、煮沸过的水清洗的布、相对干净的衣物内层等来替代），再用棉花团、纱布卷或毛巾、帽子等折成垫子，放在伤口敷料上面，然后用三角巾或绷带紧紧包扎，松紧以达到止血目的为度。此法一般用于小动脉、静脉及毛细血管止血。注意：伤口有碎骨存在时，禁用此法。

1. 加垫屈肢止血

主要用于四肢损伤出血时的止血，但有骨折、怀疑骨折或关节损伤的肢体不能用此法，以免引起骨折端错位和剧痛。使用时要经常注意肢体远端的血液循环，如血液循环完全被阻断，要每隔一小时左右慢慢松开一次，观察 3~5 min，防止肢体坏死。前臂或小腿出血时，可在肘窝或腋窝放纱布垫、棉花团、毛巾或衣服等物，屈曲关节，用三角巾或绷带将屈曲的肢体紧紧缠绑起来；上臂出血时，可在腋窝加垫，使前臂屈曲于胸前，用三角巾或绷带把上臂紧紧固定在胸前；大腿出血时，可在大腿根部加垫，屈曲关节和膝关节，用三角巾或长带子将腿紧紧固定在躯干上（图 6-1-10）。

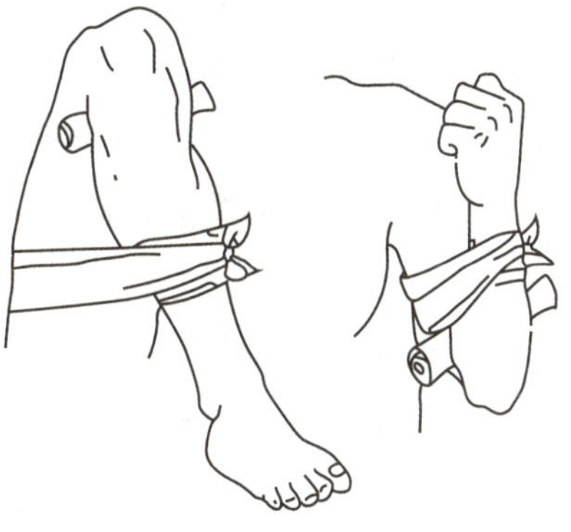

图 6-1-10　加垫屈肢止血法

2. 止血带止血

用于四肢较大动脉出血时进行止血，用其他方法不能止血或伤肢损伤无法再复原时，才可用止血带。因止血带易造成肢体残疾，故使用时要特别小心。止血带有橡皮制的和布制的两种，如果没有止血带时亦可用宽绷带、三角巾或其他布条等代替，以备急需。用橡皮止血带止血时，先在缠止血带的部位（伤口的上部）用纱布、毛巾或受伤者的衣服垫好，然后以左手拇、食、中指拿止血带头端，另一手拉紧止血带绕肢体缠两圈，并将止血带末端放入左手食指、中指之间拉回固定（图 6–1–11）。

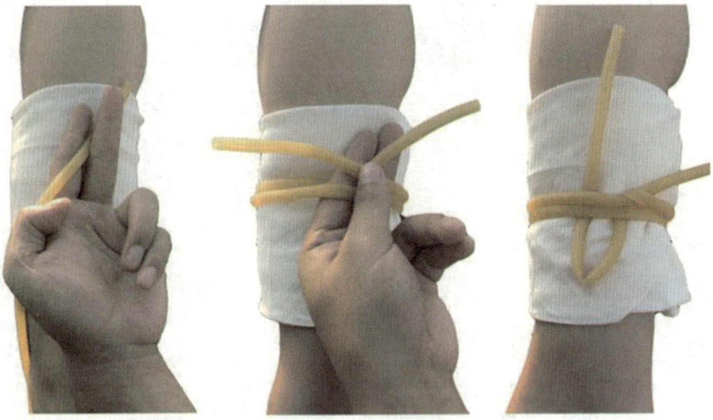

图 6–1–11　橡皮止血带包扎止血

3. 战术止血带止血

在战场中应同时配备战术止血带（Combat Application Tourniquet，CAT），该止血带由自粘束带、日字环、绞棒、收紧带、绞棒固定卡槽和时间记录带组成。束带为尼龙材质，内侧有软物填充，绞棒和日字环的材质为硬质塑料，与束带外侧的收紧带相连。在火线救护阶段，对威胁生命的四肢出血可使用 CAT 进行自救或互救，直接将其扎在军装外，尽量靠近伤侧肢体近心端，此阶段不追求止血带的精准位置，采用“高而紧”策略。在战术区域救护和战术后送救护阶段，可在距伤口近心端 5~10 cm 的皮肤上扎 1 根 CAT 并松解前一阶段“高而紧”的止血带，若四肢出血仍未止住，可紧挨其在近心端再扎 1 根以确保止血。止血带持续使用的最长时间为 2~3 h，通常每小时松带 1 次，每次 1~3 min。此救治策略适用于所有四肢止血带。CAT 是目前应用最广泛的止血带（图 6–1–12）。

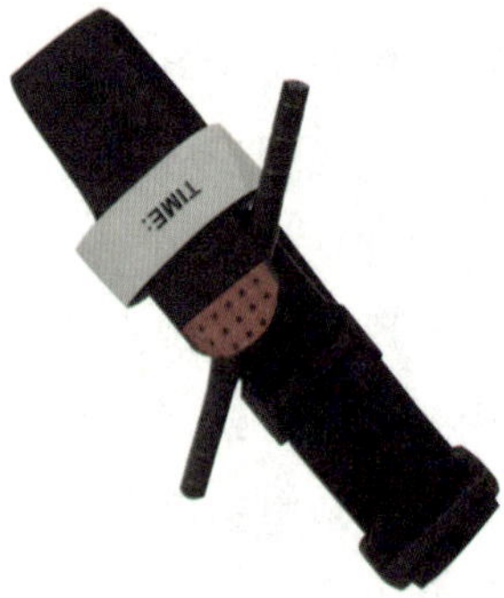

图 6–1–12　战术止血带

使用方法为：①环绕肢体；②穿过日字环拉紧；③插入绞棒；④旋转绞棒直至出血停止；⑤固定绞棒；⑥记录时间。

用止血带止血要注意以下 6 点：

（1）止血带不能直接缠在皮肤上，必须用三角巾、毛巾、衣服等做成平整的垫子垫上。

（2）上臂避免绑扎在中下 1/3 处，因此处易伤及神经而引起肢体麻痹；上肢应扎在上 1/3 处；下肢应扎在大腿中部。

（3）为防止远端肢体缺血坏死，在一般情况下，上止血带的时间不超过 2~3 h，每隔 40~50 min 松解一次，以暂时恢复血液循环，松开止血带之前应用手指压迫止血，将止血带松开 1~3 min 之后再在另一稍高平面绑扎。松解时仍有大出血者，不要在送医途中松放止血带，以免加重休克。

（4）若肢体伤重已不能保留，应在伤口上方近心端，绑止血带，不必放松，直到手术截肢。

（5）上好止血带后，在伤者明显部位加上标记，注明上止血带的时间，尽快送医院处理。

（6）严禁用电线、铁丝、绳索代替止血带。

在没有止血带的情况下，可用身边现成的材料，如三角巾、绷带、手绢、布条等，折叠成条带状缠绕在伤口的上方（近心端），缠绕部位用衬垫垫好，用力勒紧然后打结。在结内或结下穿一短棒，旋转此棒使带绞紧，至不流血为止，将棒固定在肢体上（图 6-1-13）。

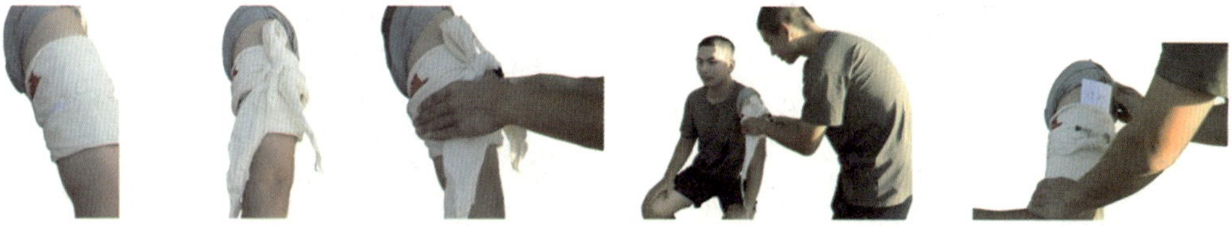

图 6-1-13　紧扎止血带止血法

第二节　包扎法

进行野外急救包扎是为了达到保护伤口、吸收渗液、辅助止血、固定敷料、减轻疼痛 / 肿胀的目的，其原则是牢固、舒适，不影响循环，便于观察。

一、绷带包扎法

绷带包扎法是利用绷带卷对伤口或肢体进行缠绕、固定、加压的常用方法，具有操作简便、固定可靠等特点。

绷带适用于头颈及四肢的包扎，操作时要适当地使用拉力，以达到固定伤口敷料及加压止血的目的。根据受伤部位的不同，应采用不同的包扎方法。

1. 环形包扎法。

适用于包扎粗细均匀的部位，如额部、手腕和小腿下部以及作为其他包扎方法的开始与结束。包扎时张开绷带，把带头斜放在伤肢上，用拇指压住，包扎一圈后，将带头斜放的小角反折过来，然后继续绕圈包扎，以后一圈覆盖前一圈，最后将带头固定（图 6–2–1）。

2. 螺旋形包扎法。

适用于包扎肢体粗细差不多但范围较大的部位，如上臂、大腿下段等处。包扎时以环形包扎开始，然后将绷带斜行向上缠绕，后一圈盖住前一圈 1/2 到 1/3 即可（图 6–2–2）。

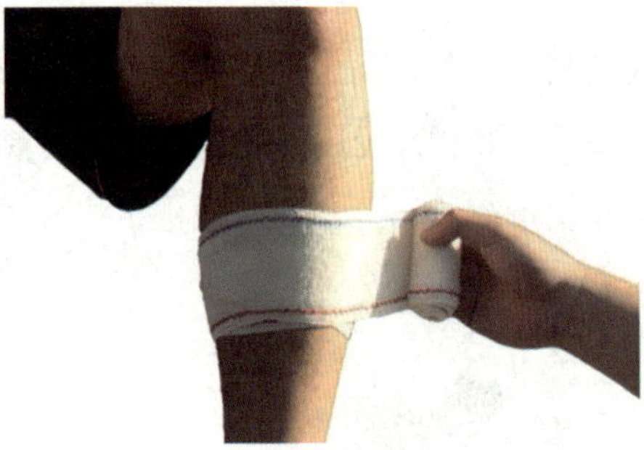

图 6–2–1　环形包扎法

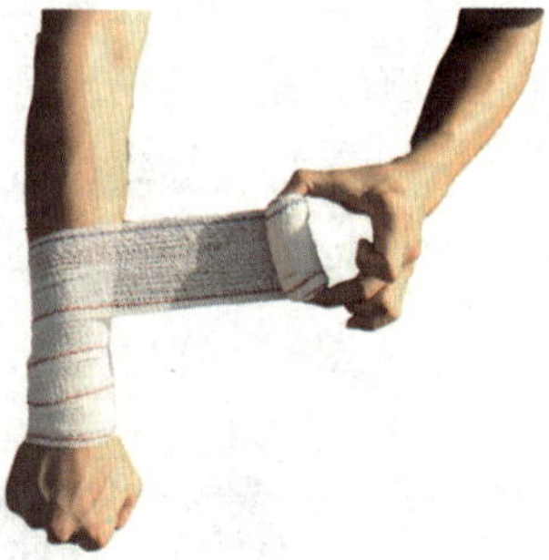

图 6–2–2　螺旋形包扎法

3. 反折螺旋形包扎法。

此法适用于包扎前臂、大腿和小腿等肢体粗细差别较大的部位。包扎时从环形包扎法开始，然后用一拇指压住绷带上缘，将其上缘反折（注意要避开伤处）并压住前一圈的 1/2 到 2/3，每圈的折线应互相平行（图 6–2–3）。

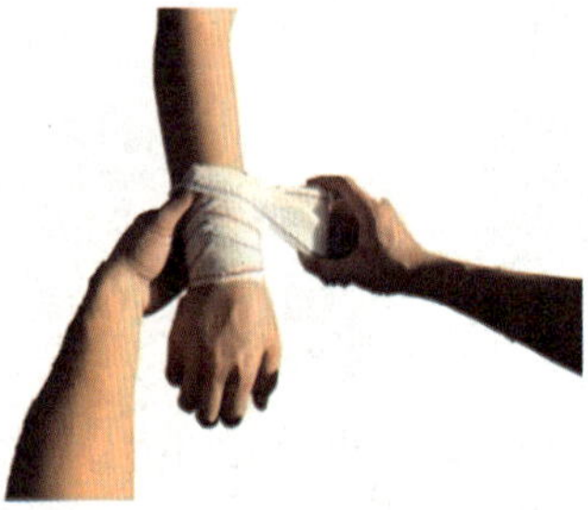

图 6–2–3　反折螺旋形包扎法

4. “8” 字形包扎法。

此法适用于包扎关节部位，两种包扎方法如下：

（1）从关节中心开始 “8” 字形包扎。

先做环形包扎，然后将绷带斜行缠绕，一圈绕关节的上方，一圈绕关节的下方，两圈在关节凹面交叉，反复进行，逐渐远离关节。包扎时每圈压住前一圈的1/2到2/3，最后在关节的上方或下方以环形包扎结束（图6-2-4）。

图6-2-4　“8”字形包扎法一

（2）从关节下方开始“8”字形包扎。

先做环形包扎，然后将绷带自下而上、自上而下来回做“8”字形缠绕并逐渐靠拢关节，最后以环形包扎结束（图6-2-5）。

二、三角巾包扎法

以三角巾（图6-2-6）命名。

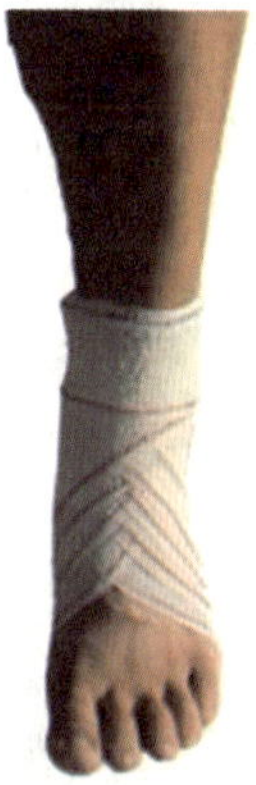

图6-2-5　“8”字形包扎法二

图6-2-6　三角巾

1. 手部包扎法

三角巾平铺，患手手掌向下，指尖对三角巾的顶角，平放在三角巾的中央，底边横放于腕部，然后将三角巾的顶角向上反折，再将两底向手腕背部交叉围绕一圈，在腕背打结（图6-2-7）。

2. 足部包扎法

与手部包扎法基本相同。

图 6-2-7 手部包扎法

3. 头部包扎法

将三角巾的底边置于前额，顶角朝向头后正下，然后将底边从前额绕至头后，在枕后交叉再绕至前额打结，最后把顶角拉紧并向上翻转固定（图 6–2–8）。

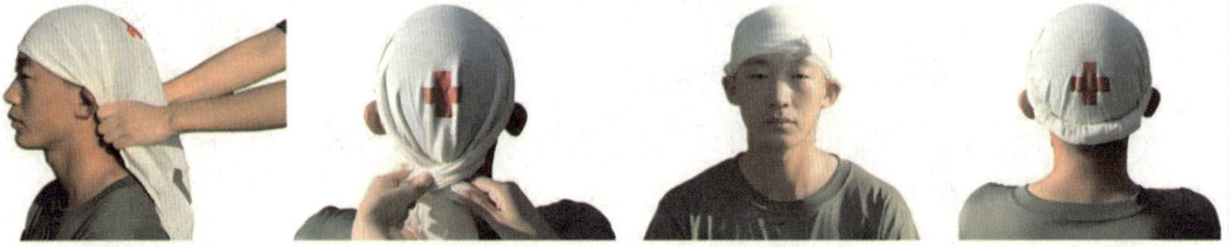

图 6-2-8 头部包扎法

4. 大悬臂带

此法适用于除肱骨与锁骨骨折以外的上肢损伤。将三角巾顶角放在伤肢的肘后，一底角置于健侧的肩上，肘关节屈曲，前臂放在三角巾的中央，将下方的底角上折，包住前臂，在颈后与上方底角打结，最后把肘后的顶角折向前面，用橡皮膏或别针固定（图 6–2–9）。

5. 小悬臂带

此法适用于锁骨骨折。将三角巾叠成四横指宽的宽带，其中央置于伤肢前臂的下 1/3 处，两端在颈后打结（图 6–2–10）。

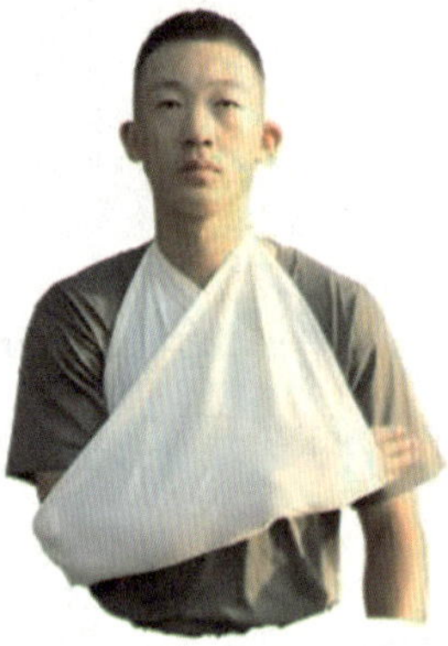

图 6-2-9 大悬臂带

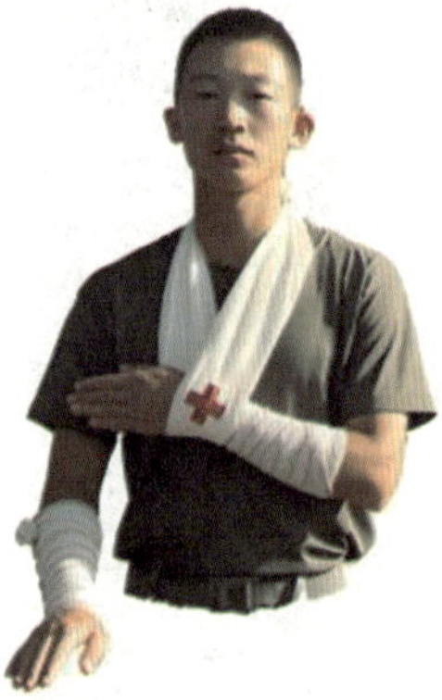

图 6-2-10 小悬臂带

第三节　骨折固定急救

一、骨折、脱位的急救

在野外活动与训练中由于不小心或注意力不集中等原因，可能会导致骨折、关节脱位等损伤，这些损伤在急救时需要进行及时、正确的临时固定，以减轻疼痛、避免骨折断端移动造成二次损伤，同时也有利于搬运。在骨折救治中我们应做到救命优先的原则。在野外活动中，常用厚木板、竹竿、竹片、树枝、木棍、硬纸板等作为临时应急固定物。

骨的完整性或连续性遭到破坏的损伤称为骨折。引起骨折的原因有直接暴力打击、间接暴力打击、强烈的肌肉收缩、长期应力集中、病理性骨折。在野外活动中，以直接暴力和间接暴力所致的骨折为多见。根据骨折后局部皮肤是否完整，分为闭合性骨折和开放性骨折；根据骨折的程度和形态，分为不完全骨折和完全骨折。不完全骨折如裂缝骨折、青枝骨折；完全骨折如横行骨折、斜行骨折、螺旋形骨折、粉碎性骨折、嵌插骨折、压缩性骨折、骨骺分离。

骨折后可能出现以下症状和体征：剧烈疼痛、肿胀，皮下瘀血，功能丧失，压痛和震痛（纵向叩击痛和胸廓挤压痛），假关节活动，骨擦音，以及成角、旋转、变短等畸形。X 线检查可明确骨折情况，如骨折合并神经、血管、内脏损伤，则还可发现相应的征象。

对骨折伤员的急救原则是防治休克，保护伤口，固定骨折。常见顺序为检查环境安全→检查呼吸 / 心跳→控制大出血→处理休克→固定骨折。即在发生骨折时，应密切观察，如有休克状况存在，则首先是抗休克；如有出血，则应先止血，然后包扎好伤口，再固定骨折。临时固定时不要无故移动伤肢，为暴露伤口，可剪开衣裤、鞋袜，对大小腿和脊柱骨折，应就地固定，以免因不必要的搬运而增加伤员的痛苦和伤情。固定时不要试图整复，如果畸形很厉害，可顺伤肢长轴方向稍加牵引。开放性骨折断端外露时，一般不宜还纳，以免引起深部污染；固定用夹板或托板的长度、宽度，应与骨折的肢体相称，其长度必须超过骨折部的上、下两个关节。如果没有夹板和托板，可就地取材（如树枝、木棍、球棒等），或把伤肢固定在伤员的躯干或健肢上。夹板与皮肤之间应垫上棉垫、纱布等软物；固定的松紧要合适、牢靠，过松则失去固定的作用，过紧会压迫神经和血管，且四肢固定时，应露出指（趾）端，以便观察肢体血流情况。如发现伤员出现异常（如肢端苍白、麻木、疼痛、变紫等），应立即松开重新固定。

（1）锁骨骨折时，用两个棉垫分别置于双侧腋下，然后用双环包扎法或“8”字形包扎法，最后以小悬臂带将伤肢挂起（图 6-3-1）。

图 6-3-1　锁骨骨折固定

（2）肱骨骨折时，用 2~4 块合适夹板固定上臂，肘屈 90°，用悬臂带悬吊前臂于胸前，最后以叠成宽带的三角巾把伤肢绑在躯干上加以固定。如无夹板，可用布带将上臂包缠在胸部侧方，并将前臂悬吊胸前（图 6-3-2）。

（3）前臂及腕部骨折时，用 1~2 块有垫夹板在掌背侧固定前臂，屈肘 90°，前臂中立位用大悬臂带悬吊胸前。手部骨折时，用手握纱布棉花团或绷带卷，然后用有垫夹板或木板置于前臂掌侧固定，用大悬臂带悬吊于胸前（图 6-3-3）。

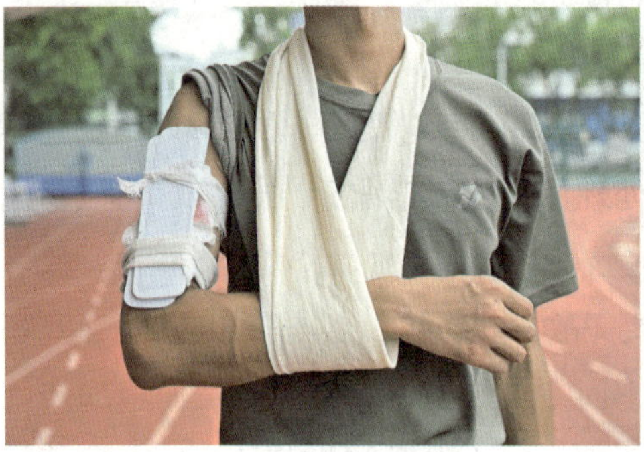

图 6-3-2　肱骨骨折固定

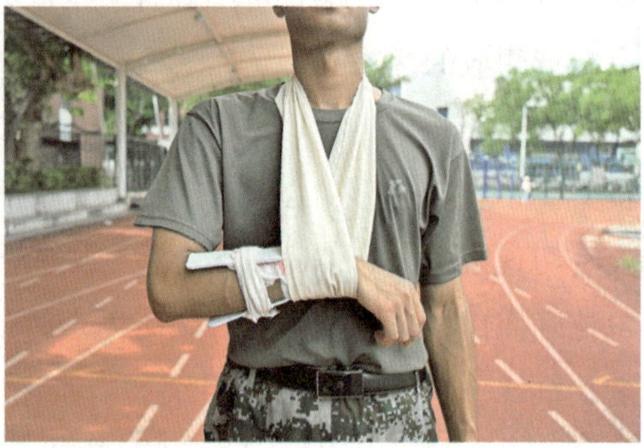

图 6-3-3　前臂和腕部骨折固定

（4）股骨骨折时，用长短两块夹板分别置于伤肢外侧和内侧，外侧上自腋下，下达足跟，内侧自大腿根部至足部。夹板内面应垫软物，然后用布带进行包扎固定，在外侧作结。如无夹板，可将两腿并拢捆在一起（图 6-3-4）。

（5）髌骨骨折时，在腿后放一夹板，自大腿至足跟，用布带在膝上、膝下和踝部将膝关节固定在伸直位，防止屈曲。

图 6-3-4　股骨骨折固定

（6）胫腓骨及踝部骨折时，用夹板 1~2 块，上自大腿中部，下达足跟部，或用一长钢丝托板，上自大腿中部，下在足跟部转成直角，包扎固定。

（7）脊椎骨折固定法；伤员仰卧木板上，用绷带将伤员胸、腹、髂、踝都固定于木板上。

（8）颈椎骨折固定法：伤员仰卧在木板上，颈下、肩部两侧用棉垫固定。

（9）真空夹板技术；新型真空夹板可塑形贴合肢体，通过抽气形成刚性固定。根据病人不同受伤部位选取不同夹板，适用于骨盆 / 关节骨折，比传统夹板减少压迫性损伤。首先包裹伤肢，将夹板平铺，完全包裹骨折部位及上下关节并用手按压夹板，使其初步贴合肢体轮廓，连接抽气泵，抽至负压达标（通常呈硬壳状），最后关闭气阀，断开抽气泵（图 6-3-5）。

图 6-3-5　真空夹板

二、脱臼的急救

当关节处于不正确状态，并产生一定的压力就会出现脱位。骨折脱位是一种最严重的脱臼，由于骨折而引起的关节面破坏或凹陷，关节韧带松弛，不经过严重应力就可能发生脱位。常见的脱臼部位有下颚、肩部、肘部等。

当运动或受伤时，如果听到“咔嚓”一声，关节部位变形，不能移动，疼痛剧烈，应想到有脱臼的可能。此时受伤肢体可能处于特殊的异常位置，正常的关节部位可能出现异常形态。肩关节脱位后可出现方肩形态，受伤肢体可出现缩短、延长或局部异常隆起等畸形，如关节后脱位时下肢内收内旋，脱位关节处伴有肿痛，伸屈、旋转功能丧失。

关节脱位的急救处理：关节脱位后，关节内发生血肿，如果复位不及时，血肿会机化而发生关节粘连，增加关节复位的困难。因此，脱位后应尽早进行整复，不但容易成功，而且有利于关节功能的恢复。脱臼一般应经医生整复治疗，不要请他人强行推拿或盲目牵拉复位，以免造成血管和神经的压迫和损伤。若不能及时复位，则应立即用夹板和绷带在关节脱位所形成的姿势下进行临时固定，保持伤员安静，尽快将其送医院处理。为了减轻肿胀和疼痛，可用冰袋、凉水敷于无伤口患处，以减轻瘀血和肿胀（野外条件下，非专业医务人员严禁尝试复位）。

三、扭伤的急救

扭伤俗称为伤筋，是在户外活动中常见的一种损伤。多发生于指、踝、腰、膝关节等部位，是在肢体动力失衡的情况下发生的常见创伤。例如，“崴脚”“戳手”就是踝关节、腕关节的扭伤。扭伤原因主要是由于关节部位的一侧受到过大的牵张力，关节发生一时性脱位，相关的韧带、肌腱或肌肉可有部分撕裂，当肢体恢复平衡后，关节大多随即复位，虽然没有造成骨折，但软组织损伤却需一定时间才能够恢复。扭伤后可出现局部疼痛、软组织瘀血、肿胀，还可以出现关节运动障碍。

在扭伤后应遵循 RICE 原则，即：

（1）R（Rest，休息）。立即停止活动。

（2）I（Ice，冰敷）。强调早期（24~48 h）冰敷的重要性（减轻肿胀疼痛），方法为使用冰袋 / 冷水，每次 15~20 min，间隔 1~2 h，避免冻伤。强烈反对热敷和揉搓。

（3）C（Compression，加压包扎）。用弹性绷带从远端向近端包扎（如脚趾向小腿），松紧适度（能插入一指）。

（4）E（Elevation，抬高）。将伤处抬高至高于心脏水平，促进回流消肿。

后续处理：24~48 h 后可酌情热敷、理疗、功能锻炼（在无痛范围内）。严重扭伤（可能韧带撕裂）需就医。

扭伤后错误做法：一是热敷；二是揉搓患处。不但不能止血，反而会使血液循环加快，毛细血管出血更多，扭伤处关节内的瘀血也更多，肌肉间的组织液渗出增多，肿胀更严重，对扭伤关节的恢复不利。扭伤后正确的做法是采取冷却止血。用冰袋或冷水敷在患处约 10 min，使血管收缩，降低局部血流量，以起到止血作用。待肿痛基本消散后，再改用温水敷患处，以活血化瘀，消除关节内的瘀血。可抬高患处，加快血液的回流，促使血肿消散。

第四节　搬运伤员的方法

如果有人不幸受伤，并且伤势较为严重，如出现骨折、昏迷等情况而无法自主行动时，应该尽快选择一个好的方法，将伤员转移到合适的场所进行救治。伤员的正确搬运很重要，如果搬运不当，很可能会延误治疗时机，特别是在转移骨折伤员时，还可能直接导致病情的加重。

一、搬运伤员的具体方式

（1）徒手搬运。仅适用于短距离、无脊柱损伤、伤员体重较轻的情况。

（2）扶行法。适用于清醒、能行走的轻伤员（图 6-4-1）。

（3）抱持法。适用于儿童、体型小的伤员（图 6-4-2）。

图 6-4-1　扶行法

图 6-4-2　抱持法

（4）背负法。绝对禁用于怀疑脊柱损伤者！适用于无脊柱伤、较长距离搬运清醒伤员（图 6-4-3）。

（5）杠轿法。较常用，较省力，适用于无脊柱伤伤员（图 6-4-4）。

图 6-4-3　背负法

图 6-4-4　杠轿法

（6）拉车法。仅用于极端情况（如拖离火线），对伤员二次伤害风险极高，慎用（图 6–4–5）。

（7）平卧搬运法。需要多人协作完成，尤其适用于脊柱受伤者。搬运时须保持头、颈、肩、腰、臀、腿同步移动，可统一口令（如“准备，一、二、三，抬”）以确保动作协调（图 6–4–6）。

图 6–4–5　拉车法

图 6–4–6　平卧搬运法

二、器材搬运

所谓器材搬运，即担架搬运法。运用此方法搬运伤员时应注意：移动伤员上担架时，要用平托法，抬起时头部在后，足部在前，以便后面抬担架的人随时观察伤员的面部表情，如有危险征象，可以就地抢救；把伤员放在担架后要固定，把吊带扣好，防止伤员翻落，也可以用三角巾、绷带等固定；保持担架前后平稳，尤其在走坡路时。若没有专业担架，可用椅子、门、大衣、毯子、棉布等物品做成简易担架。自制担架包括：

（1）木棍 / 竿 + 大衣 / 毯子。两根长棍穿过大衣袖子或卷在毯子边缘。

（2）门板 / 桌面。最硬质的选择，适合脊柱伤。

（3）绳索 / 背包带编织。用结实的绳子在两根平行杆上编织成网状。

三、注意事项

（1）组织人力。尽可能多找人帮忙，推选最有经验的人为领导，由他指挥并制定各个阶段的急救措施，使整个急救活动有条不紊地进行。在进行每一个步骤的急救前都应加以说明，这样无论是伤员还是救援者都可以做好准备，别人也可以随时提供帮助。

（2）固定伤口。确保伤口包扎固定，这样，在转移伤员时可以减少对伤口的影响。

（3）利用周围器具，选择合适的方式。如果周围没有专业设备，可以利用椅子、门、大衣、毯子、棉布等物品，迅速做成简易搬运设备。但使用前要试一试，以确保这些东西能够承受伤员的重量，从而避免搬运设备发生断裂而对伤员造成二次伤害。

（4）对怀疑有脊柱骨折的伤员，搬运时必须使脊柱保持在伸直位，不能前屈、后伸或旋转，严禁一人背运、两人抱抬或用软垫搬运，否则会加重对脊髓的损害。一般由 3~4 人搬运，分别位于伤员两侧，用双手托起伤员的背部、腰部、臀部和大腿，若颈椎骨折则还需一人负责伤员头部的牵引固定，几人托起的力和时间要保持一致，使伤员脊柱保持水平位，缓慢地搬放于硬板担架上。也可用滚动法，即将担架置于伤员体侧，一人稳住伤员头部，其余人将伤员推滚到木板或担架上，几人的力和时间也要保持一致。怀疑胸腰椎骨折者可在伤员的腰部垫一薄垫，怀疑颈椎骨折应将伤员头颈放在中立位，头颈两侧用沙袋或衣物固定，以防其头部活动。

第五节　心肺复苏的方法

心脏在正常或无重大病变的情况下，受到严重打击引起的心脏有效收缩和泵血功能突然停止的现象称为心搏骤停。心搏骤停患者会出现神志不清、呼吸停止、脉搏消失和血压下降等症状，只有立刻实施心肺复苏术才能有一线生机。心搏骤停发生后的 3~4 min 即可能出现不可逆的脑损害，时间再迟延将使复苏成功的机会减少。即使是心搏骤停后 3~4 min 开始心肺复苏也不一定有很高的成功率。因此，迅速进行心肺复苏是心搏骤停抢救的唯一前提，有效的心脏按压和人工呼吸可能使心跳、呼吸骤停的患者恢复心跳、呼吸。

心肺复苏术是针对骤停的心脏和呼吸采取的救命技术，目的是恢复患者的自主呼吸和自主循环。掌握心肺复苏术的相关知识，正确开展心肺复苏，在关键时刻可挽救他人生命，拯救一个家庭。

一、心搏骤停的预警信号

心搏骤停前会出现疼痛、呼吸困难、濒死感等警示信号，提醒大家重点关注以下 3 种疼痛，即胸痛、腹痛和剧烈的头痛。

（1）胸痛是一种常见且具有极高风险的心搏骤停症状。

（2）腹腔血管和脏器病变会导致剧烈腹痛，也十分容易诱发心搏骤停。

（3）脑出血和脑梗死等脑部疾病重要的发病表现是剧烈头痛，可引发心搏骤停。当自己或周围人出现这 3 种疼痛时，要在意识丧失前及时呼救。

二、心搏骤停后果严重

心搏骤停会导致有效心泵功能和有效循环突然中止，引起全身组织细胞严重缺血、缺氧和代谢障碍，如不及时抢救可在数分钟内丧命。一般心脏停搏 3~5 s，患者出现头晕和黑朦；停搏 5~10 s，脑部缺氧会引起晕厥（意识丧失）；停搏 10~15 s 可引发阿－斯综合征，伴有全身性抽搐及大小便失禁等；停搏 20~30 s 呼吸断续或停止，同时伴有面色苍白或紫绀；停搏 60 s 出现瞳孔散大；如停搏超过 4~5 min，往往因中枢神经系统缺氧过久而造成严重的不可逆损害。万幸的是，心搏骤停若及时采取正确有效的心肺复苏措施，患者的生命有可能得到挽救。

三、心肺复苏操作步骤

1. 识别与判断

当发现有人可能出现心搏骤停时，应当先判断患者是否存在意识。施救人员需轻轻摇晃或拍打患者的双肩，并在患者的耳边大声呼喊。如果患者是婴幼儿，则需要对其足跟进行拍打，或用力摇动儿童的耳垂。如果患者在呼唤时无刺激反应，则需要观察其呼吸，如果患者没有呼吸或者没有正常呼吸（即只有喘息），则可以确定患者需要进行心肺复苏（图 6–5–1）。

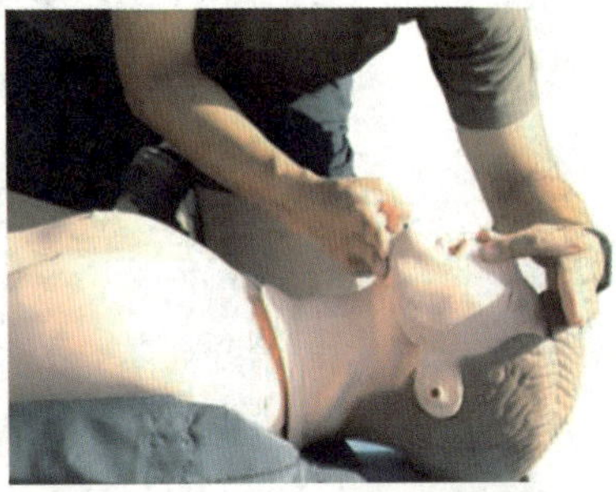
图 6–5–1　判断脉搏

2. 拨打 120

确定患者出现意识消失后，应该立即拨打 120 急救电话。如果现场有其他人，施救者最好能够指定一个人拨打 120 急救电话，告知急救中心患者所在的位置，等待医务人员问完所有问题后结束通话。施救者则应立即对患者进行心肺复苏急救。如果需要合作，则应该积极寻求其他人的帮助。

3. 胸外按压

进行抢救时，应首先将患者放置成仰卧位，让患者的头颈、胸腹、下肢处于同一条轴线上，将其保持 180°平卧姿势，放置在没有弹性的地面或者硬床板上，患者的双手需要放置在躯体两侧。如果需要对患者的身体进行翻转，则应尽量采用多人协作的方式来翻转患者，使其在翻转过程中身体各部位保持在一条直线上，翻转时动作要轻柔、稳、准。

确保患者体位正确后应立即进行胸外按压，注意成年人胸外按压的频率要控制在每分钟 100~120 次。施救者的双肩需要在患者的胸骨正上方，将肘关节绷直，双手掌保持重叠，十指上下交叉，将指尖翘起，掌根放置于患者胸骨中下 1/3 交界处，以髋关节作为支点，尽量用上半身的力量向患者的胸口按压。成年人的按压幅度需要控制在 5~6 cm（胸肋向下陷的幅度），儿童、婴幼儿的按压幅度至少为胸廓前后径的 1/3。按压的时间需要与放松的时间基本相等，基本口诀为“用力压、快速压、胸充分回弹、减少中断”（图 6–5–2）。

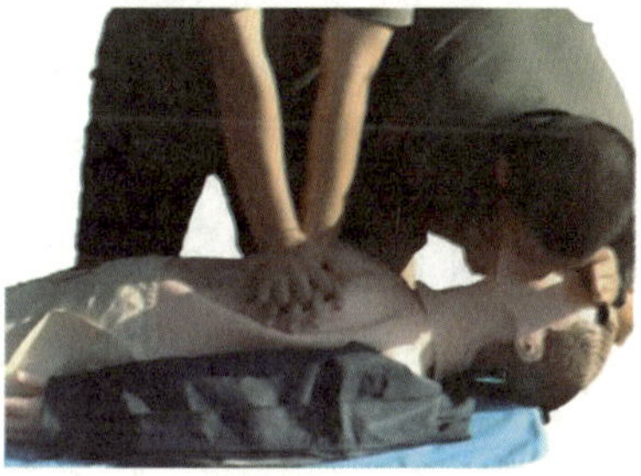

图 6–5–2　口对口吹气和胸外心脏按压

4. 开放气道

提供人工呼吸前需要清除患者口鼻内的异物，如活动假牙、呕吐物。将患者的衣领和腰带解开，用仰头抬颏法开放气道：将一只手置于患者的前额，然后用手掌推动，使其头部后仰；将另一只手的手指置于颏骨附近的下颌下方；提起下颌，使颏骨上抬。

5. 人工呼吸

心脏按压与人工吹气的比例需控制在 30∶2 左右，即按压 30 次，对患者进行人工吹气 2 次，按压并吹气为 1 个循环，一定要做 5 个循环，再判断患者的呼吸和心脏状况。应尽量减少延迟和中断胸外按压，直至医务人员到达现场。

用按在患者前额的手的拇指与食指部位，捏起患者的鼻翼下端，进行吹气。吹气时应当用双唇包住患者的口唇，缓慢将气体吹入，同时观察患者胸部是否隆起。吹气完毕后，应及时将捏住患者鼻翼的手松开（图 6–5–3）。

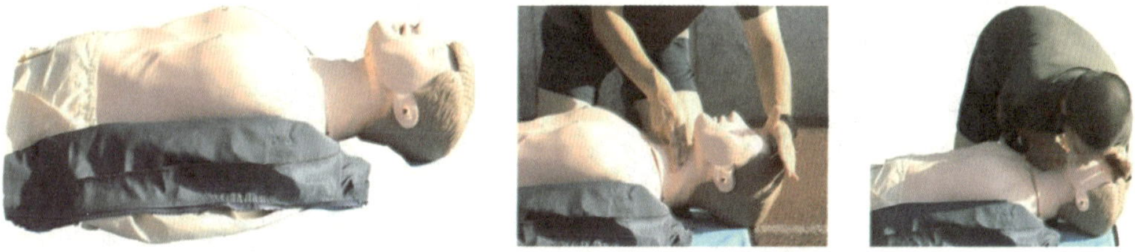

图 6–5–3　口对口吹气

注意给予人工呼吸前，施救者正常吸气即可，无须深吸气。所有人工呼吸（无论是口对口、口对面罩、球囊 – 面罩或球囊对高级气道）均应该持续吹气 1 s 以上，保证有足够量的气体进入并使胸廓起伏。如第一次人工呼吸未能使胸廓起伏，可再次用仰头抬颏法开放气道，给予第二次通气。过度通气（多次吹气或吹入气量过大）可能有害，应避免。

6. AED（自动体外除颤仪）

AED 是实施早期除颤的关键设备。它的使用方法为开机→听指令→暴露胸部擦干→按图示贴电极片→确保无人接触伤员→分析心律→如建议除颤，充电→确认所有人离开→按下放电按钮→立即恢复 CPR（继续进行心肺复苏术 – 胸外按压）（图 6–5–4）。

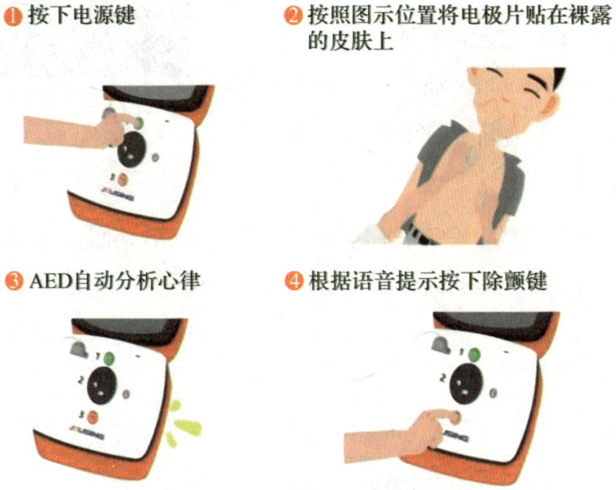

图 6-5-4　AED 使用方法

思考题

1. 野外环境下，一名同伴小腿被尖锐岩石或树枝严重划伤，动脉喷溅性出血且疑似骨折。你手边仅有急救包（含三角巾、止血带、纱布、绷带）和登山杖背带或类似结实绳索。请描述你的紧急处置步骤，并说明每一步的野外急救考量。

2. 心肺复苏在野外环境下面临哪些特殊挑战？如持续恶劣天气（暴雨、严寒、酷暑）、通信中断、缺乏支援、地形复杂难以接近或转移伤员。如何克服这些挑战坚持有效复苏？讨论野外环境心肺复苏与院前急救心肺复苏的侧重点有何不同。

3. “不抛弃、不放弃”是户外探险与救援的重要精神。结合本章急救知识，论述在野外遇险时竭尽全力抢救伤员所体现的团队协作、生命至上理念和强大的集体凝聚力。

下篇

野外训练项目

第七章

定向越野

定向越野是定向培养军士生野外生存和战场机动能力的核心训练科目。这要求学员在陌生复杂环境中，仅凭地图和指北针，迅速制定最佳行进路线，高效抵达多个指定目标点。这项训练不仅能强化学员的体能和野外耐力，更能深度锤炼其方向辨别、地图判读、快速决策以及面对压力独立解决问题的能力。这些精准定位、果断选择、体能合理分配的能力，正是合格战士在战场上不可或缺的基本功。通过系统学习本章，学员将掌握实用的定向器材和实战技巧，为未来在各种野外乃至战场环境下高效完成任务奠定坚实基础。

第一节　定向运动概述

一、定向运动概念

定向运动是指参加者借助定向地图和指北针，按组织者规定的方式合理地选择路线，按顺序到访地图上所标示的若干放置于地面上的检查点，以通过全程检查点用时较短者或在规定时间找到检查点得分较多者为胜的一种运动。

“定向运动”一词由英语“Orienteering”翻译而来。关于这一体育运动项目，国内有不同的翻译，如定向越野、定向越野比赛、野外定向、识图越野、越野识图比赛等。近几年，定向运动在我国获得广泛普及和推广，“定向运动”一词渐渐得到业内人士的一致认可，并最终被中国定向运动协会确定为官方名称。

定向运动，俗称“狡猾的赛跑”，它是一种考验体能与智慧的运动项目，通常在森林、郊外和城市公园里进行，也可在大学校园里进行。一条标准的定向路线包括一个起点（用△表示）、一系列检查点（用○表示）和一个终点（用◎表示）（图 7-1-1）。这些检查点已在地图上用阿拉伯数字标明，在实际地形中，一个三面 30 cm×30 cm、对角分为橙红色和白色相间的检查点标志，是运动员应该找到的点的位置。快速识读地图，利用指北针在森林、公园或校园里辨明方向和选择适于自己的行进路线，以最快速度按顺序到访地图上指示的各个检查点的能力，便是该项运动的精髓所在。

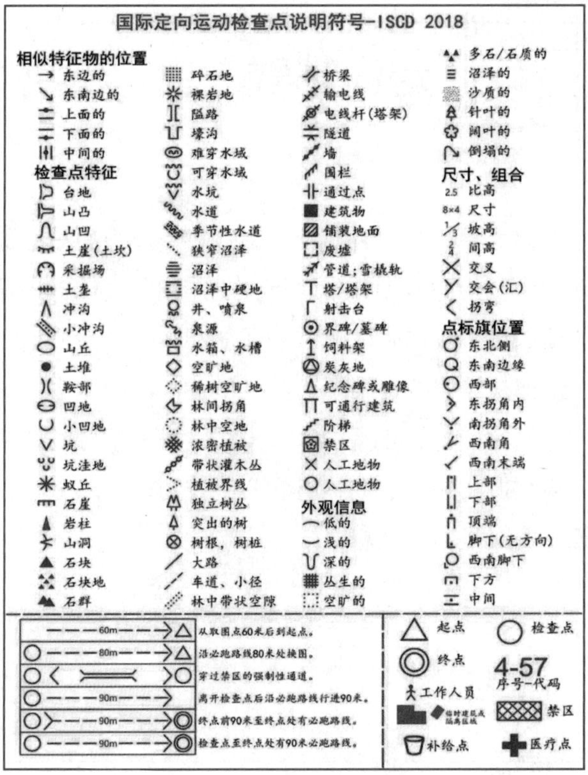

图 7-1-1　国际定向运动检查点说明符号

二、定向运动分类

如表 7-1-1 所示，定向运动可分为徒步定向和工具定向两种。

表 7-1-1　定向运动的分类

定向运动	包　括
徒步定向	定向越野跑、接力定向、积分定向、夜间定向、五日定向、公园定向等
工具定向	滑雪定向、山地自行车定向、摩托车定向等

（一）徒步定向

1. 定向越野跑（CrossCountry Orienteering）

定向越野跑是各种定向运动比赛中组织方法比较简便，开展最为广泛的一种（图 7-1-2）。由于其比赛的成败全在于个人的识图用图、野外定向和奔跑能力的强弱，因此适合男女老少参加。为增加比赛的乐趣，也可以在判定比赛成绩的方法上有所区别，如：可以个人跑计个人成绩，个人跑计团体成绩或个人跑计个人与团体成绩等。定向越野比赛是国际定向运动联合会（以下简称国际定联）正式承认的比赛项目之一。

2. 接力定向（Relay Orienteering）

接力定向是团体之间的定向越野比赛项目之一，其成绩好坏有赖于每个队员个人能力的发挥（图 7–1–3）。在接力比赛中，比赛的路线分成若干段（国际比赛通常为 4 段），每名选手完成其中的一段，各段参赛选手的成绩相加即为该队团体总成绩。为便于观众欣赏各选手之间的激烈竞争，接力定向的场地必须设置一个“中心”站，各段选手的交接（即“换段”）均在这里以触手方式进行（不使用接力棒）。由于接力定向的观赏性较好，被国际定联纳入了正式比赛项目。

图 7–1–2 定向越野

图 7–1–3 接力定向

3. 积分定向（Score Orienteering）

积分定向通常以个人方式进行。它是在比赛区域内预先设置好许多检查点，并根据地形的难易程度、距离远近、点的位置的相互关系不同而赋予每个检查点以不同分值。选手必须在规定时间内自行寻找若干或全部检查点，以积分最高且用时最少者为优胜（图 7–1–4）。

4. 夜间定向（Night Orienteering）

夜间定向是定向运动的一种高难度的比赛形式。由于是在视度不良的夜间进行，不仅增加了比赛难度，同时对观众和选手来说也增加了吸引力和刺激性（图 7–1–5）。夜间定向已被列入国际定联的正式比赛项目。第一届世界夜间定向锦标赛于 1986 年 10 月 27—28 日在匈牙利举行，截至 2025 年，世界夜间定向锦标赛已举办 30 届。

图 7-1-4　积分定向

图 7-1-5　夜间定向

5. 五日定向（O-Ringen 5-days）

五日定向是瑞典独有的一项特别吸引人的比赛项目（图 7-1-6）。比赛共进行五日，比赛路线由若干段组成，每次都单独记录下个人的成绩，最后再算出总成绩。在几十千米或者一百余千米的多条比赛路线中，除设置许多检查点之外，还设有若干营地，供运动员与观众休息或参加丰富多彩的文化娱乐活动。近年来，瑞典的五日定向比赛组织得十分频繁，每次参加比赛的来自世界各地的选手都超过 2 万人，大大超过了任何一届奥林匹克运动会的选手人数！

6. 公园定向（Park Orienteering）

公园定向是在城市公园、绿地或景区等半人工环境中进行的定向运动形式（图 7-1-7）。其特点是地形相对开阔、路径网络复杂，参赛者需频繁穿越步道、广场、人工水系及园林景观。检查点通常设置于标志性建筑、雕塑、桥梁或岔路口，要求选手在密集的人流和交错的道路中快速规划最优路线。公园定向对选手的即时决策能力要求极高，既要避免地形障碍，又要减少绕行距离。因其场地便捷、安全性高且观赏性强，已成为普及定向运动和举办城市赛事的重要形式，也是初学者掌握基础导航技能的理想场景。

图 7-1-6　瑞典五日定向赛

图 7-1-7　公园定向

（二）工具定向

1. 滑雪定向（Ski Orienteering）

滑雪定向也可以按个人、团体或接力比赛等形式进行。它与个人徒步定向越野赛的区别是选手需要使用滑雪装具（非机动的）。供比赛用的滑道，则需要使用摩托雪橇来开辟。同一比赛路线上的滑道通常不止一条，以便于选手自行选择。滑雪定向也是国际定联的正式比赛项目之一。滑雪定向在东欧国家十分流行，许多高山越野或速度滑雪选手同时又是滑雪定向的高手（图 7-1-8）。

2. 山地自行车定向（Mountain Bike Orienteering）

山地自行车定向要求选手骑行山地自行车，在野外复杂地形中按顺序抵达检查点。参赛者需单手操控自行车的同时持图导航，强调动态读图能力与越野骑行技术的结合。赛道设计涵盖林道、砂石路、陡坡及急弯，检查点常位于视野受限区域。选手需权衡路线风险（如坡度、路面状况）与时间效率，必要时需扛车穿越障碍。该项目已纳入国际定联正式赛事体系，兼具定向运动的策略性与山地骑行的挑战性，是培养战场快速机动能力的有效训练手段（图 7-1-9）。

图 7-1-8 滑雪定向

图 7-1-9 山地自行车定向

3. 摩托车定向（Motorcycle Orienteering）

摩托车定向是依托越野摩托车的机动定向项目，常见于军事侦察和长距离探险训练（图 7-1-10）。选手需在广阔荒野或复杂山区中，根据地图坐标跨区域导航至分散的检查点。高速机动中精准定位是核心挑战，要求选手熟练结合地形判读、GPS 辅助及罗盘修正技术。赛事通常设置时限，检查点分值按距离和可达难度差异化设计。该项目极端考验装备可靠性、油料规划能力及恶劣环境适应性，是锤炼战场纵深侦察与应急导航能力的高阶训练形式。

（三）其他（Other Varieties of Orienteering）

国际上还流行着一些其他形式的定向运动，如国际定联的正式比赛项目山地车定向、轮椅定向等。其他还有：

图 7-1-10　摩托车定向

（1）专线定向（Line Orienteering）。专线定向比赛与其他比赛的最大区别是，在地图上明确标出了比赛的路线，运动员必须按这些规定的路线行进，并将途中遇到的检查点位置标绘到地图上去。成绩以检查点位置标绘的准确程度和所用时间的长短确定。

（2）百米定向（100 Meters of Orienteering）。百米定向是定向运动的一个新兴项目，经全国定向冠军赛的检验证明，百米定向具有观赏性强、技术性高、易参与、易组织等特点，能够锻炼运动员的反应敏捷度和奔跑速度。参与者在健身的同时感受到多样的乐趣，还能够学会识图用图。因此百米定向受到定向界的广泛推崇。

（3）校园定向（School Orienteering）。在学校的操场上或教室、体育馆内为孩子们设计的一种游戏。

（4）特里姆定向（Trim Orienteering）。在一定的区域内设置许多永久性的检查点，不规定完成时间，根据寻到点数的多少奖励纪念品以资鼓励。

（5）世界（或国际）定向运动节活动。在相对集中的一段时间内连续举办多种比赛及有关的展览、讲座、会议等活动。

在有些国家，人们还常常以家庭为单位进行比赛，并尝试使用不同交通工具的定向运动比赛，例如乘坐摩托车、自行车、独木舟或骑马等。

第二节　定向运动特点与价值意义

一、定向运动的特点

定向运动的特点是多方面的。就运动的自身方式而言，有其自然属性，即自然性方面的特点；就该项运动作为一种社会活动而言，有其社会属性，即社会性方面的特点。

（一）自然性方面的特点

（1）运动性——定向运动顾名思义是一项运动，它与其他项目一样，是一种身体活动，是以人体运动的方式为主要特征进行的。科学的人体运动形式，都具有特定的规律、规则与规范。

（2）智能性——定向运动是一项体能与智能相结合的运动。就智能而言，首先要有地理学、测绘学、军事地形学等相关知识以及运用这些知识的能力。

（3）环境性——定向运动通常在野外、森林、山区、公园、风景名胜区等环境里进行。这是它与在体育场馆进行的各式运动项目的一个显著区别，定向运动比赛场地环境的特殊性，是这项运动能够吸引人们参与的重要因素之一。

（4）趣味性——定向运动的环境，活动与比赛的方式方法，更能激发人们的兴趣，提高人们参与的主动性和积极性。

（二）社会性方面的特点

（1）游戏性——定向运动的游戏性是非常明显的，它从发展初期的瑞典童子军的“寻宝游戏”开始，本身就是一种游戏，直至现代各式各样的定向比赛，仍然带有很大的游戏色彩。

（2）竞技性——定向运动可以进行各种类型的比赛，其竞技性特点十分突出。搞比赛就要讲规则、争名次、决胜负，其竞争的激烈程度是可想而知的。

二、定向运动的价值

（一）定向运动的健身价值

定向运动不仅要求参与者掌握必要的运动技术，还要求参与者有较强的体能，对发展人的心肺功能，提高有氧耐力，预防“现代文明病”都有较高的价值。

（二）定向运动的智力价值

由于定向运动参与者在游戏过程中，要借助指北针和定向地图，依次准确地寻找各个点标，因此，定向运动可以增长参与者的识图、用图知识，同时对培养参与者独立分析问题、解决问题的能力有着独特价值。

（三）定向运动的德育价值

定向运动是一项极有挑战性的项目，要求参加者勇于尝试从未尝试过的内容，全身心地投入，从而培养勇于克服困难、战胜自我的顽强品质，从惊险刺激的体验中丰富人生经历。

（四）定向运动的社会价值

定向运动可以成为家庭生活的组成部分，让一家人回归自然，放松身心，自我娱乐，融洽关系，增加乐趣；同时可以教会人们如何在大自然中把握自己的行为，爱护自然，遵守规则；还可以推进社交活动，不论性别、年龄、文化阶层、社会地位等有何差异，都可以相互交流、共享人生乐趣。另外，因为该项运动具有花费少、易推广的特点，易成为一项广受群众喜爱的体育项目，从而能够更大地发挥社会效应。

（五）定向运动对学校教育的价值

1. 促进体能素质全面发展

定向运动以持续走跑为核心活动形式，其计时竞赛特性（尤其是中长距离项目）要求参与者具备并持续提升心肺耐力、速度、力量、灵敏性及协调性等基础体能。这为学校体育课程有效增强学生体质健康水平提供了实践载体。

2. 培养空间认知与决策能力

定向运动的核心技能在于运用地图与指北针进行导航定位。这一过程直接训练并显著提升学生的识图用图能力（理解地图符号、比例尺、等高线等）、空间定位能力（将二维地图信息与三维实地环境准确对应）以及独立分析判断与快速决策能力（在时间压力下优化路线选择、解决定位问题）。这些能力是地理、科学等学科知识的实践应用，也是重要的生活与生存技能。

3. 开展自然教育与野外实践

区别于场馆运动，定向运动在校园、公园、郊野、森林等自然或半自然环境中开展。这为学生提供了宝贵的自然接触与野外实践平台，学生在活动中直接观察、感知和理解地形、地貌、植被等自然环境要素，增强环境感知力。学习在非结构化环境中安全、高效地移动和决策，初步培养野外适应能力。结合活动规则（如保护环境、遵守场地规定），自然融入环境意识与生态伦理教育。

4. 激发参与动机与锤炼意志品质

将体能挑战（奔跑）与智力解谜（寻点）巧妙结合于变化丰富的自然场景中，使定向运动具有天然的吸引力与趣味性。这种寓教于乐的方式，能有效提升学生参与体育锻炼的主动性和内在动机，显著缓解单一耐力训练的枯燥感。在克服路线选择困惑、体力极限及自然环境挑战的过程中，有力锤炼了学生的意志品质（如专注力、坚持性、抗挫折能力）和心理素质（如冷静、果断、抗压能力）。

5. 涵养协作精神与规则意识

定向运动起源于游戏，其竞赛形式包括个人赛和团队赛，既具备游戏的趣味性，又充满竞技挑战。这种特性为学校教育创设了培养学生社会性能力的有效情境。在团队定向运动中，团队成员需要进行明确的角色分工，如有的成员负责导航，有的成员负责奔跑，同时要进行实时沟通，相互支援，共同朝着目标前进，通过这一过程，学生能够深刻体会团队精神，感受合作所产生的效能。在参与定向运动竞赛时，学生需严格遵守竞赛规则，如按照规定顺序打卡、独立完成规定路线等，这有助于学生理解并将公平竞争、诚实守信的体育精神与行为规范内化为自身的品质。同时，定向运动活动过程能促进同伴之间的交流与互动，对学生社交能力的发展具有积极作用。

三、定向运动的意义

（一）定向运动的生理学意义

运动生理学是研究人体对运动的反应和适应的学科。学术界提出如下假设：即当人体心率在 110 次 /min 以下时，机体的血压、血液成分、尿蛋白和心电图等均没有明显的变化，健身价值不大；当人体心率在 130 次 /min 时，每搏输出量开始接近或达到一般人的最佳状态，健身效果明显；当人体心率在 150 次 /min 时，每搏输出量开始出现缓慢的下降；当人体心率增加到 160~170 次 /min，人体出现不良反应，健身效果也没有更好的迹象。因此，一般人健身效果的最佳区间通常保持在 130~160 次 /min。生理学实验证明，心率在 130~160 次 /min 情况下活动，身体各组织能得到充分的血液供应，代谢状态最好。查阅有关资料得出，定向运动最高平均心率在 165 次 /min，健身效果明显，具有生理学价值。

（二）定向运动的心理学意义

定向运动是一项全身性的运动，对参加者的身心健康有好处，有明显的心理学价值。从心理学的角度来讲，人的注意力是受指向性刺激制约的。人们在进行定向运动时，地点通常设在野外、公园等，人们的注意力必须在地图上和实际地形、地貌上转移，既要用心识图又要观察、欣赏大自然的秀美风光，由于注意力的转移，能使其他部分的机体得到调整和休息。故定向运动能有利于人们陶冶情操、消除烦恼，促进人们形成勇敢、机智、坚毅、心胸开阔等优秀心理品质。

（三）定向运动的生存能力意义

定向运动是一项在野外进行作业的运动项目。野外的地形有易有难，尤其是在复杂、险恶的野外环境中，比如草地、森林、沙漠、戈壁、峭壁等，这不仅要求人们具备勇敢、坚韧的品质和充沛的体能，更重要的是要求人们必须学会向大自然挑战，激发人体的最大潜能，运用各种自我生存能力来获得胜利。

（四）定向运动的育人意义

定向运动是一项对参与者要求较高的活动，它需要参与者具备充沛的体力、顽强的毅力以及聪明的头脑，这种活动特性使得参与定向运动具有多方面的育人价值。从身体素质层面来看，经常参与定向运动，能够有效增强人们的身体素质。在参与过程中，人们的速度、耐力、灵敏性、弹跳力等各项身体素质都能得到锻炼和提升；同时，定向运动还有助于提高人们学习体育知识的积极性，进而增强体育锻炼的效果。除了身体素质的提升，定向运动在知识储备和能力培养方面也发挥着重要作用。参与定向运动能够丰富人们的地图知识、地形知识以及军事知识；更为重要的是，它对培养人们的自我生存能力以及启发智力有着独特的益处。

第三节　定向越野的环境与器材

一、定向越野的环境

定向越野的地点一般设在起伏的丘陵地带，以及人烟稀少、森林植被较密的地区；也可以在城市中的公园或学校中举行。在比赛区域的地面上要有固定性的物体，如居民地、建筑物、道路、河流、树木、石块等，还有一些高低起伏的山岳、洼地等。

二、定向越野比赛区域与路线要求

（一）定向越野比赛区域要求

（1）要有与比赛的等级相适应的难度，并确保其能让运动员充分发挥自己的定向越野技能。

（2）比赛区域必须是所有选手都不熟悉或不太熟悉的。至少，应防止赛区当地的选手在比赛中获得明显的好处。为确保这一点，有的国家规定：三年内不得在同一地点举行第二次比赛。

（3）比赛区域的选择与确定在赛前必须严格保密。

（4）定向越野活动场地的选择。合格的定向越野比赛场地通常需具备特定特征，地形上应中等起伏、变化多样且通视有限；环境方面以植被适度的森林地为宜，且处于人迹罕至、较为生疏的区域。而对于常规非竞技性的定向越野活动，场地选择可更灵活，地形适宜的城市公园、城市近郊区域以及能确保安全通行的未耕种或作物未长成的田地也可作为活动场地。

（二）起点和终点

定向越野比赛的起点与终点最好设置在同一处，这样能方便比赛的组织工作。

起点与终点一般设在地势平坦且面积足够大（与比赛规模相适应）的开阔地上。对于作为终点通道的地段就更要平坦和有足够的长度，这样才能让裁判人员与观众看清楚跑回来的选手（图 7–3–1，图 7–3–2）。

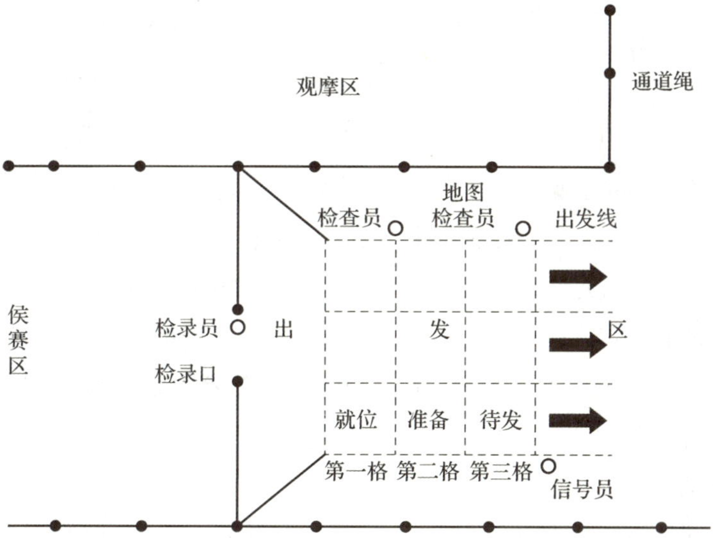

图 7–3–1　出发区示意图

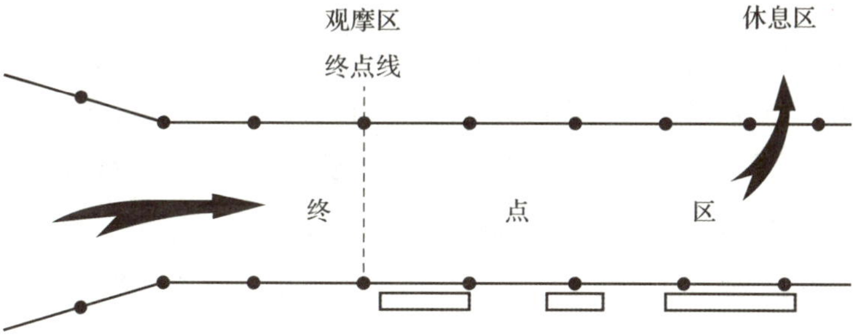

图 7–3–2　终点示意图

（三）比赛路线

定向越野比赛路线通常按环形设计，如图 7–3–3 所示。定向越野比赛路线的距离只是个相对准确的数字，因为它是按从起点经各检查点至终点的图上最短水平距离计算的。

比赛的距离一般要根据运动员的水平和比赛时间确定。例如初学者的比赛，完成时间在 30 min 以上时，距离应设计为 2~3 km；完成时间在 50 min 以上时，距离应设计为 4~5 km。而对于竞争性比赛，完成时间在 40 min 以上时，距离应设计为 4~6 km；完成时间在 60 min 以上时，距离应设计为 6~8 km。

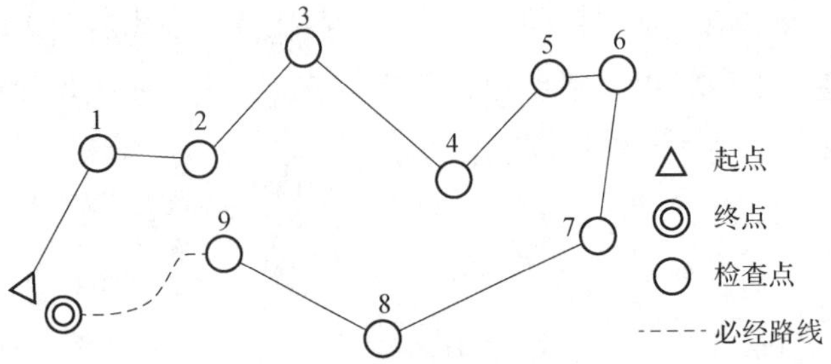

图 7-3-3　定向越野比赛线路设计

比赛路线的标准主要是：可选择性，允许运动员根据自身能力选择前进方向与路径；可判读性，促使选手依靠识图用图能力参赛，体现定向越野特点。

在比赛中，检查点间最合适的距离应设计在 500~1000 m，如果受到地图比例尺或地形条件的限制，检查点间的距离可以适当放宽，但是最短不宜少于 100 m，最长不宜超过 3000 m。通常检查点的数量越多，比赛的难度越大，用的时间就越长，反之，比赛的难度越小，需要的时间就越短。

1. 路线的开端

要使运动员一开始就进入情况——思考如何行进，因此，路线的开端的地形以不应让运动员观察到赛区的全貌为原则，但也不必过于复杂，这样可以避免对运动员的体力与技术提出过高的要求。

2. 路线的中段

比赛路线的中段是定向越野比赛的关键性部分，选手的比赛成绩主要是在中段比赛中决定的。路线中段的设计质量主要取决于地形的因素和检查点位置的选择。一般来说，地形要有变化并有足够的难度，检查点设置在地图上做了正确表示的地物上或地物附近。检查点的位置应使选手既不能在很远的地方就能看到，也无须很费力就能找到。符合上述要求，那么这个路线中段的设计质量就是比较好的。

3. 路线的末端

地形要比较简单、开阔而且通视要好，以便满足设置标志、选手们做最后的冲刺、工作人员和观众观察等需要。

三、定向运动的基础器材设备

（一）指北针及其使用

1. 指北针

指北针的主要作用是辨别方向，是定向运动不可或缺的工具之一，常见的定向运动指北针包括两类：一种是带有基板的；另一种是套在拇指上的。带基板的指北针是在第二次世界大战时期发明的，它有一个矩形的透明基板，上面有红色箭头和一些平行线，用来指示前进方向；还带有一个用来测量地图的刻度尺，以及一个塑料放大镜。指北针在转动室中转动，里面画有平行线，用来确定正北与磁力线之间的不同角度，透明基板和指北针的转动室之间可以做全角度的旋转。另外，它通常还有一个带子，用来把指北针系于腰间。拇指型的指北针是带基板的指北针的一个变种，它是瑞典人在 20 世纪 80 年代中期专门为定向越野开发出来的。它有专门的带子，平时就套在手上，在需要定位时，用左手的拇指穿过它上面的指孔保持方向，同时用左手拿地图完成定位工作。这类指北针的好处就是可以用一只手快速完成全部的工作。它的不利之处在于，需要精确定位时它不容易与地图保持精确平行的状态。对于这两种指北针，每个人各有偏好，但一些优秀选手在比赛时通常是两种并用。

2. 指北针的作用

目前定向越野教学普遍使用的是 PWT8M 拇指指北针（图 7-3-4），它实用、简单、质量高而又不很昂贵。以 PWT8M 拇指指北针为例，具体作用如下：

（1）标定地图。

（2）出发时用指北针确立行进方向。

（3）途中迷失方向时用指北针走出困境。

（4）寻找点标过程中确定点标的大概位置。

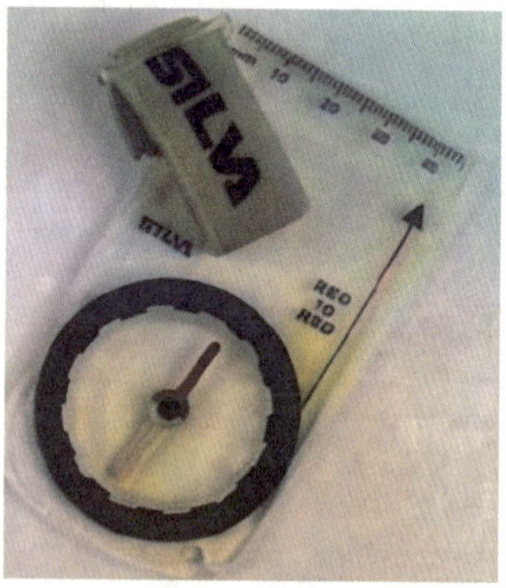

图 7-3-4　PWT8M 拇指指北针

3. 使用指北针定向的具体方法

利用指北针标定地图，当水平放置地图和指北针时，存在下列两种情况时说明地图已被定向：

（1）指北针的红色指针指向粗红线（在 PWT 的地图中）。

（2）指北针的红色指针与磁北方向线平行，并且方向与磁北箭头方向一致。

4. 利用指北针选择前进方向

以 PWT8M 拇指指北针为例，利用拇指指北针选择前进方向的方法如下（图 7-3-5）：

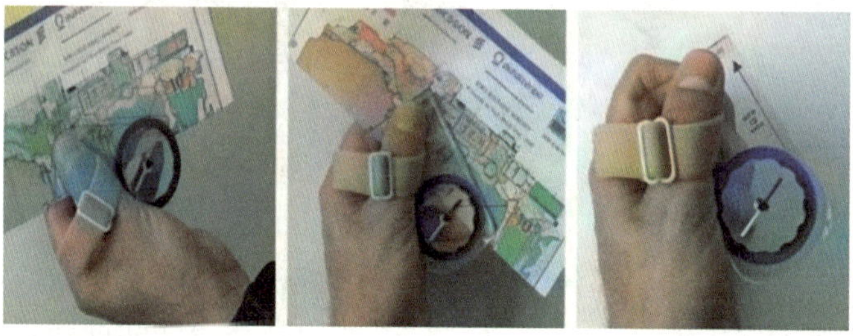

图 7-3-5　利用指北针选择前进方向

（1）将指北针套在左手大拇指，水平放在地图上，将指北针右侧的蓝色箭头从你所在的地点指向你要到达的地点。

（2）把指北针和地图作为一个整体，水平放置在面前，你的身体和定向图与指北针同时水平转动，直到指北针的红色指针与磁北方向线平行，并且方向与磁北箭头方向一致，此时地图被标定。

（3）此时指北针的蓝色箭头所指方向即为你所要前进的方向。

5. 利用基板式指北针选择前进方向

基板式指北针（图 7–3–6）与拇指式指北针的使用原理大同小异，但使用场合和使用方法上又有所不同——基板式指北针特别适合在特征物少、植被密度低、地形起伏不大的树林中使用。具体使用方法如下：

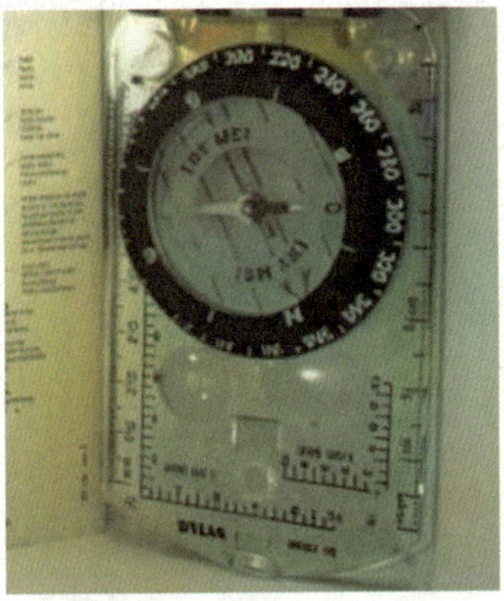

图 7–3–6　基板式指北针

（1）将基板式指北针水平放置地图上，并把直尺边从站立点指向目标点（目标点在前，站立点在后）。

（2）转动分度盘，使磁北标定线与图上磁北方向线重合或平行。

（3）移开地图，并将指北针平持于胸前适当位置，转动身体，使磁针与定向箭头重合，前进箭头所指方向即为目标点方向。

（二）点标旗

点标旗（图 7–3–7）由三面正方形标志旗连接组成，每面点标旗的尺寸为 30 cm×30 cm，该正方形由对角线分开，左上部为白色，右下部为橙黄色。夜间定向检查点应有光源。检查点标志悬挂的地点，一般距地面 80~120 cm。

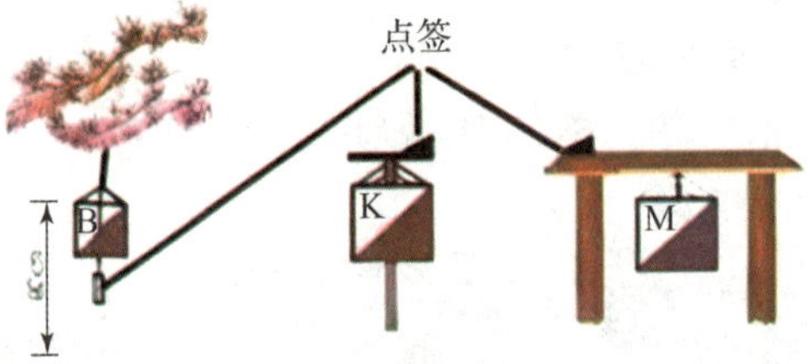

图 7–3–7　点标旗

（三）打卡器

打卡器是与检查点配合起作用的，它提供给运动员一个到达位置的凭据。

（1）针孔打卡器（图 7–3–8）。针孔打卡器用弹性较佳的塑料材料制成，一端装有钢针，每个打卡器的钢针的组合图案都不相同，运动员可在记录卡上打孔，也可直接将孔打在地图的记录卡上。此种打卡器价格便宜，使用方便，适合日常教学与训练以及一些小型比赛使用。

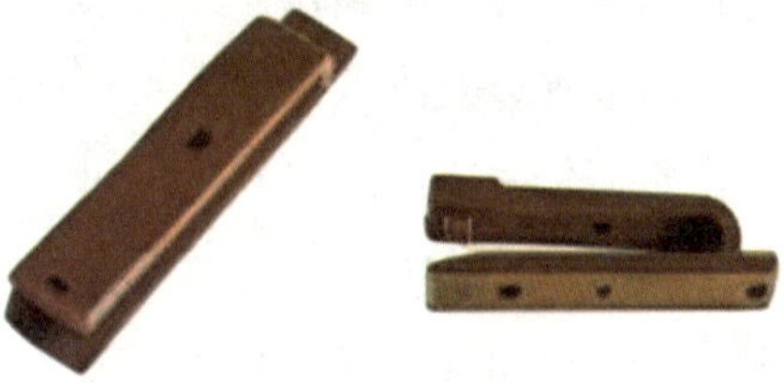

图 7-3-8 针孔打卡器

（2）电子打卡计时系统。电子打卡计时系统一般由指卡（SI-card）、打卡器（SI-Station）和终端打印系统组成（图 7-3-9）。

图 7-3-9 电子打卡计时系统

在使用电子打卡计时系统的定向比赛中，每个参赛者都配有一个统一编号的指卡，它可存储开始和结束时间。打卡器能存储运动员到访时的时间，当将指卡插入打卡器时，打卡器便自动将到访的时间写入指卡。

（四）操作程序

在参加定向比赛时，一般使用的是电子打卡系统，运动员应将指卡佩戴在手指上，并按以下程序进行打卡：

（1）选手出发前打“清除”，清除卡中原有的信息，并打“核查”来检验指卡是否已经清查。

（2）出发时拿地图，打“起动”，比赛开始计时。

（3）比赛中途按比赛要求按顺序找到每一个检查点，并在相应检查点的“打卡器”上打卡，读取到达该检查点的时间。

（4）回到终点打卡，比赛结束。

（5）到主站上打卡，领取个人成绩条。

第四节 定向运动的训练

一、基本技术训练

定向运动训练旨在使学员系统掌握定向运动核心技能，包括地形图与实地对照、路线选择与导航、检查点定位等，同时培养相应的心理素质和增强知识储备。

其核心环节在于掌握地形图与实地对照的应用能力，具体来说，学员在训练中要先进行地形图分析，涵盖识图与读图；随后在此基础上，选择最佳行进路线，并精准定位各检查点及终点位置。对于初学者而言，应遵循由浅入深的原则，循序渐进地系统掌握定向运动的基本技术。

（一）心理适应与自信心培养训练

针对学员（尤其是独生子女）普遍缺乏野外环境体验的特点，本训练旨在克服未知恐惧，培养定向运动必需的坚韧精神，以及独立思考、快速反应和果断决策能力。训练包含两个关键环节：

一是知识传授，邀请生物老师或野外生存专家讲解野外生存及防护知识（如蛇类识别与防治等），建立基本认知。

二是环境体验，在保障安全的前提下组织野营活动，让学员亲身感受并学习应对野外常见的挑战，如恐惧焦虑、伤病疼痛、严寒酷暑、饥渴劳累、厌倦烦躁、隔绝孤独等。训练的核心要点在于强调自信是优秀定向运动员的基石，通过知识储备和亲身体验，帮助学员建立起“遇事能应对自如”的心理韧性。

（二）地形图与实地对照基础训练

一个好的训练计划离不开切实可行的训练方法，只有运用科学的训练方法才能更好地完成各项训练计划。因此，对于定向运动初学者来说，首先必须学习好地形知识，并结合实际，运用所学的地形知识去分析地形图，完成从未知到已知、从知之甚少到知之甚多的过程，切不可纸上谈兵，而应该真正做到“心在图上、身在地上”的统一。具体操作过程可分为以下几个部分。

1. 单点定位训练法

（1）实地与地形图的单点法。就是在不规定时间的情况下，教员带领学员在实地行进过程中（人手一份与实地一致的地形图和运动指北针），每行进到实地较明显的地物或地貌时，如桥梁、山顶、鞍部、河渠等，让学员在地形图上找出该地物符号或地貌，并确定站立点。具体步骤如下。

第一步：让学员先标定地形图；

第二步：标定好地形图再分析地形图与实地的关系；

第三步：确定站立点在地形图上所在的位置。

（2）地形图与实地的单点法。在不规定时间的情况下，教员带领学员在实地行进过程中，每到一地方，教员让学员在地形图上找出远方某个明显地物地貌（可直视出明显地物地貌）在地形图上的位置。具体步骤如下。

第一步：让学员先标定地形图；

第二步：标定地形图后分析地形图与实地的关系，确定站立点；

第三步：确定实地能直视的某个地物或地貌在地形图上的位置。

2. 多点进阶训练法

（1）多人多点法。教员在地形图上预先设定若干个标绘在地形图上的检查点或转折点，让学员按事先设定的各点顺序找点。具体步骤如下。

第一步：教员预先设定若干个标绘在地形图上的检查点或转折点；

第二步：学员利用指北针标定地形图，并分析地形图与实地的关系，确定站立点；

第三步：选择正确的行进路线；

第四步：带领大家到达地形图上点所在的现地位置。

（2）一人多点法。一人多点训练应从易到难、由浅入深，切不可急于求成，应循序渐进。从训练的情况来看可分以下几步进行。

第一步：开始进行一人多点训练时，地形不宜太复杂，总距离也不宜太长，但在设点时尽量让学员做到“有路不越野”的习惯，在时间和训练条件许可的情况下，教员尽可能统观全场训练，认真了解各学员在训练中的不足，经过一段时间的训练后，逐步增加难度。因此在该过程中要求学员布点、找点相结合，力求准而后快。

第二步：就是模拟比赛场地进行训练，增加训练难度，在距离方面应增加 20% 进行训练，但在外场训练时，每块地形只能进行 3~4 场训练，起终点都不能相同，因为对于定向学员来说在熟悉的场地上训练技术很难得到提高，只能是事倍功半。

二、地形图应用知识准备与训练

（一）比例尺的理解与应用训练

比例尺是地形图上最重要的参数，是识别、使用越野图的重要因素。

1. 掌握比例尺的概念

长度 / 相应实地水平距离，地形图比例尺，即：地形图比例尺 = 图上相应实地水平距离。如某幅图的图上长为 1 cm，相应实地的水平距离为 15 000 cm，则这幅地形图是将实地缩小 15 000 倍测制的，1 与 15 000 之比就是该图比例尺，叫 1 : 15 000 地形图。

2. 了解比例尺的特点

（1）比例尺是种没有单位的比值，相比的两个量的单位必须相同，单位不同不能成比例。

（2）比例尺的大小是按比值的大小衡量的。比值的大小，可按比例尺分母来确定，分母小则比值大，比例尺就大；分母大则比值小，比例尺就小。如 1 : 10 000

大于 1∶15 000，1∶250 000 小于 1∶10 000。

（3）一幅地形图，当图幅面积一定时，比例尺越大，其包括的实地范围就越小，图上显示的内容就越详细；比例尺越小，图幅包括的实地范围就越大，图上显示的内容就越简略。

（4）比例尺越大，图上量测的精度越高：比例尺越小，图上量测的精度也就越低。

3. 图上距离量算训练

用直尺量读：当利用刻有“直线比例尺”的指北针量读时，可根据刻在尺上的数值在图上直接读出相应的实地距离。

当利用“厘米尺”量读时，要先从图上量取所求两点间的长度，然后乘以该图比例尺分母，即可得出相应的水平距离（须将结果的单位换算为米或千米），即实地距离 = 图上长度 × 比例尺分母。

如在 1∶15 000 越野图上量得某两点间的距离为 3 mm（0.3 cm），则实地水平距离为 3 mm×15 000=45 000 mm（45 m）。

当量算某两点间的弯曲（如公路）距离时，可将曲线切分成若干短直线，然后分段量算并相加。

估算法：估算法又叫心算法，这种方法在定向越野比赛中最具实用价值。要掌握它，需要具备下述两方面能力。

（1）能够精确地目估距离，包括图上的距离和实地的距离。在图上，能够辨别 0.5 mm 以上尺寸的差异；在实地，目估距离的误差不超过该距离总长度的 1/10，如某两点间的准确距离为 100 m，目估出的距离应在 90~110 m。

（2）熟知几种图上常用的尺寸单位与相应实地水平距离的对应关系，如：在 1∶15 000 图上，1 mm 相当于实地 15 m，2 mm 相当于实地 30 m，1 cm 相当于实地 150 m（表 7–4–1）。

表 7–4–1　比例尺中几种基本尺寸与实地的水平距离的对应关系

基本尺寸 /mm	1∶10 000/m	1∶15 000/m	1∶20 000/m
0.5	5	7.5	10
1	10	15	20
2	20	30	40
5	50	75	100
10	100	150	200

图上量算距离时应注意：从越野图上量得的距离，不论是直线距离还是曲线距离，都是两点间的水平距离。如果实地的地形平坦，图上所量距离接近于实地的水平距离；如果实地两点间的地形起伏，则两点间的实际距离大于图上量得的水平距离。因此，在计算行进里程时，必须根据地形的起伏情况进行具体分析，在图上量得的距离上加上适当的改正系数。如表 7–4–2 所示是在不同坡度的道路上经试验得出的改正系数。在有些地区（如深切割的山地），实际改正系数可能会大于该表中所列的数据。

实地距离（S）= 水平距离（D）+ 水平距离（D）× 改正系数（X%）（表 7–4–2）

表 7–4–2 常用平均坡度改正系数

坡度 /（°）	改正系数 /%	坡度 /（°）	改正系数 /%	坡度 /（°）	改正系数 /%
0~5	3	15~20	30	30~35	65
5~10	10	20~25	40	35~40	80
10~15	20	25~30	50		

（二）地形图符号与颜色的识别训练

如同其他地形图一样，定向地图也要求完整而详细地表示地貌、水系、建筑物、道路、植被和境界，即所谓“地形图的六大要素”。

1. 5 类符号及颜色的系统认知

根据定向运动比赛的特殊需要，国际定联将定向地图（也称越野图）的符号分成 5 类（图 7–4–1）。

（1）地貌，用棕色表示。这类符号还包括土崖、高土崖、土垄、冲沟、土堆、土坑等表示地面详细形态的专门符号。

（2）岩壁与石块，用黑色表示。岩壁与石块是地貌的特殊形式，它们既可以为读图与确定点位提供有用的参照物，又可以向运动员表明是危险还是可奔跑通行的情况。为使它们明显地区别于其他地貌符号，这一类符号使用了黑色。

（3）水体与沼泽，用蓝色表示。这类符号包括露天的明水系和水生或沼泽生的植物、植被。

（4）植被，按下列基本原则表示。

白色（空白）：指容易通过的树林区。

黄色：指空旷的地域。分为空旷地、灌木空旷地及凌乱空旷地。

绿色：指树林中密度较大的地区。按可跑性分为：慢跑——使正常跑速降低 20%~50%；难跑——使正常跑速降低 50%~80%；通行困难——使正常跑速降低

0%~100%。上述可跑性的区分均取决于树林的生态，如树种、密度，及矮树、草丛、蕨、荆棘、荨麻等植物的生长情况。

（5）人工地物，用黑色表示。包括各种道路、房屋、栅栏、境界等地图符号。

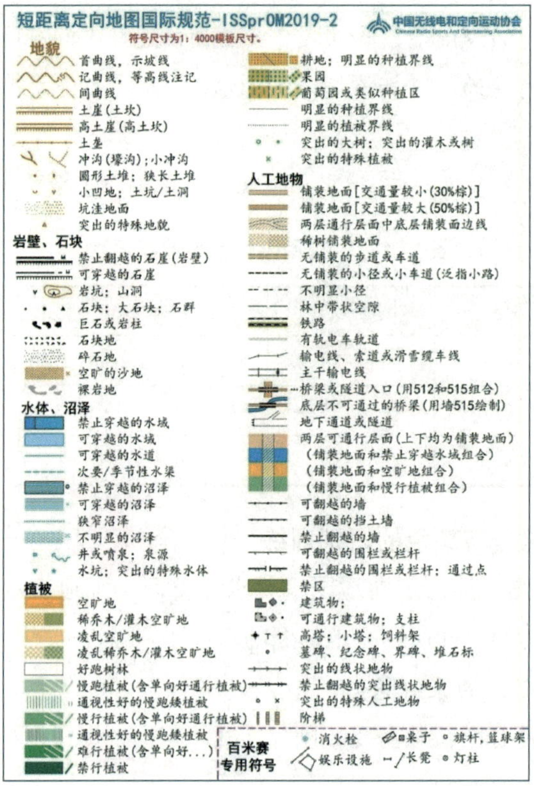

图 7-4-1　短距离定向地图国际规范

2. 符号识别的专项训练

在越野图上，对于一组属性相近的地物，通常只规定一个基本符号，然后根据这些符号的不同分类，分别使用不同的颜色。在识别符号时，不要搞混。

为了表示某些同类地物之间的差别，一般只将它们的基本符号做一些局部的改变或方向调整，在认识这些符号的时候应特别仔细，注意符号本身或其与周围地形之间的细微差别，如表 7-4-3 所示。

表 7-4-3　相近地物符号的细微差别举例

符号举例	符号名称	符号特点	颜色
	不能通过的陡崖	边缘线粗	黑
	能通过的陡崖	边缘线细	黑

续表

符号举例	符号名称	符号特点	颜色
	围栏	单齿线	黑
	高围栏	双齿线	黑
∨	岩坑	缺口朝上	黑
	山洞	缺口朝下坡方向	黑

当若干同类符号以某种有规律的排列方式来表示地物时，它们所反映的只是地物的性质和范围，并不代表地物的个数和精确位置。

某些地物，虽然它们的性质相同，但当它们的长度、宽度或直径不同时，图形特点将会改变——“在一定条件下相互转化”，如表 7–4–4 所示。

表 7–4–4　相同性质地物的符号转化

实地地物	转化条件	符号及其名称	图形特点
池塘	图上大于 1 mm	 湖泊	面状的
	实地直径小于 5 m	∨ 水坑	点状的
河流	实地宽度在 5 m 以上	 宽河	面状的
	实地宽度 2~5 m	 小河	线状的

这就说明，面状地物、线条地物或点状地物，虽然它们的符号在地形图上的区别是比较明显的，但在实地，除非具有足够的经验，否则就不易看出它们的区别。

思考题

1. 什么是定向运动？
2. 定向运动的特点与价值意义有哪些？
3. 如何进行定向运动的训练？

第八章 徒步穿越

徒步穿越是培养定向军士生野外地形综合通行能力与极端环境适应力的核心实践科目。参训学员需背负全部单兵装备及生存给养，依托地形图、指北针进行精准自主导航，并通过高效团队协同，在陌生、复杂且无保障条件的丛林或沙漠地域内，完成无预设补给点、不走重复路线的点对点长途机动。其终极目标是通过严苛环境下的实践演练，全面提升学员在远离支援条件下独立生存、持续机动、有效决策及遂行多样化任务所需的核心素养，激发“一不怕苦、二不怕死”的战斗精神。

第一节　徒步穿越概述

徒步穿越是一种较为宽泛的概念，指的是人们依靠自身的步行能力，从一个地点移动到另一个地点，在这个过程中需要克服沿途遇到的各种困难，最终抵达指定地点，且通常起点与终点不重合，不走回头路。它可以涵盖在各种不同环境下的行进，既包括野外环境，也可能涉及城市、乡村等非野外环境。

野外徒步穿越是徒步穿越在野外环境中的具体表现形式，属于探险旅游的一种方式。它强调在野外自然环境中进行，自带装备，在没有外援的情况下，徒步行进，主要依靠地形图、指北针和自己的头脑来分辨方向，确定行进路线。野外环境通常地形复杂、条件艰苦，对穿越者的技能和素质要求较高。

野外穿越是一种在原始自然环境中开展的，以探索未知地域、体验不同地理风貌和自然景观为目的，行进方式包括徒步、自行车、机动车等多种形式，按穿越地点可分为山地（丛林）、沙漠荒原、雪原冰川等类型的综合性探险活动。

第二节 徒步穿越的特点与意义

一、徒步穿越的特点

常规的登山、户外运动都设有相对固定的营地，可以储存给养和提供支援，而穿越则不同。由于不走回头路，一般不设立中转营地，所有吃、穿、住、行等所需，都要靠自己肩负而行。一旦发生意外情况（如遇恶劣天气、地震、洪水、野兽袭击、受伤、迷路等），基本是要依靠自己或者队友来相互应对解决。比起普通的旅行观光，野外穿越要艰苦很多。穿行在无人的崇山峻岭、大漠荒原，背上是沉重的行囊，脚下是崎岖的山路，顶酷暑冒严寒，风霜雨雪朝夕相伴，渴了喝山泉，饿了以干粮野菜充饥，以苦为乐，夜晚则住帐篷、睡睡袋，随遇而安。野外穿越有3个主要特点：

（1）富于探索性。穿越者每一天的路都是新的，前面的未知世界充满了吸引力。当穿越者历尽艰辛、成功地走出一条自己的路时，那份喜悦与满足感是参加其他户外运动项目所无法体会的。

（2）难度可选、内容丰富。野外穿越集登山、漂流、攀岩、溯溪、定向越野、野外生存等户外运动于一身，是一项综合性较强的野外活动。

（3）对穿越者，尤其是对野外穿越的领队要求较高。首先要求穿越者具有良好的心理素质与道德水平，如坚韧顽强、胆大心细、处事不惊、行事果断、吃苦耐劳等，还要注重团队精神、乐于助人等。同时，穿越者还必须掌握相关的知识和技能，主要包括地形图的使用（配合指北针和海拔表）、行走技巧、野外生活、攀登、游泳涉水、登山装备的使用、自救互救等知识，以及一定程度的天文、气象、地理、生物、生理、水文、地质、物理、化学等知识。

二、徒步穿越的意义

锻炼学员在面对巨大压力和困境时的意志力；激发学员的自信心和战胜任何困难的勇气；通过生存训练中面对困难的分析、决策、执行、调整过程，挖掘出学员的领导潜质，提升学员实际工作的领导执行力和团队管理能力；通过野外生存训练，使学员会更清楚地认识自我，更加明确自己的奋斗目标，能够将自己的目标和团队的目标有效地结合起来；学会感恩，学会宽容，学会有效管理自己的情商，学会处理通向成功的人际关系。

第三节 徒步穿越的环境与器材

一、徒步穿越的环境

（一）简单路面行走

公路马路、石板路的路面较硬，走路时不宜步幅过大，脚掌不宜用力着地，以防过早疲劳和脚掌脚趾打泡。田埂小路上行走，步幅要小，有时可两臂伸开保持平衡。阴雨天，两脚掌稍向外，以防滑倒。软地、河滩行走，要全脚掌落地，步幅要小，着地要轻。

（二）山地行走

山地是地面起伏显著、群山连绵交错的地区。我国是个多山的国家，山地面积广大，但山脉分布大多具有定向排列的规律，其中东西走向的山脉有天山、阴山、昆仑山、秦岭、南岭；南北走向的山脉有贺兰山、六盘山、横断山；东北－西南走向的山脉有大兴安岭、太行山、雪峰山、长白山、泰山、武夷山、台湾山脉；西北－东南走向的山脉有阿尔泰山、祁连山、喜马拉雅山。此外，还有数不清的中小山脉遍布于全国各地。可以说名山大川、原始森林、自然保护区、珍贵的野生动植物和宝贵的矿产资源等，多数分布在山地上，是现在和将来需要继续探险、考察、开发的重要地区。

1. 山地行走的一般方法

山地一般坡面陡峻，地形复杂，谷狭岭窄，崖高石多。山地行走应有路走路，在无路可走时，可选择纵向的边缘以及树高林稀、草丛低疏、空隙大的地形行进。一般不要走纵深大的深沟峡谷和草丛繁茂、藤刺交织的地方，尽量走梁不走沟，走纵不走横。

2. 复杂陡峻山地行走的一般方法

在复杂陡峻的山地行走时，要判断和选择有利地形通过。一般情况下，应该避开高坎壕沟，避开藤刺交织、蛛网密集、草高茅深的地带，避开碎石坡。在爬30°以上的上坡时，直线上行容易吃力，不容易踩稳双脚，可采取“之”字形上升法。攀登生长有树木的陡坡时，一边用手抓住树木引身向上，一边将脚移至树的根部稳住身体。下陡坡时，为防滑倒，应待脚跟站稳后，再松开抓住树木的手。也可采取坐在地上，身体往后仰，两臂伸开用手抓住两边的树木、岩石，两脚慢慢前伸，待脚落地并踩稳后，再松手。南方多竹林，下竹林陡坡时，因竹叶铺地光滑，应先伸手抓住竹子，使身体依靠竹子的牢固性稳住后，再移动脚靠上去，依次而行，既不会滑倒，又有一定速度。攀登生长杂草或小灌木的陡坡时，注意不要乱抓草蔓，以免连根拔出或枝断使人摔倒。若不小心滑倒，应立即面向山坡，张开两臂，以降低滑行速度。除密林外，不要面朝外坐，因为那样会滑得更快，在较陡的斜坡上还容易翻滚。

3. 岩石坡攀登的一般方法

在攀登岩石坡之前，应对岩石进行细致地观察，仔细识别岩石的质量和风化程度，然后确定攀登的方向和通过的路线。如果岩石坡峻峭壁陡、高耸光滑，最好另辟蹊径绕道走。盲目攀登不但无效，还会造成危险。但有些陡峭的岩石坡往往有一条或多条林带顺着岩缝或岩谷直伸峰顶，沿着林带攀登一般比较安全。攀登长有稀疏草木的陡峭岩壁时，如需抓住山崖上的小树助力，定要仔细挑选根基扎实的树。有的树木枯死后，树干上长有青苔或被青藤缠绕，仍像活树，如果不仔细加以分辨就靠它助力登爬，是非常危险的。遇到这种情况时，可靠的方法是先用手试试这棵树是否经得起拉拽，如果树干枯朽，树根松动，说明此树不足以借力。

二、徒步穿越的器材

徒步穿越的器材装备会根据不同地区、不同难度、不同时间、不同季节出现很大差异，最好在出行前对活动地区尽量充分了解，再根据实际需要和自身条件慎重选择。一般如下。

公用器材与装备：帐篷，炊事用品（炉具、燃料、炊具等），绳，专用工具（砍刀、手斧、行军铲等），公用药品（通用药、紧急救护药等），胶带，对讲机，营地灯，其他集体专用器材（攀岩器材、登雪山器材等），公用食品营养品，海拔表，指北针，温度计，地图等。

个人器材与装备：鞋，背包，睡袋，防潮垫，内衣，外套和裤子，手套，帽子，换洗衣物，墨镜，头灯，水壶，登山手杖，个人卫生用品，防晒霜，润唇膏，摄影器材，望远镜，笔记本，笔，个人药品，打火机火柴，餐具，干湿纸巾，沙滩鞋，个人食品，其他杂品等。

第四节　徒步穿越的训练方法

一、徒步穿越的基本原理及要领

徒步穿越不仅仅是腿部运动，而是一种全身运动，要注意通过摆臂来平衡身体，调整步伐，控制节奏。最好的穿越速度是走而不喘，脉搏尽量不要超过 120 次 /min，背部肩沉背挺，用腹部深呼吸，全脚掌触地，从脚跟到脚尖位移。任何时候（特别是在感觉累、身体沉重时）都要按自己的行走节奏去走，不要时快时慢，时跑时停，应尽量保持匀速。

刚开始徒步可以放缓一点，让身体每个部分都先预热，有一个适应的过程，5~10 min 后才加快步伐。徒步中从安全角度出发，队员之间应该保持一个合理的距离，一般为 2~3 m，这样可以避免有人因各种原因暂停时，如系鞋带、脱衣服、喝水等影响到后面的队员。暂停队员与前进队伍也不要互相影响。一般情况下，暂停队员靠右边停留，前进队员从左边跨过。与迎面而来的其他队伍相遇时，也是按照右行规则，礼貌相让通过。暂停人员与队伍的安全距离一般在白天不能超过 10 min 或者在 200 m 以内，夜晚必须在 5 min 或者 20 m 以内。在行走中，要养成一个良好习惯，集中精力行走，不要边走边笑，打闹嬉戏，更不能大声歌唱，这样不但会分散其他队员的注意力，同时还会消耗自己的体能。

行走在上坡时，重心应在脚掌前部，身体稍向前倾；下坡时重心放在后脚掌，同时降低重心，身体稍微下垂。无论上坡下坡，对于坡度较大的坡迹，应走“之”字形，尽量避免直线上下，这是一种相对安全的走法。上下坡时，手部攀拉的石块、树枝、藤条，一定要用手试拉，看看是否能够受力，再去做其他攀爬上下动作。经常有队员因为拉的是枯萎腐烂的树枝、藤条，而跌倒受伤，导致意外发生。

行走中的休息原则也要讲究方法，一般是长短结合，短多长少。途中短暂休息尽量控制在 5 min 以内，并且不卸掉背包等装备，以站着休息为主，调整呼吸；长时间休息以每行走 60~90 min 休息一次为好，休息时间为 15~20 min。长时间的休息应卸下背包等所有负重装备，先站着调整呼吸 2~3 min，才能坐下。不要一停下来就坐下休息，这样会加重心脏负担。可以自己或者队员之间互相按摩腿部、腰部、肩部等肌肉，也可以躺下，抬高腿部，让充血的腿部血液尽量回流心脏。谨记：休息是主动的、积极的，而不仅仅是躺下休息这么简单。

徒步行走时，应带足饮用水，每人每天约 3L 的量，根据天气情况增减，宁多勿少。喝水要以少量多次为原则，喝水也是主动的，不要等口渴了才被动喝水。每次喝两三小口为好，太口渴了可以缩短喝水的时间，增加几次喝水次数。一次喝水太多，身体吸收不了浪费宝贵的水源不算，反而增加心脏的负担。

二、徒步穿越的一般技巧

（一）穿越丛林

（1）视线被茂密的树林遮挡时，此时，用指北针和地图确定方向；同伴之间的联系要频繁，有无线电通信系统最好，或用灯光哨音联络；相互间距离不能拉得太大，不要过于分散。

（2）没有路时，“砍”出一条道路。注意砍伐时，让树木倒向路的两旁。不要留下尖桩，锋利的尖桩会扎伤人甚至会致人死命。

（3）遇到许多棘刺时，要小心躲闪，避开周围的植物。如果忽略它们，只一味地蛮冲，只会使情况变得更糟。将脚部包裹保护好，以免被棘刺刺伤或被毒蛇和沙蚕咬中。要不时停下来除去皮肤或衣物上的寄生者。超过 1 h，咬附在皮肤上的沙蚕就会引起感染。

（4）藤蔓挡道时，“横向的”两刀三段，拿掉中间；“纵向的”一刀两段，拨开就算；高过人头顶的，“不过头、分两边、从中走，不见天、砍个筒、往里钻”；草不密时，“高草分，低草压”。

（二）穿越山地

（1）为避免迷失方向，有道路时不穿林翻山，有大路时不走小路。

（2）为节省体力。行进遵循大步走的原则，如果将步幅加大，三步并作两步，几十千米下来，就可以少迈许多步，节省许多体力。

（3）为提高行进速度，不要停止行进。俗话说：“不怕慢就怕站。”当疲劳时，可用慢行来放松休息，而不要停下来，站立一分钟，慢行就可以走出几十米。

（4）没有道路时，选择在纵向的山梁、山脊、山腰、河流和小溪边缘，以及树高、林稀、空隙大、草丛低疏的地形上行进。正所谓“走梁不走沟，走纵不走塘”。

（5）遇到岩石坡和岩壁时，对岩石进行细致的观察，慎重地识别岩石的质量和风化程度，确定攀登的方向和通过的路线。

（6）攀登 30°以下的山坡时，沿直线上升，身体稍向前倾，全脚掌着地，两膝弯曲，两脚呈外八字形，迈步不要过大或过快。

（7）当坡度大于 30°时，采取“之”字形上升法，即按照“之”字形路线横上斜进。

（8）通过草坡时，不要乱抓树木和攀爬草蔓，以免拔断草蔓使人摔倒。

（9）在碎石坡上行进时，脚要踏实，抬脚要轻，以免碎石滚动。

（10）不小心滑倒时，面向山坡，张开两臂，伸直两腿（脚尖翘起），使身体重心尽量上移，以减低滑行速度。设法在滑行中寻找攀引和支撑物。千万不要面朝外坐，因为那样不但会滑得更快，而且在较陡的斜坡上还容易翻滚。

（11）雨季在山地行进时，尽量避开低洼地，如沟谷、河溪等地，以防山洪和塌方。

（12）遇雷电时，立即到附近的低洼地或稠密的灌木丛去，不要躲在高大的树下。避雷雨时，应把金属物品暂时存放到一个容易找的地方，不要带在身上，也可以寻找地势低的地方卧倒。

在山地，若遇风雪、浓雾、强风等恶劣天气，应停止行进，躲避在山崖下或山洞里，待天气好转时再走。

（三）穿越险坡

在高原和山地，可能会遇到冰雪，即使没有冰雪覆盖，在前行中也可能必须通过那些松软易崩的岩石、险峻的陡坡和悬崖峭壁，而这相当危险。

（1）通过险坡时，采用"之"字形路线。在变换方向时，用上坡的脚法，这样可以避免双腿交叉，不会失去平衡。在攀爬险坡起步时双膝紧靠，这样可让腿部肌肉更轻松一些。双膝弯曲，尽可能沿直线下坡。如果速度太快，可暂停一下再走。

（2）下坡时，应尽量避开松软的山麓碎石。但如果必须通过碎石，下坡时应脚跟着地向下踏，身体稍向后仰会有好处。在重心移动前，要确定落脚点是否可靠，不要直接踏在险坡的岩石或圆木上，它们可能会发生移动碰伤自己。

（四）穿越冰川雪坡

（1）攀登冰川雪坡时，少走有裂缝的地方，要拣雪硬的地方走。

（2）走热了，口渴时，不要用冰雪解渴，骤然吞食冰雪，易得喉头炎。实在干渴得厉害，可用融化的冰雪漱口，但尽量不要咽到肚子里，水会增加人体循环器官的负担，影响体力。

（3）在松软的雪地上长时间行走时，要跨大步，缩短在雪地行走的时间。行走时要先把脚往后稍退一点，再向上抬脚大步迈向前方。脚后退的目的是使雪鞋前有活动余地，向前迈出时还可以起到拂去附雪作用。

（4）走陡坡时，要用雪鞋内缘踏坡，尽量避免身体偏向外缘。

（5）雪冻结得十分坚硬时，要脱掉雪鞋步行。

（6）在山谷中行进时，要靠近山谷中心线，以避免山坡滚石。不要接近雪檐，更不要在雪檐下行走，以免触发雪崩。

（7）被卷入雪崩时，在移动的雪流中反复做游泳动作，力求浮到雪流表面上，因为雪崩停止后，手脚就难以活动，应在雪流移动期间尽量浮出雪面。

（8）被埋入雪中时，让口中的唾液流出，看流动的方向，确定自己是否倒置，再努力自救。

思考题

1. 什么是徒步穿越？
2. 徒步穿越的特点与意义有哪些？
3. 如何进行徒步穿越的训练？

第九章

攀岩

攀岩是定向军士生野外训练的重要课目，是一项集体能、技巧、心理素质于一体的高难度军事技能训练。它不仅是克服垂直障碍、提升战场机动能力的必备技能，更是锤炼军人意志品质、培养勇敢顽强战斗作风的有效途径。本章从攀岩概述、特点与意义、环境与器材、训练方法 4 个方面展开，系统介绍攀岩训练的理论基础与实践要点，帮助军士生掌握科学的攀登技术，增强战场环境下的生存与作战能力，契合新时代强军目标对军人综合素质的高标准要求。

第一节　攀岩概述

一、攀岩运动的定义

攀岩运动是攀登者借助技术装备和同伴的保护，能够在不同的高度和角度的岩壁上，在有限的时间内选择自己认为最佳的、最合理的线路准确地完成腾挪、蹿跳、引体等惊险的技术动作，依靠自身顽强的意志、体力和思维能力，直至完成整条线路的攀登。

二、攀岩运动的起源与发展

关于攀岩这项运动的产生有一个美丽而又动人的传说。相传在欧洲中部阿尔卑斯山区的悬崖上，生长着一种奇特的高山玫瑰，这种殷红如血的玫瑰有杯口大小，能耐严寒，相传只要能采摘这种玫瑰献给心爱的人，就能获得美满的爱情。因为这种玫瑰只在冰峰林立的高山岩壁上存活，普通人很难一睹其芳容。当然，要得到这样的花儿献给心爱的人才更显爱情的坚贞和宝贵。于是，一些热恋中的勇敢的小伙子们便不顾生命危险，攀上那些终年被白雪覆盖的岩壁，将象征爱情的花朵采下，完好无缺地送到心上人手中，以表心迹。很多姑娘更是以此为考验情郎的意志品质和才智毅力的一道难题，要求自己的白马王子携此玫瑰作为定情信物，带来相见才能答应以身相许。为了获得爱人的垂青而冒险去采摘花朵，攀岩最初的雏形就源出于此。

由于攀登高山对于普通人来说是相当困难的，为了让人们了解登山运动，体会登山运动的魅力，让人们有更多的机会去参与这项运动，一些热爱登山运动的登山家把惊险、刺激且具有非凡观赏性的攀登悬崖峭壁的技术、方法移到郊外的自然岩壁，市内的室外、室内的人工攀岩壁。攀岩运动作为一项体育项目起源于20世纪50年代的欧洲，主要以攀登自然岩壁为主。世界攀岩运动是在20世纪60年代末兴起并得到迅速发展。在此之前，1947年举行首届世界杯攀岩比赛，1948年举行首届攀岩锦标赛。这期间举行了各种形式的攀岩赛事，都是以自然岩壁为主。但由于场地、天气、交通等因素的限制，攀岩运动没有得到很好的发展，直至1985年法国人弗兰西斯·沙威格尼发明了可以自由装卸的仿真沙子、石头、玻璃纤维和其他原料混合制成的岩壁，实现了人们把自然中的岩壁搬到城区的设想。早期的攀岩比赛形式是结组攀登，以速度为主。随后，发展到以个人速度赛为主，采用上方保护。人工岩壁出现以后，主要是以技术为主的难度赛。1987年，国际攀登联合会（UIAA）规定，国际比赛必须采用人工岩壁，同年在法国举办了首届人工岩壁比赛。1989年，首届世界杯攀岩分站赛分别在法国、西班牙、意大利、保加利亚和苏联举行。1991年举行了首届攀岩锦标赛，1992年举行了首届世界青年攀岩锦标赛。在亚洲，攀岩运动开展较晚，1991年1月，“亚洲竞技攀登联合会”在香港成立，标志着亚洲攀岩运动进入了一个新的阶段。1992年9月，在韩国汉城举办了第一届亚洲攀岩锦标赛。

世界攀岩比赛分两大流派：以苏联为代表的“速度”派和以西欧国家为主的“难度”派。攀岩技术的发展已有一百多年的历史。早在1865年，英国登山家、攀岩运动创始人埃德瓦特首次用简易的钢锥、铁锁和登山绳索等技术装备成功地攀登上了险峰。1890年，英国登山家马默里又改进了攀登工具，发明了打楔用的钢锥和钢丝挂梯以及各种登山绳结，把攀岩技术推进到了新的阶段。难度较大的攀岩竞赛是在20世纪50年代末60年代初才出现的。当时在苏联高加索地区的一些地方体协和军队中，率先开始试行攀岩竞赛，并逐渐发展为全苏联的比赛。1974年9月，苏联和捷克斯洛伐克的登山组织在苏联克里米亚举办了首届国际攀岩锦标赛，英国、德国、意大利、美国和日本等12个国家的213名选手参加了比赛。此后，国际登山联合会决定，每两年举办一次国际攀岩锦标赛，比赛项目有个人攀登赛、个人平行计时赛和小队攀登赛等。我国从1987年起已先后举办了五届全国性的攀岩比赛，比赛项目有男、女单人攀登赛，双人结组攀登赛和人工岩场的攀登比赛。不论哪种比赛形式都是以攀岩技术为基础而发展起来的。攀岩技术还可以运用到科学考察、工程技术、消防、建筑等领域。开展攀岩运动，不仅具有经费开支少、装备简单的特点，还具有难、险、新以及竞争性和实用性等特点。

三、攀岩运动的分类

攀岩是攀登运动的重要分支，根据不同的分类标准可分为多种形式。按保护方式分，主要包括先锋攀登、顶绳攀登、传统攀登、抱石攀登和自我攀登；按攀登场所分，包括自然岩壁攀登和人工岩壁攀登；按攀登方式分，则涵盖自由攀登、运动攀登、传统攀登和器材攀登；按比赛形式分，包括速度攀岩、难度攀岩和攀石。此外，攀岩还衍生出攀冰、干攀和混合攀登等特殊形式。需要注意的是，高山探险虽然同属攀登运动，但在技术特点和装备要求上与常规攀岩存在显著差异，通常被归类为登山运动的范畴。

（一）按保护方法分

1. 先锋攀登（图 9-1-1）

先锋攀登在欧洲，尤其在法国最为盛行，它比传统攀登安全性高，可以降低攀登者因心理恐惧对攀爬产生的影响，从而全力以赴突破生理极限，挑战最高难度。

图 9-1-1　先锋攀登

2. 顶绳攀登（图 9-1-2）

在岩壁上端预先设置好保护点，主绳通过保护点进行保护，攀登者在攀登过程中不需进行器械操作。顶绳攀登比较安全，脱落时无冲坠力，适合初学者使用。

3. 传统攀登（图 9-1-3）

将不同规格的岩石塞放置到岩壁上天然生成的裂缝、岩洞、石桥等地形中，形成保护点，再使用快挂和主绳进行保护，攀登者边攀登边操作。传统攀登是最初最天然的攀登方式，可在最大限度上保持岩壁的完整性。但传统攀登操作复杂，需要有相当丰富的器械操作经验，相对而言难以掌握，并且比较危险。

图 9-1-2 顶绳攀登

图 9-1-3 传统攀登

4. 抱石攀登（图 9-1-4）

攀登路线短、高度低、难度大的线路，不使用主绳、安全带等保护装备，而以抱石垫作为坠落时的缓冲。抱石攀登操作简单便利，费用低，对攀登者的心理调控和耐力要求降低，是攀岩运动的新兴分支。

5. 自我攀登（图 9-1-5）

不依赖第二人，攀登者不使用器械自我保护进行攀登，不借助保护工具攀登达到一定高度，这种攀登方式具有很大的危险性，从事这种攀登方式的人员较少。

图 9-1-4 抱石攀登

图 9-1-5 自我攀登

（二）按攀岩场所分

1. 人工场地攀登（图 9-1-6）

攀登在人工制造的攀岩墙上攀登，包括室内攀岩馆和室外人工岩壁。攀岩人工岩壁对初学者来说有安全性较高、交通方便、省时省力、不可预见因素少、可以定期训练或进行专项训练、人员密集便于交流切磋等好处。另外，人工岩壁可以对路线进行保密性设置，因而成为攀岩比赛的主要形式。但是因缺少特殊地形、创意性少、自由发挥余地小以及支点的可调性等因素，使得人工岩壁路线常变，定级主观性更强，准确度偏低。

2. 自然场地攀登（图 9–1–7）

在野外攀爬天然生成的岩壁，一般是开发和清理过的难度或抱石路线。这种攀岩的好处是可以接近自然，充分体会攀岩的乐趣；岩壁角度、石质的多样性还会带来攀登路线的千变万化；由于岩壁固定，路线公开且可长期保留，所以自然岩壁的定级可经多人检测对比，成为攀岩定级的主要依据。但是野外岩场地处偏僻，交通不便，时间和金钱花费都较大，路线开发也比较费力。自然岩壁攀登在欧美等国及亚洲的日本十分盛行，因为这是登山者必须掌握的一项基本技术，因而吸引着大批的登山和攀岩爱好者。

图 9–1–6　人工场地攀登

图 9–1–7　自然场地攀登

（三）按攀登方式分

1. 自由攀登

不借助保护器械（主绳、快挂、铁锁等）的力量，只靠自身力量攀爬。此种攀登形式在我国占主导地位，符合体育的内涵，能考验人体的潜能。自由攀登又可以分为运动攀登和传统攀登。

运动攀登即在已经设置好安全保护点（站）的线路上攀登。这种攀登非常安全，易于开展，主要用于竞技比赛、运动训练和初学者体验等。

传统攀登即在预先没有设置任何人为保护措施的线路上攀登。领攀者在攀登过程中根据线路特点，凭其经验，选用合适的装备临时设置保护措施，跟攀者会收取所有设置在路线上的保护措施，从而使整个攀登过程不会留下任何装备，不会破坏任何岩壁表面，所有传统攀登被认为是绿色攀登。不过，这种攀登危险性较大，需要攀登者具备丰富的器械使用经验和攀登经验。传统攀登由英国攀岩者发明，并且一直深受该国的攀岩者所倡导和喜爱。

2. 器材攀登

借助器材的力量攀登。器材攀登在大岩壁攀登中较为常用，对于难度超过攀登者能力范围的路线有时也借助器材通过。其意义在于攀登者的目标和活动过程，而不在于攻克难度动作。此攀登形式对器材操作的要求较高。

（四）按比赛形式分

目前国际上主要的攀岩比赛项目有速度赛、难度赛和攀石赛，即速度攀岩（Speed clinbing）、难度攀岩（Lead climbing）和攀石（Bouldering），这 3 种形式充分体现了更快、更高、更强的奥林匹克精神。

1. 速度攀岩

速度攀岩即采用顶绳攀登，上方保护，以速度为主要目标。速度赛是指运动员依次攀登由定线员在赛前专门设定的速度线路，是一项比赛完攀线路速度的比赛。速度越快，成绩越好。

2. 难度攀岩

难度攀岩即采用先锋攀登，下方保护，以完攀具有一定难度的线路为主要目标。难度赛是指运动员依次攀登由定线员在赛前专门设定的难度线路，在相同的时间内比赛攀登高度的比赛。高度越高，成绩越好。

3. 攀石

攀石（图 9–1–8）也称作抱石，指在没有绳索保护的状态下攀登不超过 5m 高的岩壁，一般采用海绵垫或充气垫做保护设备。由于没有绳索的影响，这种方式可以最大限度地发挥攀登者的极限攀登能力。攀石赛是指运动员依次攀登一系列由定线员在赛前专门设定的短而难的线路，比赛完攀线路数量的比赛。完攀线路数量越多，成绩越好。

图 9–1–8　攀石

第二节　攀岩的特点与意义

一、攀岩运动的特点

攀岩是一项极具挑战性的户外运动，要求参与者在自然岩壁或人工岩壁上进行攀登，依靠自身力量、技巧和意志力完成线路。与徒步穿越不同，攀岩更注重个体的身体协调性、爆发力和心理素质，同时也强调团队协作与安全保障。攀岩运动的主要特点包括：

（1）技术性与挑战性。攀岩不仅需要强大的上肢和核心力量，还要求精准的脚法、身体平衡能力以及对路线的判断力。不同的岩壁类型（如裂缝、斜面、悬岩等）需要采用不同的攀登技巧，使得每一次攀爬都充满挑战。

（2）高风险与高专注度。攀岩过程中，攀登者必须时刻保持高度专注，任何失误都可能导致滑坠或受伤。因此，攀岩者需具备良好的心理素质，能够在高空环境中保持冷静，并依靠保护系统与队友的配合确保安全。

（3）多样化的形式。攀岩可分为自由攀登、器械攀登、抱石、速度攀岩等多种形式，适应不同水平的爱好者。此外，自然岩壁攀登与人工岩壁训练相结合，使攀岩更具灵活性和趣味性。

（4）对装备和技能的严格要求。攀岩者必须熟练掌握绳索技术、保护技术、下降技术等，同时正确使用安全带、主锁、快挂、攀岩鞋等专业装备，以确保自身和队友的安全。

二、攀岩运动的意义

攀岩运动作为一项综合性的野外训练项目，对军士生的体能、心理和战术素养具有重要的培养价值，其意义主要体现在以下几个方面。

（1）强化体能素质。攀岩是一项对力量、耐力、柔韧性和协调性要求极高的运动。通过攀爬岩壁，军士生能够有效增强上肢、核心及下肢肌群的力量，同时提升身体的平衡能力和动态控制能力，为复杂地形下的战术机动打下坚实基础。

（2）锤炼心理素质。攀岩过程中，军士生需在高空或险峻环境中克服恐惧、保持冷静，并迅速做出决策。这种训练能够显著提升心理抗压能力、风险判断能力及临场应变能力，使其在实战中具备更强的心理稳定性。

（3）培养团队协作能力。攀岩通常需要保护员与攀登者密切配合，尤其在结组攀登或救援模拟中，成员间的信任、沟通与分工协作至关重要。这种训练模式能够强化军士生的团队意识，提高协同作战能力。

（4）提升战术应用能力。野外攀岩环境与战场地形具有高度相似性，如山地、崖壁等。通过攀岩训练，军士生能够掌握绳索技术、锚点设置、垂直机动等实用技能，为未来执行侦察、渗透、救援等军事任务提供技术支撑。

（5）增强环境适应能力。攀岩要求军士生在不同岩质、天气及光照条件下完成挑战，从而培养其对自然环境的敏锐观察力和快速适应能力，为野外生存与作战积累经验。

攀岩运动是一项集智力与体力于一体的心智型体育运动，需要脑力与体力的协调配合才能取得理想成绩。它要求较高的攀登能力和技术动作，但技巧较易掌握，因此不仅是专业运动员的挑战，也深受户外运动爱好者的喜爱。每一次根据自身能力选择线路攀登，都能带来独特而刺激的体验。作为一项富有冒险精神的运动，攀岩也成为了众多青少年热衷的极限运动之一。

三、攀岩运动的锻炼价值

（1）发展全面的人格。攀岩运动是一项不用助力工具，仅依靠手脚和身体平衡，克服自身重力，攀登陡峭岩壁或人造岩墙的新兴体育运动项目，是勇敢者的运动。攀岩运动由于其特有的惊险性、刺激性、技术性和趣味性吸引了众多勇于挑战自我、敢于面对挑战的年轻人的参与。它使人们在享受大自然博大胸怀的同时，更能体验到挑战自然、实现自我所带来的刺激、愉悦和成就感。其特殊的练习与比赛方式，对参与者人格的全面发展有着良好的促进作用。同时，攀岩运动者在空中的美好姿态，又能培养人的审美意识。

（2）全面发展人的身体素质。攀岩运动只能靠攀登者的双手、双脚蹬抓岩壁突出的支点和裂缝，一点点地向上攀登，需要有勇往直前的精神和精湛的攀登技巧。攀登者必须发挥自身的能力，集力量、耐力、柔韧和平衡于一身，利用那些难以把握的支点向上攀爬，完成腾挪、窜跃、引体向上等动作，使人在惊险的运动中得到美的享受。因此，这项运动也被誉为“岩壁上的艺术体操”和“岩壁芭蕾”。经常参加此项运动能全面发展人的各项身体素质。

（3）促进人类融入大自然。攀岩无极限，可在几米高的岩壁上攀登，也可在几百米乃至上千米高的峭壁上攀登。随着社会的进步，休闲运动的地位越来越重要，热爱攀岩的人数与日俱增。近几年来，环境保护和生态体育的观念渐渐在人们的心中扎根，而天然岩场的攀岩活动正是人类活动跟自然环境交汇的前线。当你在经过艰难的攀登成功登顶的那一瞬间，当你靠自己的力量站在山巅呼吸着令人心醉的山风的时候，当你在人工攀岩场地上到达顶端的那一刻，你会彻底迷上攀岩，因为你将会感觉到自然离自己原来并不是遥不可及。

第三节　攀岩的环境与器材

一、攀岩运动的环境

（一）攀岩运动的场地

攀岩运动的场地有自然场地和人工场地两种。自然攀岩场地是利用自然界的天然岩石，在进行基本的清理工作后，如清除一些碎石、杂草等，用来进行攀登练习或比赛的场地。选择自然攀岩场要有严格的条件，首先要保证安全第一，用来攀登的陡壁要确保没有松动的岩石或其他杂物，其次还应有可供攀岩者观察或休息的较大的平台。

人工场地是模仿自然攀岩场地进行加工设计的攀岩练习或比赛的场地。人工场地与自然场地最大的区别是安全且易于攀登。人工场地又可分为室内攀岩场地和室外攀岩场地，一般情况下大型比赛多在室内场地进行，主要是免受气候的影响。

（二）攀岩运动的线路难度等级

攀岩线路难度等级是在充分考虑影响线路攀登难度的基础上，逐渐建立起来的对线路难度进行量化的体系。不同的攀登形式，如攀岩、攀冰、冰岩混合，都有与其对应的难度等级体系标准。攀岩运动中，难度攀登与攀石的难度体系是不一样的。不同国家和地区，其难度衡量标准也不同。目前，在攀岩运动开展较早的欧美地区已形成了几套标准，如国际标准、法国标准、美国标准、德国标准和英国标准，其中最常用的是法国标准和美国标准。开展较晚的国家和地区一般采用开展较早国家建立的标准，如日本和东南亚地区采用的是法国标准，中国和韩国采用的是美国标准。尽管体系不同，但各体系之间又有相应的对照，如法国标准的 7A+ 对应美国标准的 5.12a，7C+ 对应 5.13a。由于我国目前采用的是美国标准体系，下面作较为详细的介绍。

20 世纪 50 年代，美国攀岩者根据陡峭程度和攀登难度将山地和岩壁划分为 6 个级别。

1 级为平路行走（Level walking）。

2 级为野地跋涉（Trekking over terrain）。

3 级为几乎不需要保护的较陡山路（Rope seldom used）。

4 级为可能需要绳索保护的山路（Rope maybe necessary）。

5 级为攀岩（Technical rock climbing）。

6 级为器械攀登（Direct aid climbing）。

5 级攀岩属于本书所讲的范畴。5 级之中又细分为 5.1、5.2、5.3……从 5.10 开始，又细分为 a、b、c、d 四个等级，为 5.10a、5.10b、5.10c、5.10d。

在攀岩运动开展初期，受装备性能所限，难度系数为 5.10 的线路就被认为是非常难的线路。随着装备的不断更新，特别是能承受冲坠的动力绳的出现和人工岩壁的发明，攀登者的水平得到了快速的提高。一般来讲，初学者可以攀登难度系数为 5.6 的线路；通过较为系统的专业训练，攀岩爱好者可达到 5.10 以上的水平；而要达到 5.13 的水平，则必须通过相当专业的系统训练；要达到 5.14 以上的水平，除了专业的训练，还必须具有良好的天赋。

攀登者完成的最难一条线路的难度就代表他的攀登能力，当然这必须说明是首攀（Onsight）还是极限攀（Redpoint），与此对应的就是他的首攀难度和极限攀难度。

二、攀岩运动的装备

攀岩运动是一项极具危险性的活动。攀岩的装备是攀岩运动必不可少的一部分，是攀岩者安全的保障。因此，任何一个攀岩爱好者都要根据自己的实际情况购买合适的攀岩装备，并要在平时妥善保管好自己的装备。在购买攀岩装备的时候，一定要注意装备的生产厂家。既要考虑自己的经济情况，又要考虑装备的质量、性能等，争取能选择到性价比最高的装备。一般来讲，有国际竞技攀登联合会（UIAA）认证标志或欧洲标准（CE）标志的都能保证安全。目前，我国许多城市都出现了一些户外用品的专卖店，为攀岩爱好者选择装备提供了便利。攀岩装备分为个人装备和攀登装备等。

（一）个人装备

个人装备（图 9-3-1）指的是安全带、下降器、安全铁锁、绳套、安全头盔、攀岩鞋、镁粉袋、挂片等。

（1）安全带。攀岩用安全带与登山用安全带有所不同，攀岩用安全带并不适合登山，但登山用安全带可用于攀岩。我国大部分攀岩者多使用登山用安全带，这是因为国内没有攀岩用安全带生产厂家，而攀岩爱好者又常是登山者，于是两种安全带就相互混用。

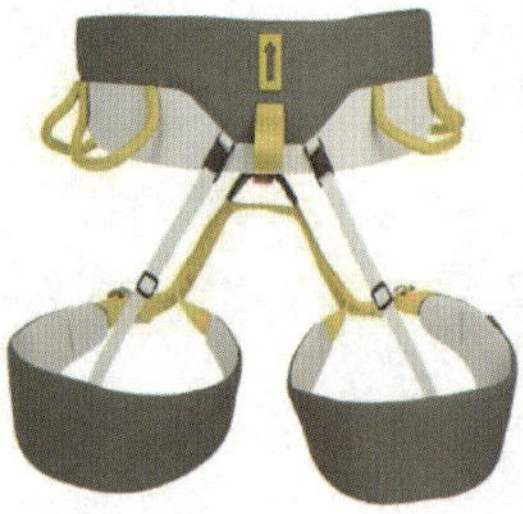

安全带

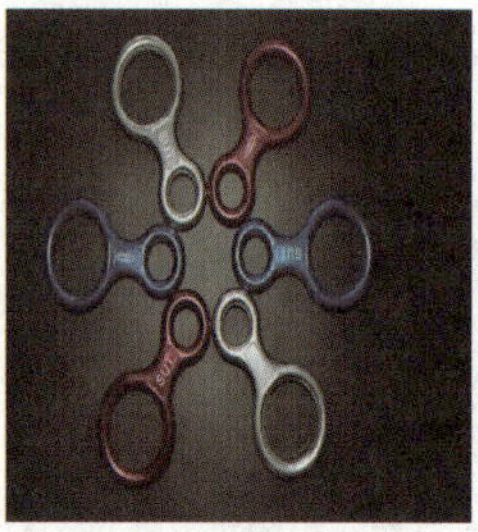

下降器

安全铁锁

绳套

头盔

攀岩鞋

镁粉袋

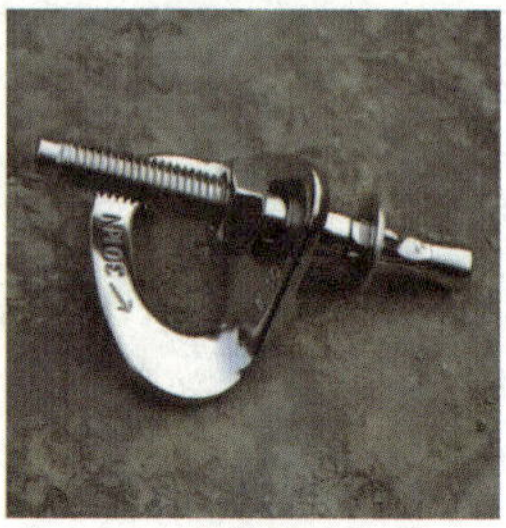

挂片

图 9-3-1 个人装备

（2）下降器。“8”字环下降器是现在使用最普遍的下降器。

（3）安全铁锁和绳套。攀登过程中，在休息或进行其他操作时作自我保护之用。

（4）安全头盔。在攀岩过程中，一块小小的石块落下来，砸在头上就可能造成极大的危险，因此头盔是攀岩的必备装备。

（5）攀岩鞋。一种摩擦力很大的专用鞋，穿起来可以节省很多体力。

（6）镁粉袋。手出汗时，抹一点粉袋中装着的镁粉，立刻就不会滑手了。

（7）挂片。是保护点的重要组成部分，一侧通过膨胀钉或螺丝钉固定在岩壁上，另一侧则可扣入铁锁或快挂，或接上扁带。

（二）攀登装备

攀登装备（图 9-3-2）指攀岩绳、铁锁和绳套、岩石锥、岩石锤、岩石楔等，有时还要准备悬挂式帐篷。

（1）绳子。攀岩一般使用直径 9~11 mm 的主绳，最好是直径 11 mm 的主绳。

（2）铁锁和绳套。连接保护点，是下方保护攀登者必备的器械。

（3）岩石锥。固定于岩壁上的各种锥状、钉状、板状金属材料做成的保护器械，可根据裂缝的不同而使用不同形状的岩石锥。

（4）岩石锤。钉岩石锥时使用的工具。

（5）岩石楔。与岩石锥的作用相同，但可以随时放取的固定保护工具。

攀岩绳

铁锁和绳套

岩石锥

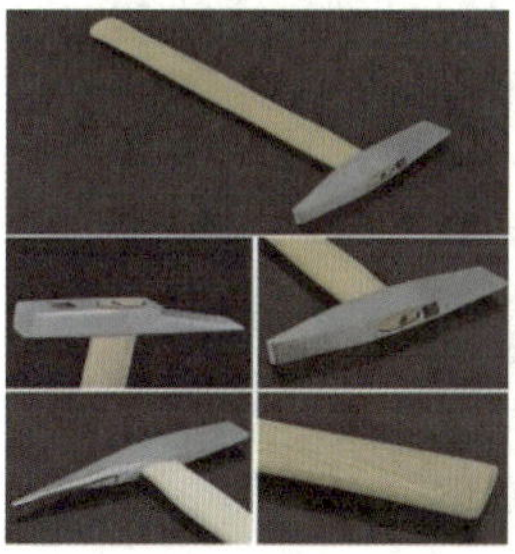

岩石锤

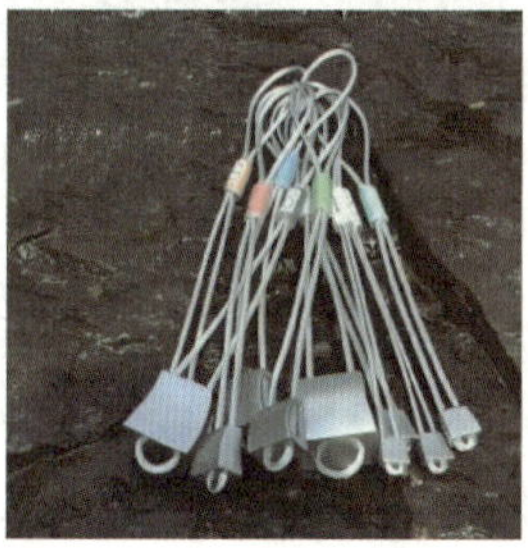

岩石楔

悬挂式帐篷

图 9-3-2 攀登装备

（6）悬挂式帐篷。当准备在岩壁上过夜时使用的夜间休息帐篷，须通过固定点用绳子固定保护起来悬挂于岩壁。

（三）其他装备

包括背包、睡具、炊具、炉具、小刀、打火机等用具，视活动规模、时间长短和个人需要携带。

三、攀岩运动的注意事项

（1）攀岩运动前要做好准备工作，检查一下必需的装备器材是否已带足，保护装置是否完好，还要适当做些准备活动。

（2）要观察清楚攀岩路线，注意可能遇到的难点，并考虑好克服难点的办法。

（3）攀岩动作一定要保持“点”的固定，谨防“审跳”式攀登。

（4）攀岩途中遇到浮石或松动的石块，一定不要乱扔，可放置在安全处或通知下面的同伴注意后再做处理。

（5）攀岩者和保护者要密切配合，缺乏必要的保护时要拒绝攀登。

（6）在攀岩中，切忌抓草或小树枝等作支点。

（7）攀岩者不能戴手套，但要戴安全帽进行操作。

（8）攀岩作业中要保持镇静。

第四节 攀岩的训练方法

一、攀岩的基本动作

徒手攀登岩石峭壁的技术难度，主要体现在第一人的攀登过程中。第一人攀登峭壁的基本方法是利用自然支点和人为支点（打入的岩石钢锥）进行徒手攀登。基本要领是“三点固定”即在双手、双脚握（或蹬）牢3个支点的条件下才能移动第4点。

攀登者要设专门的保护装置，要携带足够的岩石钢锥，沿路打入作为人为支点。各支点间距不宜过密或过疏，以0.5 m为宜。这种人为支点的作用，不仅在于防止攀登者滑脱，而且通过保护装置还可使胸部或腹部多一个支点，借此便可腾出双手安全地进行打锥等操作。为了省时、省力、减轻劳动强度，可携带一些小挂梯（脚蹬）交替挂于相应的人为支点上，从而减少打入人为支点的数量。第一人登上峭壁顶部后，根据要求从上方固定好绳索，采取上方保护的方法，使后继者比较安全地迅速上攀。第一人攀登时可设下方保护，分段设置保护点，一旦失手，也不会脱落滑下。三点固定法是攀岩的基本方法，对身体各部位的姿势和动作有一定的要求。

（一）身体姿势

攀登岩石峭壁时身体要自然放松，以3个支点稳定身体重心，而重心要随攀登动作的转换而移动，这是攀岩能否稳定、平衡、省力的关键（图9-4-1）。要想身体放松就要根据岩壁陡缓程度，使身体和岩壁保持一定距离，靠得太紧会影响观察攀岩路线和选择支点，离得太远，又会增加手臂的负担（但在攀登人工岩壁时要贴得很紧）。在自然岩壁攀登时，上、下肢要协调舒展，攀岩要有节奏，上拉、下蹬要同时用力，身体重心一定要落在脚上，保持面向岩壁、三点固定支撑、直立于岩壁上的攀登姿势。

图9-4-1 身体姿势

（二）手臂动作

在攀岩过程中，手是抓住支点、维持身体平衡的关键，手臂力量的大小直接影响攀登的质量和效果。

因此，一个优秀的攀岩者必须有足够的指力、腕力和臂力。对初学者来说，在不善于充分利用下肢力量的情况下，手臂的动作就显得更为重要。在人工岩壁或自然岩壁攀登时手臂的用力方法不同。前者要求第一指关节用力抠紧支点的同时，手腕要紧张，手掌要贴在岩壁上，小臂也要随手掌紧贴岩壁而下垂，在引体时手指（握点）有下压抬臂动作，动作有规可循，重心活动轨迹变化不大，节奏明显（图 9-4-2）。但攀登自然岩壁时其动作就变化很大，要根据支点不同而采用各种不同的用力方法，如抓、握、挂、抠、扒、捏、拉、推、压、撑等。

图 9-4-2　手臂动作

（三）脚的动作

优秀攀岩者的攀登技术发挥得好坏，关键在于两腿的力量是否持久。在攀岩过程中，要求两腿膝关节向外打开，大脚趾内侧贴近岩面，两腿微屈，以脚踩支点维持身体重心。在自然岩壁支点大小不一和方向不同的情况下，要灵活运用。但要切记，膝部不要接触岩石面，否则会影响到脚的支撑和身体平衡，甚至会造成滑脱而使膝部受伤。另外，在用脚踩支点时，切忌用力过猛，并要掌握用力的方向。

（四）手脚配合

在攀岩过程中，上、下肢力量要协调运用。对初学者或技术还不熟练的练习者来说，上肢力量显得尤为重要，攀登时往往是上肢引体，下肢蹬压抬腿而移动身体。如果上肢力量差，攀登时就容易疲劳，表现为手臂无力、酸痛麻木，逐渐失去抓握能力。失去抓握能力后，即使有好的下肢力量，也难以继续维持身体平衡。所以学习攀岩，首先要练好上肢力量，上肢又要以手指、手腕和小臂力量为主，再配合脚趾、脚腕以及腿部的力量，使身体重心随着用力方向的不同而协调地移动，手脚动作的配合也就自如了。

二、登山攀岩的手、脚用法

（一）手的用法

攀岩被称为岩壁上的芭蕾，是一种力量与协调性相结合的美妙运动。我们学习攀岩首先要学习的是手与脚的用法，只有掌握好了针对不同岩壁、路线的手脚用法并勤加练习，才能逐步精通攀岩运动。手是人体最灵活的部位，在谈攀岩中的手法时，必须了解手要抓握的点，手点的形状和大小都来源于岩石峭壁和树上的一些瘤肿、树瘿等。普遍认为在垂直的岩壁上，手和手臂要承受最多的压力，所以推论出手抓点理应尽量大一些。其实不然，在直壁上你的手大部分是用来掌握平衡的，而且有时一个支点的小边就能让你感到已被牢牢地稳定在岩壁上了。随着岩壁角度的增大，支点与你的手之间的接触力量将成为关键。但不管角度如何，抓点时，千万不要在手上使太多的力；相反，手要放松，用最小限度的力去抓点，如果你的手抓点时用力过大，手臂力量很快会消耗殆尽，当然就会很快从岩壁上脱落。手握点的方法有紧握、开握、扣握、捏握、曲握、侧拉、反抠等，下面讲解各种手法的动作要领。

1. 紧握（图 9-4-3）

当你的手指触摸支点时，应不断来回调整手指的位置，去找最佳的抓握位置，当手指抓住支点某一突出的边缘时，你一般会紧抓不放。很多时候可以发现，某些支点可以用手掌去握住它，而不仅仅依靠手指。整个手掌的抓握可以增加抓点的稳定性。但是，请一定记住，一旦你觉得找到了一个最佳的抓握位置，手指就不要再动，太多的犹豫可能会导致脱落。

图 9-4-3　紧握

2. 开握（图 9-4-4）

如果支点的边缘或某些点的小洞可以支撑住手指的第二关节，你的手就可以平坦地靠在岩面上。这样的话，你可以将手张开，手指并拢，让手指与支点充分接触，整个手掌不用紧握支点。在这个动作中，大拇指的作用一般较小。但是，如果支点是倾斜的，那么大拇指可以与其他手指捏住该点。做这个动作时，手指要跟着支点的轮廓，而不用受制于你的手形。一般情况下，如果支点是圆的，或者支点是口袋点，开握可能是唯一的抓点方法。

图 9-4-4　开握

3. 扣握（图 9–4–5）

当手遇到相对较小的支点时，你的四指并拢后能套住支点，用大拇指压住食指，这样支点就被完全套在你的手中。此时，大拇指的力量很关键，因为大拇指既要锁住手指，又要靠住岩板。它要比其他的手指承受更大的力臂。如果支点过小，这样扣握时，你会感觉到手指的肌腱被压迫得很痛，所以很多攀岩者都喜欢开握的方式。开握的方式能很好地训练你的手与支点的接触力量，最终能使你很轻松地抓住一般的支点。在做扣握时，要避免手指承受没有必要的压力和拉力，以免手指受伤。

4. 捏握（图 9–4–6）

当一个支点的形状没有可把握的边，而且只能靠手指的摩擦力时，也许此时你的大拇指的一个轻捏，就可能增加你握点的可靠性。一般来讲，大拇指捏的方向与手指抓的方向是相对的。但是有时，有些可捏握的点可以让你的大拇指压在支点的一边，其压的方向与 4 个手指拉的方向成 90°。但当支点很小时，你只能用你的拇指和你的食指的第二关节外侧面去捏握。

图 9–4–5 扣握

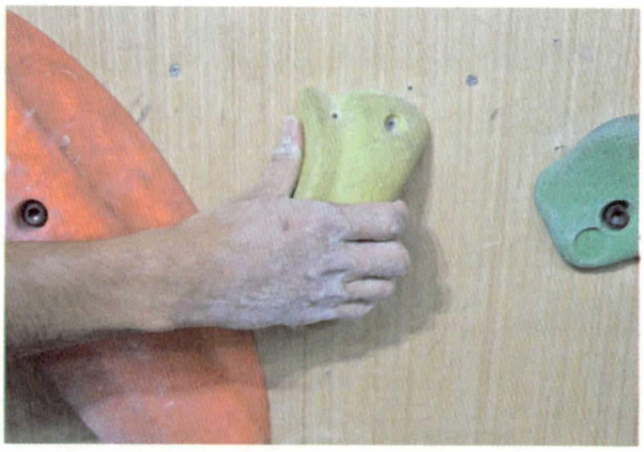

图 9–4–6 捏握

5. 曲握（图 9–4–7）

曲握就是把手掌弯曲，4 手指并拢，大拇指压在食指上，用手掌的外边缘搂握支点。因为大拇指力量很强，可以很好控制手形，所以这种手形的握点法，应该是很有力的，而且这样也可以给其余手指一个很好的放松机会。在大支点上，要放松你的前臂，可以通过弯曲你的手腕，手腕曲握支点。手腕的这种弯曲，在很有限的条件下可以做。但是，它可以把负在你前臂上的重量转移到肌肉骨

图 9–4–7 曲握

骼上，所以这种手腕的弯曲动作是很好的休息姿势。特别是遇到某些桶状点的时候，在小球状的突出支点及圆点上，这种动作比较适用。

6. 侧拉（图 9-4-8）

当一个支点的方向为竖直方向或接近竖直方向，但是它又很难用手从支点上面往下垂拉时，你必须试一下侧拉。侧拉要求你身体倾斜，对着支点，手与脚用力的方向相对，如果侧拉方向朝着右边，那么你的身体就应该在该点的左下方，这样你可以斜拉着支点。如果你右手侧拉，理想的动作应该是你可以在该支点的右下方找到一个脚点，脚用力的方向正好与侧拉的方向相对，侧拉可以让你抓到最远的支点，这是它最大的优点。

7. 反抠（图 9-4-9）

一般情况下，当你手掌朝上、指尖朝下、向上发力时都是用反抠的动作。这种抓点技术经常是用来维持平衡的。它是通过手与手或是手与脚之间的反作用力来实现的。在反抠时，手要尽可能伸到支点的背后。假若是用脚来反抠支点，那么一般情况下，脚点是比较大的。反抠基本动作较为简单，一只脚正压在支点的上部，另外一只脚用脚尖反抠该点的下部，脚用力方向相对，且在一条直线上。这种动作几乎是在屋檐地带才被使用。这里讲的反抠，其实就是一种反作用力，很简单，但是很重要，这是一个很有创意的动作。在人工岩壁上反抠的动作是很普遍的，因为定线员经常把一些大支点倒过来装，所以你将不得不用反抠。学会这项技术，关键是掌握如何用力及用力方向，从而保持平衡。

图 9-4-8　侧拉

图 9-4-9　反抠

（二）脚的用法

1. 信任你的双脚

直壁攀登的基本原则就是用脚来承担身体的重量。一般来讲，脚比手更能承受压力，不管手臂力量有多么好，总是不能与脚相比，且手臂比大腿更容易疲劳。那么怎样才能用脚来承担身体的重量呢？关键是如何正确调整身体的姿势。在岩面的角度稍微小于 90°或正好为 90°时，身体应该是直立的，像在平地上走路的姿势，身体重力作用线落在脚上。这种姿势是最自然的，也是天生的平衡姿势，初学者往往并不清楚这一点，他们攀爬时经常用手去抱岩壁，手是实的，脚是虚的。在他们看来，手是最关键最重要的，根本没有意识到脚的作用。其实这样做将会导致整个身体失去平衡。如果把重量转移到脚上，自然而然，脚就踩实了。另外，站起来就能让脸不贴在岩壁上，视野开阔，便于观察路线，指导下一步行动。对初学者来说，在攀爬时应注意以下 3 点：身体贴近岩壁；掌握平衡；用脚来支撑重量。这些内容不仅要理解，还要学会在实际中运用。除了在一些要悬挂攀爬的地带，其余基本是用脚来攀爬的，手只是在你从一个支点到另一个支点时，保持身体平衡的一种支撑结构。一个初学者将会花很长一段时间去学会信任自己的双脚。一旦认识到脚是真正的支撑的话，攀爬者就会时刻从容地去寻找在一个支点上不同的踩法，并能感受到，即使是岩板上最小的凸起部分（或最小的支点）也能提供相当大的支撑，这种支撑是通过鞋与支点或岩板之间的摩擦来实现的。在鞋底主要有两个部位产生这种摩擦：一是鞋底的前部；二是鞋底的侧部。

2. 脚部动作要领

（1）正蹬（图 9-2-10）。

正蹬使用的是脚的前部内侧大脚趾处。正蹬动作的关键是后脚跟要立起来，对初学者来说，要尽可能增大鞋底与支点的接触面积，从而增大脚与支点之间的摩擦力。但是正蹬不是靠增大接触面积来实现增大摩擦力的，它是靠抬高脚跟，增大脚尖与支点之间的压力来增大摩擦力的。可正蹬的地方很多，包括不规则的地方、粗糙的地方和那些有缺口和凹处的地方。在那些很小的“盘点”和“铲子点”上正蹬时，你的脚跟必须保持相当的高度。正蹬有两个主要的用途：一是能很好地收紧脚与小腿的肌肉；二是可应用在屋檐及斜面地带。

正蹬

图 9-4-10 正蹬

攀岩的技术很多方面来源于适当的选择和正确的踩点，攀爬者应有敏锐的眼光去发现岩板上可踩的支点，在陡峭的直壁上发现一个可正蹬的支点，并选择最佳的方位去踩，这是一种经验。

（2）侧蹬（图 9–4–11）。

侧蹬

侧蹬就是用鞋的外侧去踩支点，这里所讲的外侧边缘既是鞋的外侧也是支点顶部的外侧。鞋的外侧直接踩在支点最尖的部位上，一旦发力，鞋将与支点吻合得很好。不管在直壁还是在屋檐，侧蹬能让攀爬者的身体更加贴紧岩壁，也有利于把身体的重量放在脚上，同时又可减少手的拉力。侧蹬是最基本的踩点方法，但是要熟练地掌握侧蹬必须通过大量的练习。用脚的内侧侧蹬，这里脚的内侧是指大脚趾的外侧边缘。现代攀岩鞋的设计就是根据人最容易用这个部位站起来而设计的。当你在踩小支点时，你正是通过这个部位去感受这个支点的好坏的，因为这个部位最为敏感，也是最适合踩点的部位。然而大多数人是用另一部位去踩点，即用脚跟与脚掌的交接处，他们以为用那个部位去踩点最省力，其实不然。另外，攀岩的许多时候，要用鞋尖直立去踩点，这时对你的趾尖力量有较高的要求，特别是在踩小口袋点时，这样的动作最为有效。

图 9–4–11　侧蹬

（3）后侧蹬（图 9–4–12）。

后侧蹬

后侧蹬是在直壁上的一项特殊技术，它也是使用脚的外侧去踩支点。后侧蹬可以增大抓点的距离，所用的部位是小拇趾的外侧。这个部位是整只脚最软的部位，所以，用整个部位去踩点时，能很好地与支点接触。踩脚点时要使用正确的脚法，一旦踩住支点，就没有必要因害怕突然滑落而改变踩点脚的姿势。因此，提高在直壁的攀爬技术的关键在于，学会让腿及上肢的运动与脚的稳定踩点分离开。简单地说，就是如何选择好脚的正确姿势踩点，从而保证身体的其他部位能自如地活动，而且脚在踩点之后，不用再改变脚的姿势。

图 9–4–12　后侧蹬

（4）脚后跟钩点（图 9–4–13）。

脚后跟钩点的目的是试图把脚当作另一只手来用，这样的动作一般用在斜面上，把鞋后跟放在一些适合做这些动作的支点上。通常情况下，脚的前部被顶住，后跟被挂住。做这个动作时抬起脚，上中胸部尽量弯曲直至脚能挂到那个支点上。虽然这个动作并不难，甚至有时用脚尖去钩点都可以完成，但为了保护你的鞋面，最好按照标准方法做。在斜面上用同侧手脚抓住支点时，身体是不平衡的，会出现“开门”现象。所以，攀爬者要在另一侧去寻找在腰部或腰部偏下的支点，然后用另一侧的脚的后跟挂住它，这样把身体拉近岩面，双手准备抓其他的支点。这种脚后跟挂点的技术需要很好的柔软性，而且在各方面的运用和变化是很多的。这种技术一般被理解为如何使用“第三只手”在难以平衡的条件下达到平衡。

图 9–4–13 脚后跟钩点

（5）架桥式攀登（图 9–4–14）。

当岩壁上两支点之间的距离较大时，需用架桥式攀登的方法。架桥式攀登的动作实际上是双脚在两倾斜的支点上施加脚上压力的过程。最先使用这一动作是在内直角的岩壁上。攀爬者把四肢反压在岩壁上，然后四肢不断交替往上攀爬，实际上当支点不好或支点可踩面很倾斜时，做这种动作是不合适的。这种动作不仅仅是脚的作用，而且手也必须反压在支点上，控制好身体的弹力。双手及双脚应尽量打开，抓住身体两边最远的支点。此时身体的收缩力就落在了你的四肢之间。通常身体一侧的一手一脚就可以很稳地待在岩壁上。这种技术动作的变化是多样的，可以一只脚架桥式攀登侧蹬、一只脚正蹬，一只手抓住一个支点、另一只手轻捏一个小支点，通常这种动作是很好的中途休息动作。如果能在直壁上找到一个合适的位置做这种动作，那么双手可以轮流得到休息。

架桥式攀登

图 9-4-14　架桥式攀登

（三）3 种重要的脚法

上面我们分别讨论了脚与手的分解动作，但是攀登的目的是让这些不同的动作能有机地结合起来，使之更加流畅、更加协调。因为攀岩不仅仅是一项体育运动，而且也是一项美的艺术、一种身体向上流动的艺术。认真观察不同形式的攀岩，你会更好地理解向上移动的技术。下面有 3 种最基本的方法，用你的双脚来推动你的身体不断向上移动。

1. 静态脚法

静态脚法（图 9-4-15）通常是最费力的，所以做这种动作时，要求时间尽量短。静态脚法要求在你把身体重心移到一只脚的同时，另一只脚抬起踩点。静态脚法一般是运用在攀爬线路较难的地带，支点较小，而且依靠脚与支点之间的摩擦力。静态脚法要求你对身体能很好地控制，转移重心一定要平稳流畅。

静态脚法

图 9-4-15　静态脚法

2. 弹跳脚法

弹跳脚法（图 9-4-16）是以快速的动作来及时移动重心。这项技术在直壁及斜面上都会用到，动作很机敏而且有时会有点夸张。它是在一只脚抬起去踩点之前，另一只脚迅速踩点单脚跳起去踩点，很快向上抬升你身体的重心。这种动作取决于攀爬者的灵敏度及其自身的类型。做这种动作大多数是为了增加攀爬效率，动作看似有些过激，却很有用。当然，在某些地方，如支点较小，而且不易控制身体重心时，这项技术就不适用。

弹跳脚法

图 9-4-16 弹跳脚法

3. 蛙式脚法

蛙式脚法（图 9-4-17）是两手抓稳支点后，两只脚抬到与身体躯干相平衡的位置上，身体呈伏蹲的姿势，有点像牛蛙的姿势。这样的姿势两脚可以一起受力，同时站起来，从而使身体重心平稳抬升。蛙式脚法最关键的是一起受力、一起伸展开来。

蛙式脚法

图 9-4-17 蛙式脚法

（四）脚法注意事项

要练就较好的脚法还应该注意以下事项：

（1）攀爬时只有当你清楚了下一步要做的动作及攀爬的方向，才可以动脚，观察脚点的大小和形状，因为脚点的这些因素决定了它将如何被利用。另外，如果有困难的话，可以把脚抬到手点下方，从而减少上身的拉紧力。

（2）把脚放在脚点的最佳位置，集中注意力观察落点。

（3）转移身体重心到另一只脚上时要平稳流畅。

（4）不管是站在支点上还是在支点上攀爬，必须保持脚的绝对静止。用脚踝做铰链作用，把上身的动作与脚的动作分开。脚的一些多余动作可能会导致脚从支点上滑落。一定注意保持脚在支点上的静止，在转移重心及攀爬时保持动作的流畅，必须把以上提到的脚及技术养成一种习惯，在实际攀爬时认真地运用。

三、体能训练

体能训练包括最大力量，耐力，柔韧性。最大力量：众所周知，攀岩运动员要求的并不是单一力量的一味提高，更不是结实的肌肉。要求肌肉和力量的平衡发展，而且力量方面的训练最好不要脱离岩壁，在这里我们要引入对抗肌这个词，在纯力量练习时，可能会练出一些在真正攀岩时发力方向正好相反的肌肉，这样就会影响你在攀岩中的表现，所以在平常的力量练习中，我们应尽量把力量训练和岩壁结合起来。

例：手臂最大静态曲臂悬垂力量训练。首先找一个恰巧能让你曲臂悬垂 6 s 的重量，然后在重量下曲臂悬垂 6 s，接着不要休息，连续做 25 个移动（move），必须在 100 s 内完成，仍然不要休息，回到做悬垂的地方，加上刚才的重量继续 6 s 的悬垂，再 25 个 move，这样连续 6~15 次为一组，中间休息 30 min，做 4~5 组。注意休息的时候不要让身体凉下来，做一些轻微的活动或柔韧性练习。攀登的动作难度一般比你最大攀登能力低，但具体低多少要视个人情况和训练进度而定。

这样训练每周进行 2~3 次，持续 6 周。但如果是赛前的话一定要留出 10 天的休息时间。每次训练可以选择 3 个不同部位的肌肉进行训练，但同一肌肉的训练必须安排在 2~3 天后，也就是说最大力量的练习必须有 2~3 天的休息。

同理，手指的最大力量也可以这样练习，专门的指力训练，比如指力板的训练。

但训练结束后如何知道自己的进步呢？你可以在开始 6 周训练前尝试攀登一条你无法完攀的力量型路线或抱石路线，等训练结束后再重新尝试这条线路，看看你的进步有多大。

（一）耐力训练

耐力训练是非常痛苦的，它需要你达到体能的耐力极限，而且耐力的训练基本是在岩壁上完成的。下面是耐力训练方法的一些介绍。

首先选择一条自己能轻松完攀并且可以向下攀登的线路，路线难度视个人情况而定，当然，难度越大越好。具体做法如下，向上攀登一次然后自己向下攀登，紧接再次向上攀登（即两上一下），之后休息 1 min。开始第二次，这样连续 6 次作为一组。一般的训练进行 3~8 组，每组之间休息 5 min。这样的训练可持续 9 周。

也可以把 9 周作为一个大周期，将其再分成 3 个小周期，每个小周期 3 周，第一个 3 周的强度最大，第二个 3 周强度略减，第三个 3 周的强度可以更小。

同时在耐力训练时可以根据自己的弱项进行练习，设计不同的专项路线，比如整条路线都是交叉手，也可以全是侧身的动作。用与力量训练同样的方法评估自己的训练成果。

（二）柔韧性和平衡感

拉韧带训练一般安排在每天早上起床或每次训练热身后。同时拉韧带要注意的一点，拉的时候力量要从小到大，当到达最大力量时，开始放松，不要间断发力，应匀速加力。

平衡感的训练方法较多，可以走钢丝，或在岩壁上找一支点，单足踩点寻找平衡感觉。

找一根圆木和一块木板，把圆木放在地上，木板放在其上，人站于木板上，使木板两端不要着地。这也是一个很好的训练平衡感的方法。

四、技术训练

（一）单点触点的训练

在一块装满支点的岩壁上，选择一个支点（支点选择由攀登者的攀登水平来定，初学者可以选择非常好抓的支点，水平高的攀登者可以选择比较难抓的支点）用一只手抓住，然后用另一只手去触身边的其他支点，可以不断调整身体的姿势，脚点可以任意使用，触到的支点越多越好，唯一限制是你的手不能离开最初你选择的点，且不能换手。这个游戏可以把几个人分成一组，以比赛的形式进行，看哪组的成绩好。

（二）单点握点的训练

这个游戏与上一个的规则是一样的，唯一的区别是你一手抓点，另一只手不是触身边的点而是抓握住身边的点，并且同时可以将开始握点的手松开。

（三）速度感的训练

选择难度较低的路线（横移路线或向上攀登的线路均可）以不同的速度进行攀登，保持动作的连贯，不要换手，保持两臂的均匀发力，不能停顿休息。

（四）脚上手点的训练

攀登一条线路的时候，你的脚点只能是你手抓过的点。

（五）慢速攀登的训练

选择一条容易的线路，从下向上攀登一定要放慢动作，越慢越好，但要保持身体重心的匀速上升，这个训练很难。

（六）身体对称性练习

设计两条镜像的线路，相同位置的支点要求是一样的，可以只需要几个支点，尝试在这两条线路上进行训练，可以体会到自己左右发展是否平衡。

五、心理训练

在训练的时候，在一边播放非常嘈杂的广播，使运动员的心情非常烦躁，但必须完成当天的训练，以此来训练队员的心理承受能力。

随着训练科学和训练实践的不断发展，人们对攀岩运动的心理训练的意义更加清楚，过去人们习惯地认为训练、比赛主要消耗身体能量，只要有良好的运动素质和熟练的技术，在比赛中就能取得理想的成绩。而现在科学证明，在训练和比赛中不仅消耗身体能量，而且也消耗心理能量。平时没有良好的心理训练，即使得到良好的身体训练和技术训练，在比赛中也很难取得优异的运动成绩。正如美国学者格鲁波指出的："对初、中级运动员来说，80% 是生物力学因素，20% 是心理因素，高级运动员则相反，80% 是心理因素，20% 是生物力学因素。"目前，心理训练应成为攀岩运动员训练过程的一个重要组成部分。

心理训练就是有意识地对运动员的心理过程（包括认识过程、情感过程和意志过程）和个性心理特征施以影响，发展各种必需的积极的心理品质，并使运动员学会调节自己心理状态的各种方法，从而为更好地参加运动训练和完成复杂的比赛任务做好各种心理准备。

攀岩比赛是在无人指导、独立作战的情况下进行的，不同的场地不可能依据赛前制定的计划一成不变，依据支点、线路、角度难易程度和个人体力情况等因素，需要进行自我调整。此间良好、稳定的情绪是进入最佳心理状态的关键因素，良好的心理状态使运动员对胜利充满信心，精力充沛，斗志旺盛，肌肉力量增强，应变能力强，从而达到所期望的技术水平，甚至是超水平发挥；相反，焦虑情绪则使运动员产生烦躁、紧张、犹豫不决等不良的心理状态，降低运动能力和比赛成绩。

情绪作为心理活动的外在表现，其稳定性依赖于适宜的心理准备状态，这种状态包括明确的比赛动机、强烈的训练和参赛意识，以及运动员所需的知觉、注意力、记忆、想象和思维等认知功能。在训练过程中，需要通过第二信号系统的科学运用，包括正确的动作表象、默念技术、自我暗示，以及教练员精准的语言指导和动作分析，使第二信号系统（语言、意识）与第一信号系统（肌肉感觉）之间建立稳定的条件反射联系。经过反复强化，运动员的技术动作会从"意识控制"阶段过渡到"自动化执行"阶段，表现为运动意识的盲目性减少、动作知觉水平提高，从而降低情绪对技术动作的干扰。

在比赛环境中，外部因素如场地条件、观众氛围、对手表现等往往直接影响运动员的情绪状态。为减少这些不良影响，可采取注意力聚焦策略，将思维集中于自身动作执行，同时运用信息回避方法，例如通过语言提示“上、上、上”或节奏计数“一、二、三、四……”，引导注意力转向内部感觉，使心理状态趋于稳定。当运动强度达到较高水平时，运动员的体能消耗加剧，心理波动显著，此时大脑可能激活过往经验：若提取的是成功记忆，则会增强信心和斗志；若重现失败经验，则可能引发焦虑和急躁。因此，运动员需建立正确的思维定势，以积极的心理意象占据认知空间，避免消极认知的影响。此外，还可通过自我暗示进行心理调控，维持稳定的情绪状态。值得注意的是，适度的情绪唤醒能够促进应激反应，提升运动表现，这也是运动心理调控的重要目标之一。

总之，心理训练作为现代运动训练体系的重要组成部分，是提升竞技表现不可或缺的关键环节。其核心作用机制在于对神经系统功能的系统化塑造与优化，而非直接作用于身体机能。因此，必须制定科学、系统的心理训练计划，并保持长期稳定的训练持续性，才能实现显著的运动表现，提升效果。

六、应变训练

（一）追逐游戏

在横移墙上，训练的队员依次横移，后面的攀登者尽力赶上前面的攀登者并想办法让其脱落，注意不要攻击对方，脱落的队员必须回到起点重新开始，这种训练适合水平相近的队员。

（二）随机指点训练

这个训练需要两个人一起进行，在横移墙或抱石墙上装满支点，一个人攀登，另一个人随机指点，指点者可随时为攀登者指出手点或脚点，这可以训练攀登者临场应变的能力，还可训练指点者对路线的判断能力。

思考题

1. 攀岩训练对军士生的体能和心理有哪些要求？
2. 攀岩常用的安全装备有哪些？各自的作用是什么？
3. 攀岩时遇到体力不支或突发情况，应该如何应对？
4. 团队攀岩时，如何确保队员之间的配合和安全？

第十章

漂流

漂流训练必须紧贴实战需求，在激流险滩中培养军士生“逢山开路、遇水架桥”的战斗意志和“团结协作、令行禁止”的纪律意识。漂流是一项极具挑战性的水上军事训练课目，是定向军士生野外生存与实战能力培养的重要组成部分。它要求参训人员在湍急的水流中操控舟艇、克服障碍，既考验个人体能和应变能力，又强调团队协作与战术配合。本章围绕漂流概述、特点与意义、环境与器材、训练方法四个方面展开，系统介绍漂流训练的基本理论、装备要求和实操技能，帮助军士生掌握水上机动能力，提升复杂环境下的作战适应性。

第一节　漂流概述

一、漂流的定义

漂流（图 10-1-1）是指利用船只、木筏或其他浮具，在河流、湖泊等水域中借助水流动力或人力操控进行的航行活动。在军事背景下，漂流是定向军士生必须掌握的野外机动技能，涵盖水文判断、团队协作、应急避险等综合能力。

图 10-1-1　漂流

二、漂流的起源与发展

漂流最早可追溯至人类文明的早期阶段，最初并非作为运动或娱乐，而是生存与军事活动的必要手段。最初北美洲格陵兰岛的爱斯基摩人使用兽皮制作的皮船进行捕猎和运输，其轻便、防水的特性使其适合在极地水域航行，而中国古代利用竹、木等材料制作筏子，用于渡河、运输物资，并在军事上用于渡江作战。

在第二次世界大战之后，漂流才成为一项真正的户外运动，这与战后军事剩余物资的利用密切相关。战后，大量军用充气橡皮艇被退役，部分户外爱好者将其改造为漂流工具，逐渐发展出休闲漂流与探险漂流。商业漂流则是在 20 世纪 70 年代，美国出现第一批商业漂流经营者，政府开始制定河道管理、安全标准等法规，推动漂流成为规范化运动。

漂流运动于 20 世纪 50 年代开始在我国出现，但真正形成规模是在 80 年代中期。1985 年，西南交通大学教师尧茂书发起长江首漂，揭开了我国探险漂流的序幕。1986 年的长江科学考察漂流探险和 1987 年的黄河漂流探险，虽然取得了举世瞩目的成就，但也付出了 18 人牺牲的沉重代价。进入 90 年代后，漂流运动逐渐走向规范化。1998 年的“雅鲁藏布江漂流”和“珠江漂流”标志着我国漂流运动开始注重科学考察与安全保障。2000 年 8 月，我国在内蒙古海拉尔市举办了首届全国性漂流赛事“中国首届漂流大赛”。2001—2005 年，四川省攀枝花市连续成功举办了四届“中国攀枝花国际长江漂流节”，逐步建立了专业的赛事体系。2006 年，广东省英德市成功举办“2006 中国国际漂流大赛”，将我国漂流运动推向国际化。此后，我国漂流运动进入快速发展阶段：2008 年，首届“中国漂流联赛”创立；2010 年，国际漂流联合会（IRF）正式认可中国漂流协会；2012 年，贵州黄果树瀑布举办世界级激流回旋赛事；2015 年起，我国每年举办“中国漂流俱乐部联赛”；2018 年，中国漂流队首次参加漂流世锦赛；2020 年，全国已有 30 多个专业漂流训练基地。近年来，随着我国经济的发展，国民收入的增加，商业性的江河漂流运动也逐渐兴起，激流皮划艇、障碍回旋、激流马拉松、漂流、皮艇球项目应运而生，这些项目的出现得到了人们，特别是追求时尚、热爱户外运动的年轻人的欢迎。

三、漂流类型与水域分级

（一）漂流类型

漂流可根据装备类型和任务性质进行分类，以适应不同军事训练和实战需求。

1. 按装备分类

（1）制式装备漂流。主要使用军用冲锋舟、橡皮艇等专业水上载具，适用于战术渗透、快速机动和编队航行训练。训练重点包括发动机操作、夜间静音划行、战术装备固定（如武器、通信设备）以及编队协同。其优势在于速度快、稳定性强，但依赖后勤补给，且目标较明显，不利于隐蔽行动。

（2）简易器材漂流。其强调在缺乏制式装备时的应急生存能力，通常利用油桶、竹竿、绳索等就地取材制作简易木筏，或通过防水背包（浮包）辅助泅渡。训练内容包括材料选择、浮力计算、载重平衡以及无动力条件下的操控技巧。简易漂流载重有限且稳定性较差，仅适用于敌后生存、紧急撤离等特殊场景。

2. 按任务性质分类

（1）隐蔽漂流。通常在夜间或植被掩护下进行，重点训练消除划桨水声、反光隐蔽以及静默通信（如手势信号）。

（2）强攻漂流。模拟快速突破水域障碍，需结合抗翻覆训练和火力支援战术。

（3）负重漂流。针对物资运输任务，要求合理分配载重，确保浮具稳定性，同时训练在颠簸水流中保护装备的能力。

（二）水域难度分级

水域难度分级是确保训练安全性和科学性的重要依据。国际通行的河流难度分级（Ⅰ～Ⅵ级）在军事训练中需结合战术需求进行调整，如敌情威胁、隐蔽性要求等。

（1）Ⅰ级水域。水流平缓，无明显障碍物，适合新兵基础训练，如划桨技术、队形保持（纵队或横队）以及落水救援演练。

（2）Ⅱ级水域。出现小型浪花和零星岩石，水流稍急，训练重点转向急流转向技术（如“高桨”“压桨”）、简易筏稳定性控制，以及在无线电受干扰时的替代通信手段。

（3）Ⅲ级水域。水流湍急，波浪连续，河道狭窄且可能伴有暗礁。该级别训练要求编队协同通过险滩，掌握翻艇后快速复位技巧，并在敌情威胁下使用静默信号（如手势、灯光）进行沟通。

（4）Ⅳ级水域。水流极端湍急，暗礁、漩涡密集，仅限特种分队进行高阶训练，如无照明夜漂、武装泅渡结合漂流，以及战术弃艇应急程序。训练时必须配备应急快艇和医疗支援，确保安全。

（5）Ⅴ级及以上水域（如瀑布、极端激流）。通常不纳入常规训练范畴，实战中应尽量规避。

此外，军事训练还需针对特殊水域制定专项课目。例如，敌控区水域，增加侦察与反侦察训练（如红外探测规避、快速登岸战术）；污染水域，要求佩戴防毒面具或全封闭装备，并演练防化洗消流程；冰水混合域，寒区部队专项训练，重点防范失温，并掌握破冰通行技巧。

第二节 漂流的特点与意义

一、漂流的特点

漂流作为一项极具挑战性的军事训练课目，其核心特点体现在对自然环境的深度依赖、技术操作的复合性要求、团队协作的紧密性以及风险控制的系统性等方面。

（一）环境依赖性

漂流训练的实施效果直接受制于水域环境条件，这要求军士生必须具备敏锐的环境感知能力和快速应变能力。水文特征如流速、水深、河床结构等参数的变化会显著影响漂流路线选择和技术动作执行。例如，在Ⅰ、Ⅱ级缓流水域，可侧重开展基础技能训练；而Ⅲ级以上白水区域则适合进行战术机动等高阶训练。气象条件的变化更是不容忽视，暴雨导致的瞬时水位上涨可能使训练水域难度提升 1~2 个等级，这就要求指挥员具备动态风险评估能力。值得注意的是，不同水域类型需要采取差异化应对策略：激流区要求保持高桨频快速通过，回流区可作为战术休整点但要警惕被困风险，跌水区则必须提前调整艇身姿态以防翻覆。这种环境依赖性特征使漂流成为检验部队环境适应能力的有效手段。

（二）技术复合性

漂流训练对参与者的技术要求呈现出明显的多维复合特征。在操作层面，军士生需要掌握动力划桨、扫桨转向等基础技术，以及压浪姿势、读水技巧等高级技能。读水能力尤其关键，通过辨识 V 形波纹判断水下障碍，观察水流形态选择最优航线，这些技能与战场侦察能力存在明显的正迁移效应。这种技术复合性不仅体现在操作技能上，更反映在身心素质的协同要求上——既要具备足够的体能储备，又要在复杂环境下保持稳定的心理状态。

（三）团队协作性

漂流训练中的团队协作呈现出高度的结构化特征。标准的战术编组通常包括舵手、桨手和观察员 3 个职能岗位，各岗位的协同效率直接影响训练效果。舵手负责航线决策，需要综合判断水文条件和战术要求；前后桨手的动作同步率必须保持在90% 以上以确保动力输出效率；观察员则要持续监控环境风险和队员状态。这种协作模式与实战中的战术小队运作机制高度吻合，在特定战术场景下，还可采用侦察队形或运输队形等编组方式，进一步强化训练的实战指向性。

（四）风险可控性

现代军事漂流训练通过体系化的安全措施实现风险的有效管控。在装备层面，采用符合军用标准的专业器材，如通过 10 kg 浮力测试的救生衣、抗冲击能力达1000 J 的头盔等。在组训流程上，建立包括岸基瞭望、下游拦截在内的多重防护体系，所有参训人员必须通过“30 秒翻艇脱困”等安全考核。这种风险控制机制不仅保障训练安全，更培养了官兵的安全意识和应急处置能力，这种能力在实战环境中同样至关重要。

二、漂流的意义

（一）军事应用价值

漂流训练对提升部队作战能力具有多重效益。在战术机动方面，通过河道实施的隐蔽渗透往往能达成战役突然性。某部演练数据显示，利用夜间漂流渗透较陆地路线可缩短 60% 的接敌时间。在后勤保障维度，复杂水域物资运输训练能显著提升野战条件下的补给能力，标准战斗艇在浪高 1 m 时仍可保持 200 kg 载重的稳定性。更重要的是，水文侦察能力的培养使部队具备自主获取战场环境信息的能力，这对缺乏现地水文资料的作战区域尤为重要。

（二）个人素质培养

漂流训练是锤炼军人综合素质的有效途径。在心理素质方面，模拟战场环境下的漂流训练（如增设声光干扰）能显著提升官兵的抗压能力，训练评估显示参训人员的战场应激反应时间平均缩短 40%。指挥能力培养方面，通过轮流担任舵手的组训方式，使初级指挥员在复杂环境下锻炼决断能力，这种经验对提升战术指挥水平具有积极意义。值得注意的是，低温水域耐受训练还能增强官兵的生理极限承受能力，这对寒区作战准备尤为重要。

（三）野外生存拓展

漂流训练与野外生存技能的有机结合，能全面提升部队的持续作战能力。训练中设置的岸际取水、应急捕鱼等课目，使官兵掌握在无补给条件下的生存技能。伤员转运演练则将医疗救护与水上机动相结合，这种复合训练模式更加贴近实战需求。特别值得关注的是极限环境适应训练，如无器械漂流等课目，能有效提升官兵在装备损毁等极端情况下的生存概率。

（四）战术生态结合

现代军事漂流训练强调对自然环境特征的战术化利用。通过系统观察河道生态特征，如根据鸟类活动判断浅滩位置，依据植被分布选择隐蔽路线，这些技能能显著提升野外定向和隐蔽机动能力。在特定战术背景下，对自然特征的巧妙利用往往能达成出奇制胜的效果，这种能力正是新型军事人才必备的素质。

第三节 漂流的环境与器材

一、漂流的环境

漂流环境是野外训练和战术执行的关键因素，其复杂多变的水文特征直接影响行动的安全性和有效性。军士生需要系统掌握不同类型漂流环境的特点及应对方法，以提升在复杂水域中的生存能力和战术机动性。漂流环境主要可分为三大类：水流形态、波浪特征和河道结构，每一类都有其独特的挑战和应对技巧。

（一）水流形态分析及应对

水流形态是漂流环境中最为核心的要素，决定了船只的操控难度和风险等级。根据流速、流向及紊流程度，水流形态可分为以下几种类型。

1. 激流

激流是漂流训练中最常见的挑战之一，其特点是流速快（通常超过 4 m/s）、水流紊乱且伴有白浪和湍流。根据难度，激流可分为 3 个等级，初级适合基础控船训练，如“之”字形划行，帮助军士生掌握基本的水流应对技巧；中级水流更为湍急，需熟练掌握急流中紧急转向和团队协作能力；高级仅限经验丰富的操作者，需通过复杂湍流区，对技术和心理素质要求极高。

2. 逆流（回流区）

逆流是由于下游水位过高，而上游又不断来水，此时会在汇水区形成下游向上游的水流。逆流通常出现在巨石后方或河道变宽处，水流方向与主河道相反。可利用逆流调整船只方向，但需避免被卷入漩涡。单人漂流时，可用桨抵住岩石脱困。

3. 缓流

缓流区域流速低于 1 m/s，水面平稳，适合休整或战术侦察，是隐蔽接近目标、物资运输或伤员转移的理想环境。

4. 漩涡（涡流区）

漩涡由水流旋转下吸形成，直径可达数米，对船只威胁较大。遇到时向外侧全力划桨，避免筏体横置；若被卷入，应弃船并蜷缩身体以防撞击。

（二）波浪特征及应对技巧

波浪类型直接影响船只的稳定性，需根据波浪特点调整划行节奏和策略。

1. 间断浪

间断浪是漂流中常见的波浪现象，指由周期性水流扰动形成的规律性波浪，其特点是波峰间距均匀，形态类似海上涌浪。遇到间断浪时，应保持船头正对浪向，在通过波谷时适当加速以维持船体稳定性。

2. 连续浪

连续浪是漂流中的高密度波浪群，多出现在陡坡河道段，表现为波浪连续快速冲击船体。其持续性的冲击容易导致船舱进水，需在进入浪区前检查排水系统并做好应急准备。

3. 倒卷浪

倒卷浪是漂流中的危险水流现象，指水流在落差下游形成回卷的循环水流区。其特点是具有强大的吸力，容易困住船只。遇到时应全力划桨冲过浪头；若不幸被困，需立即弃船并潜水脱离回流区域。

4. 直立浪

直立浪是漂流中常见的水流现象，指水流在陡峭河段因落差形成的直立型浪涌。直立浪通常与水量和落差相关，外观呈现规则的垂直浪形。若浪高且坡度平缓，建议船头对准浪尖直接穿越；若浪高且坡度陡峭，应选择边缘区域通过以降低风险。

（三）河道结构及航线选择

河道结构特征是影响航行安全和战术实施的决定性因素，需要结合水文学和流体力学原理进行综合分析。根据河道形态特征，主要分为以下 4 类典型结构。

1. 弯曲河道

弯曲河道的流态复杂多变，外侧流速明显快于内侧，容易形成较强的横向水流。航行时应选择内侧航线，保持合适的航向角度。对于急转弯处，需要提前减速，采用特定的转向技巧，配合反向划桨来控制船体姿态。

2. 狭窄水道

狭窄水道水流湍急，宽度通常小于 3 m，空间受限。在这种地形中航行需要保持适当队形和间距，既要注意避开两侧障碍物，又要防止船只相互碰撞。战术上可以利用这种地形设置阻滞点，但必须谨慎操作。

3. 阶梯式跌水

不同高度的跌水需要采取不同的应对策略。较低跌水可以直接通过，但要注意控制角度；中等高度跌水需要调整载重分布；较高跌水则建议绕行或采取其他安全措施，必要时要上岸勘察。

4. 障碍物分布

河道中的暗礁和倒木等障碍物需要特别警惕。应当做好防护准备，遇到障碍时要及时规避。如果不慎卡住，要立即采取正确的脱困方法，把握最佳脱离时机。所有航行决策都要根据实时水文情况灵活调整。

二、漂流的器材

漂流是一项对器材依赖性较强的户外运动，合理选择和使用器材直接关系到训练的安全性与实效性。下面将系统介绍漂流各类器材的种类、功能及使用要点，确保军士生在野外环境中能够高效、安全地完成训练任务。

（一）基本器材（必备器材）

1. 漂流船

漂流船是漂流运动的核心装备，直接影响航行的稳定性和安全性。根据材质和用途不同，主要分为橡皮筏、木船和竹筏。橡皮筏轻便易携带，适合短途训练、激流漂流，需注意防刺破；木船稳定性强，适合长距离漂流或载重需求较高的任务，但运输较不便；竹筏适用于静水或缓流环境，常用于野外生存训练或临时渡河。

2. 船桨

船桨是控制漂流船方向和推进的关键工具，材质和尺寸需根据使用环境选择，

材质包括碳纤维桨、铝合金桨、木质桨等。碳纤维桨轻量化，适合长时间划行，但成本较高；铝合金桨耐用且经济，适合复杂水域或训练使用；木质桨适用于传统竹筏，需注意防潮防裂。

3. 救生衣

救生衣是保障人员落水后浮力的关键装备，必须符合安全标准。救生衣又分为标准救生衣和战术救生衣，其中标准救生衣适合普通训练，提供基础浮力，而战术救生衣有增加挂载点，可携带武器或应急工具，适合军事任务。

4. 头盔

头盔用于保护头部免受撞击，尤其在激流或礁石密集区域必不可少。普通头盔适合静水或缓流训练，而战术头盔兼容夜视仪或通信设备，适合夜间或战术训练。

（二）辅助器材

1. 绳索

绳索用于救援、固定船只或搭建临时系统，是团队协作的重要工具。抛绳包（15~20 m）可以快速救援落水人员，适合激流环境；静力绳用于固定船只或搭建牵引系统，适合渡河或战术任务。

2. 防水装备

防水装备可以保持身体干燥，防止失温，尤其在低温水域中至关重要。防水装备包括干式漂流服、湿式漂流服、防滑鞋等。干式漂流服适合低温水域（低于15℃），完全防水；湿式漂流服适合温暖水域，透气性好；防滑鞋可以选择溯溪鞋或军靴，防止足部划伤。

3. 导航与通信工具

用于确保方向正确和团队联络，尤其在复杂或陌生水域中。其中防水指北针适合野外定向或无 GPS 环境；军用防水对讲机适合小队协作或战术训练。

4. 维修工具

维修工具可以快速处理器材故障，避免因装备问题影响训练或任务。包括修补胶贴，适合橡皮筏临时修补；以及多功能工具，适合复杂环境下的应急维修。

（三）其他器材

1. 伪装与隐蔽器材

伪装与隐蔽器材可以减少船只和人员的可见性，适应战术隐蔽需求。迷彩网可以覆盖船只，减少可见光和红外信号；消音桨套可降低划水声，适合夜间或隐蔽行动。

2. 夜间 / 恶劣天气装备

确保在低能见度或恶劣天气下的安全和效率。荧光棒可以用于标记位置或信号传递；防滑手套在雨天或低温环境下使用，可以防滑及保暖。

第四节　漂流的训练方法

一、漂流的基本技能

（一）捆绑技术

在野外训练和水上作业中，捆绑技术是确保装备稳固、保障人员安全的核心技能之一。无论是制作竹筏、固定船体，还是搭建临时结构，牢固的捆绑都能有效防止因水流冲击或负重导致的散架风险。此外，这些技术在应急救援、物资运输和野外生存中均有广泛应用。掌握正确的捆绑方法不仅能提升任务效率，还能培养定向军士生的工程思维和团队协作能力。

1. 方形捆绑

方形捆绑

方形捆绑适用于两根木材以直角交叉固定的情况，如竹筏的横梁与纵梁连接、临时桥梁的框架搭建等。其特点是受力均匀，结构稳固。操作时，先在纵向木材上打一个双套结，然后将横向木材以90°交叉叠放，确保接触面紧密贴合。随后将两根木棍绑在一起，具体操作是从横杆上方绕过，再从竖杆下方穿回，如此循环，每圈需拉紧以增强摩擦力，使绳索在交叉点形成初步固定。缠绕完成后，在两木交叉处垂直原方向再绕3~4圈进行锁紧，最后用收紧结固定绳尾。潮湿环境或高负荷情况下，可适当增加缠绕圈数，并优先选用表面粗糙的木材以提高捆绑的牢固性。

2. 圆形捆绑

圆形捆绑

圆形捆绑主要用于延长或加固单根木材，如修复断裂的船桨、制作加长型探测杆等。其优势在于操作简单，适用于单向受力的情况。具体步骤为：在两木连接处给一根木材打一个圆材结，随后沿同一方向紧密缠绕两根木材8~10圈，确保每圈绳索紧密贴合。最后用双半结加固，并将绳头回穿最后两圈以防松动。需要注意的是，该捆绑方式不适合多方向受力的结构，需要定期检查，防止因为横向拉力导致松脱。

3. 对角线捆绑

对角线捆绑

当两根木材以非直角交叉（如45°~135°）时，方形捆绑的效果会减弱，此时可采用对角线捆绑法最有效，特别是横木在重压下彼此重叠时更有效。该方法适用于修复倾斜的船体支架、搭建三角支撑结构等。操作时，先将绳索压在两根交叉杆件的下方，短头朝下，打一个圆材结。接着，将绳绕着交叉点缠绕3~4圈，再换一边继续缠绕。然后，在已经缠绕的绳索上方，也就是两根木杆中间，以垂直方向再绕几圈，进一步增强捆绑的牢固度。最后，用收紧结固定绳尾，确保整个结构不会松动。相比方形捆绑，该方法能适应更灵活的交叉角度，但需注意受力方向，避免因侧向拉力导致结构松散。

4. 剪式捆绑

剪式捆绑

剪式捆绑主要用于固定两根平行木材的末端，如制作A形支架、折叠式运输架等。其特点是可调节松紧，适用于需要动态调整的结构。操作时，先在一根圆木上打一个双套结，用绳索缠绕两根圆木（不宜过紧）；然后将绳索转向，在两圆木之间缠绕绳索三圈，缚紧；最后，在另一根圆木上打一个结，将圆木拉成剪刀形，这样的捆绑自然也变得更紧。

（二）操桨技术

1. 双桨船的操桨技术

（1）基础推进技术。

在操作双桨船时，掌握正确的推进技术是确保航行效率的基础。前进时，操桨者应保持端正坐姿，背部自然挺直，双脚稳固抵住脚蹬以形成稳定的支撑点。双手握桨的间距建议与肩同宽，既不能过窄影响发力，也不宜过宽降低控制精度。入水阶段，通过 30°左右的转体动作将桨叶完全插入水中，保持桨叶与水面成 75°的理想角度。划动过程中要善用核心肌群发力，通过背部肌肉带动手臂完成流畅的“拉－推”动作链。当桨叶运动至髋部位置时，通过手腕 90°的翻转使桨叶平行出水，这个细节动作能显著减少水花飞溅和能量损耗。后退操作的基本原理与前进相同，但要注意保持桨叶的垂直状态，避免因横向摆动导致船体偏移。

（2）航向控制技术。

精准的航向控制是应对复杂水况的关键。单桨转向技术通过在前进中持续单侧划桨，可产生约 30° /s 的标准转向速率，这种转向方式适合宽水域的渐进式调整。当需要更精确的角度控制时，可采用双桨差速转向技术，即一侧正常划桨配合另一侧 1/2 幅度的划动，可实现 15° ~20°的精细调整。在紧急避障等特殊情况下，可运用急转技巧，通过一桨前进划同时另一桨反向划的组合动作，实现原地 360°的高效旋转，通常 4~6 桨即可完成完整回转。这些转向技术的灵活运用需要根据实际水流情况和障碍物分布进行动态调整。

（3）障碍规避技术。

面对河道障碍时，推荐采用系统的 30°规避法。首先要在足够远的距离（建议 20 m）识别障碍物，给后续操作预留充足空间。随后调整船体与水流形成 30°的标准夹角，这个角度既能保证足够的转向力矩，又不会造成过大阻力。在保持角度的过程中，需要交替使用左右桨进行微调，确保航线的准确性。当距离障碍物约 5 m 时，执行 45°的紧急转向动作，这个距离和角度的组合经实践验证能提供最佳规避效果。在涡流区域，则需要采用特殊的穿越技巧，保持船首与涡流切线呈 60°夹角，同时外侧桨增加 20% 的划动频率，内侧桨控制入水深度在 1/2 桨叶位置，这样的组合能有效抵消涡流的旋转拉力。

（4）激流操作技术。

激流摆渡需要掌握专业的 45°摆渡法。进入激流前就要预先调整船体至 45°的标准迎流角，这个角度在流体力学上能获得最佳的操控性和稳定性。操作时外侧桨

（下游侧）要适当加强划动力度，通常比常规划动增加 30% 的力量输出；内侧桨则主要发挥稳定作用，保持适度的划动节奏。整个过程中必须维持船体与主流的恒定角度，任何的角度偏差都可能导致失控。需要特别注意的是，当流速超过 3 m/s 时，必须提前至少 10 m 开始准备动作，同时确保船速始终高于水流速 20% 以上，这是安全通过激流的基本保障。在任何情况下都要避免船体完全横向于水流，这种姿态极易导致翻船事故。

（5）进阶旋转技术。

后旋轴技术是处理近距离障碍的高级技巧。建议在距障碍 15 m 处就开始以 60°的标准角接近，这个距离角度组合能提供最佳的操作空间。操作时下游侧桨要执行特殊的 J 型划动轨迹，先推后拉的复合动作能产生最大的旋转力矩；上游侧桨则主要保持稳定，必要时可轻微点水辅助。通过这样的配合，船尾会自然甩过障碍物。进阶应用中可结合身体重心的主动偏移，向旋转反方向倾斜约 15°，这个姿势能增强旋转效果同时保持平衡。在浪涌区操作时，还可巧妙利用波浪的助推作用来强化旋转效果，但需要丰富的经验才能准确掌握时机和力度。

2. 排桨船的操桨技术

排桨推进是通过船长和船员的共同努力，并且大部分操作都是顺流的，船以比水流更快的速度向前进。船员坐在船边，并使力量均匀地分布于船的两侧。船长坐在船首指挥，把他手中的桨作为方向舵。这时船上人员的配合更紧密，因为船的前进趋势常在障碍物中形成一个紧密的道路。因此船长必须预料到前方水况，并迅速地通知船员跟进，而不是与水流背道而驰。船长发布的口令，用这些口令就可以像一个人划船一样地操作船。在有许多障碍物的水域和危险水道，根本没有时间精确地指向通道，让桨向前，因为船顺流而下的速度太快了。这时，可以用以下方法来降低船速，让船穿过水流而到达边沿。

（1）顺流摆渡技术。

顺流摆渡是一种节能高效的转向方法，特别适合在中等流速水域（2~3 m/s）实施机动。该技术主要依靠后桨手的控制力，通过调节后桨划动幅度和频率，使船首与逆流方向形成 20°~40°的夹角。这种操作方式具有三大优势：一是能耗较低，仅需常规划行力量的 70%；二是视野开阔，便于操桨手持续观察前方水域；三是转向灵活，在最后 3~5 m 仍可进行航向微调。实施时，后桨手应加大划幅约 15%，同时前桨手保持稳定节奏，形成前后力矩差实现转向。

（2）逆流摆渡技术。

逆流摆渡是应对急流（>3 m/s）的高强度机动技术，要求全船协同发力。操作时需先统一将桨叶前推入水，建立船体与水流 25° ~45°的迎流角。全体船员随后采用爆发式划桨，划动频率需提升至 70~80 次 /min，力量输出要比常规划行增加 30%~50%。关键技术要点包括：一是初始角度必须精确，误差控制在 5°以内；二是发力要同步，全船划桨时差不超过 0.5 s；三是保持船速始终高于水流速度 15% 以上。这种技术虽然耗能较大，但在狭窄水道或紧急避障时效果显著。

二、漂流的训练方法

（一）基础技能训练

基础技能训练是漂流的入门阶段，重点培养学员的个人操作能力、平衡控制能力和基本安全意识。该阶段通常在静水环境（如湖泊、水库）中进行，确保学员在低风险条件下掌握核心技能。

1. 桨法专项训练

桨法是漂流的基础，直接影响船只的操控性和团队协作效率。训练时需分解动作，逐步强化肌肉记忆。

（1）前进桨。双臂伸直，核心收紧，桨叶垂直入水，利用腰背力量向后划动至髋部出水。动作要求稳定、连贯，避免左右摆动导致船只偏离方向。

（2）后退桨。动作与前进桨相反，桨叶由后向前推水，用于减速、调整船头方向或紧急避障。

（3）扫桨。单侧大幅度弧形划动，主要用于快速转向。训练时需注意桨叶入水角度，避免因用力过猛导致船只侧翻。

训练时要注意先在陆地模拟练习，熟悉动作要领，减少水上训练时的错误率。在静水区域进行重复性训练，确保每位学员的动作标准化。

2. 平衡与体位控制

漂流过程中，船只可能因水流冲击、障碍物碰撞或操作失误发生倾斜甚至翻覆。因此，学员必须掌握平衡调整和翻船自救技能。

（1）翻船自救练习。在浅水区（水深 1.5 m 以内）模拟船只翻覆，训练学员快速扶正船只并重新登船。重点练习“蹬船翻身”动作：落水后抓住船边，利用腿部蹬踏船底，配合上肢力量将船只翻转复位。

（2）落水姿态训练。若无法立即复位，需保持“仰漂姿势”——背部朝上，双臂展开，利用救生衣的浮力保持呼吸，避免呛水。

（3）重心调整训练。通过团队配合，练习左右移动重心，以适应浪涌冲击，防止船只侧翻。

3. 信号与口令熟悉

在嘈杂的激流环境中，语言交流可能受限，因此必须熟练掌握国际通用漂流手势和简短口令。

（1）手势训练。“停止”：双臂交叉举过头顶。“前进”：单臂向前挥动。“左转/右转”：向左或向右平举手。

（2）口令训练。模拟激流噪声环境，练习短促、清晰的口令传递，如“左桨！”“压重心！”“抓绳！”等。

（二）模拟训练（静水→激流分级）

在掌握基础技能后，学员需逐步适应不同难度的水流环境。模拟训练采用“由易到难”的分级模式，从静水过渡到人工激流，最后进入自然河流。

1. 静水编队训练

队形保持：练习纵队、横队航行，确保船间距合理，避免碰撞。

载重平衡：模拟携带装备（如背包、救援物资）时的船只稳定性控制。

2. 分级激流训练

根据国际河流难度分级标准（I~VI 级），训练应从低难度开始，逐步提升。

（1）一级水流（平缓）。重点练习“读水”——观察水流走向，识别主流、漩涡和暗礁，选择最佳航线。

（2）二级水流（小浪）。训练穿越浪区，掌握“迎浪”和“侧滑”技巧，避免船只被浪打横。

（3）三级水流（大浪、窄道）。进阶训练团队协作，如“高桨”避障（举桨防止碰撞）、救援绳抛投、船只拖拽等。

3. 突发情况处置演练

（1）桨丢失。练习用备用桨或徒手划水控制方向。

（2）人员落水。模拟快速救援，包括抛绳、拖拽和岸边接应。

（3）船只卡礁。训练利用水流和团队配合脱困。

（三）实战训练（自然河流）

实战训练是漂流技能的综合检验，通常在自然河流中进行，要求学员结合环境特点，灵活运用所学技能。

1. 路线规划与分工

（1）提前勘察。识别危险点（如瀑布、急弯、礁石群），制定备用路线。

（2）角色分配。舵手负责掌控方向，通常由经验丰富的学员担任；桨手执行划桨指令，保持节奏一致；观察员监测水流变化和队友状态，及时预警。

2. 复杂水域通过技巧

（1）“涮滩”技术。斜向切入浪区，利用水流推力快速通过。

（2）“挂高”技术。遇到礁石时，通过重心偏移使船只“挂”在浪尖，避免碰撞。

3. 综合演练

结合定向任务，如限时到达目标点，考验路线选择和团队配合；物资运输，在漂流过程中携带模拟物资，训练载重航行能力。

三、漂流注意事项

（1）漂流时必须全程正确穿戴救生衣和头盔，确保系带牢固不松动。

（2）出发前要仔细检查桨具是否完好，避免使用有裂纹或变形的桨。

（3）每位参与者都应携带必要的应急装备，包括口哨、防水手电和简易急救包。

（4）参与漂流前要确保身体健康，有心脏病、高血压等疾病者不宜参加，疲劳、饮酒或服药后禁止下水。

（5）落水时要保持冷静，立即采取仰漂姿势，双脚朝向下游方向，避免被礁石撞击。不要盲目挣扎，要利用救生衣的浮力等待救援。

（6）漂流过程中要严格听从舵手指挥，保持队形整齐，船距合理。通过险滩时要前后保持安全距离，给后船留出反应时间。

（7）发现队友落水要立即施救，但要注意自身安全，优先使用救生绳或桨具救援。

（8）要密切关注天气变化，避免在暴雨、雷电或水位暴涨时漂流。

（9）每次训练前都要查询水文信息，了解水流速度和障碍物分布。

（10）陌生水域漂流必须聘请当地向导，提前勘察河道避开危险区域。

（11）船只出现故障要立即靠岸检修，不能冒险继续前行。

（12）发生擦伤等轻微伤情要及时消毒包扎，严重伤情要立即联系救援。

（13）迷路时要选择安全地点等待，用哨声或反光信号求救。

（14）严禁擅自离队或改变路线，训练中禁止嬉戏打闹。

（15）所有学员必须掌握基本救生技能才能参加实战训练。训练后要及时总结经验，完善应急预案。

四、漂流的紧急措施

漂流训练过程中，尽管做好了充分准备，仍可能遭遇突发险情。为确保参训人员安全，必须熟练掌握各类紧急情况的应对方法，做到快速判断、果断处置。以下是漂流训练中常见的紧急情况及应对措施。

（一）翻船事故处置

当船只倾覆时，所有人员应保持镇定，第一时间抓住船体两侧的安全绳，避免被水流冲散。落水后立即采用标准自救姿势：身体仰面朝上，双脚并拢顺水流方向伸展，双手护住头部以防撞击礁石。同时注意聆听指挥哨音，连续短促的哨声表示需要紧急救援。团队应迅速集结，优先救助落水人员，再协同将船只翻正。翻船后要特别注意清点人数，确保无人被水流卷走。

（二）人员落水救援

发现人员落水时，救援者首先要评估水流情况。切忌盲目跳水施救，应利用船桨延伸或抛掷救生绳实施救援。采用“活饵救援法”时，施救者必须系好安全绳，由岸上或船上的队友控制绳索。接近落水者时，要从其背后靠近，避免正面接触导致被抱缠。落水者应保持仰漂姿势，减少体力消耗，配合救援人员行动。若遇多人同时落水，应按“先近后远、先急后缓”的原则有序施救。

（三）急流漩涡脱困

在遭遇强力漩涡时，被困者要深吸一口气，蜷缩身体呈球状，待水流自然将人推出漩涡区。若被吸向涵管、倒木等障碍物，要用力蹬踏障碍物逆向脱离。团队遇到急流区时，应保持紧密队形，由舵手统一指挥，集体发力快速划桨通过危险区域。如船只失控，要立即向缓流区或岸边调整航向，必要时可主动靠岸避险。

（四）失温急救处理

冷水浸泡导致的失温是漂流中的重大威胁。当出现不可控制的颤抖、言语含糊、动作迟缓等失温症状时，必须立即终止训练。将患者转移至避风处，快速脱去湿衣，用干燥衣物或保温毯包裹。可让患者饮用温热糖水补充能量，严禁使用酒精或咖啡因饮品。对于重度失温者，要采取“人体复温法”，由队员用体温帮助回暖，同时立即联系医疗支援。

（五）装备故障应对

救生衣失效时，要立即寻找替代浮力物，如防水背包、密封水桶等。船体漏气要迅速使用应急补漏胶修补，若无法修复则要执行弃船预案，采取“团队链式漂流”方式，即人员相互连接呈纵队横渡。所有装备故障处置都要坚持“人员安全第一”的原则，必要时宁可舍弃装备也要确保人员安全。

思考题

1. 漂流训练的主要挑战是什么？它对军士生的能力有哪些提升？
2. 漂流前需要检查哪些装备？如何确保它们处于良好状态？
3. 漂流过程中遇到激流或翻艇，应该如何正确应对？
4. 团队漂流时，如何通过配合提高安全性和效率？

第十一章

溯溪

依据《体育强国建设纲要》关于发展山地户外运动的要求及《军事体育训练大纲》复杂地形通过能力训练标准，溯溪运动不仅是挑战自我的载体，更是锤炼意志品质、强化风险意识、培育团队协作精神的实战化平台。通过科学严谨的溯溪训练，能有效提升定向培养军士生在复杂水域和崎岖地形的机动能力、应急处置水平及环境保护责任感，深刻体现“生命至上、安全第一”的理念，弘扬团结协作、坚韧不拔的体育精神，为遂行多样化军事任务积累宝贵的野外实战经验。

第一节　溯溪运动的概述

一、溯溪运动的定义

溯溪运动是指参与者借助专业装备与技术，沿峡谷溪流逆流而上或顺流而下，克服急流、深潭、瀑布、岩壁等障碍的综合性户外探险活动，融合了登山、攀岩、游泳、绳索操作、野外生存与定向等多领域技能。其技术特点和难度分级对参与者的体能、技能、心理素质和装备运用等提出了系统性要求。

二、溯溪运动的起源与发展

溯溪运动起源于欧洲阿尔卑斯地区的登山活动，后发展为独立户外运动项目，20 世纪 60—70 年代在日本盛行。我国自古便有沿溪探索的传统，东晋《桃花源记》中“缘溪行”的记载即为其雏形。现代溯溪运动于 20 世纪 80 年代经中国台湾地区传入大陆。

大陆溯溪运动虽起步较晚，但发展迅速。早期活动主要集中于西南山区，近些年来在专业机构与户外爱好者共同推动下呈现蓬勃发展态势。

（1）赛事体系完善。自 2011 年首届全国溯溪大赛（吉林北大湖）举办以来，赛事规模持续扩大。2014—2016 年贵州毕节金沙冷水河连续承办国家级赛事，吸引全国 20 余省代表队参赛。2017 年至今，浙江仙居、湖南张家界等地相继举办国际溯溪挑战赛，形成多层级赛事网络。

（2）规范化建设。中国登山协会 2018 年发布《溯溪运动技术标准》，2021 年建立溯溪指导员认证体系，推动项目专业化发展。

（3）大众普及深化。截至 2023 年，全国建成认证溯溪训练基地 27 处，年均参与人次超 50 万，成为山地户外运动的重要组成部分。

三、溯溪运动的分类

溯溪可以简单分为完全溯溪、段落溯溪、勘探溯溪、无目的溯溪、竞技式溯溪。

（一）完全溯溪

完全溯溪（图 11–1–1）就是沿着溪流的下游直溯而上，直至顶峰，难度最大，但是成就感和收获也不是一般运动可以比拟的，不少顶峰都拥有绝色的风景，而且千年来人迹罕至，绝对是人间仙境。

（二）段落溯溪

段落溯溪（图 11–1–2）可以说是完全溯溪的普及版，就是选择一段溪流溯行，可上可下，主要还是在享受露营垂钓的乐趣，顺带欣赏飞瀑峭壁等美景，是最普及的溯溪方式。

图 11–1–1　完全溯溪

图 11–1–2　段落溯溪

（三）勘探溯溪

勘探溯溪（图 11–1–3）是指以调查某山区的所有溪流兼综合调查其棱脉、溪谷、岩壁和步道及动植物人文生态资源为主的溯溪活动。这种方式可以说对所有的溪谷都是未知的，基本没有任何资料可供参考，必须动员很多人，经年累月利用假期逐一探勘方能完成。

（四）无目的溯溪

无目的溯溪（图 11-1-4）是指兴趣相投的山友组成队伍，伴行溯溪，尽兴而上，这是国内最盛行的方式。溯溪是可休闲、可冒险的活动，但因溪谷的地形通常崎岖不平，激流、深潭、瀑布不断，溯溪初学者若要尽兴地参与，最好能加入专业的溯溪团体，跟随经验丰富的溯溪领队学习，循序渐进地累积经验。

图 11-1-3 勘探溯溪

图 11-1-4 无目的溯溪

（五）竞技式溯溪

竞技式溯溪（图 11-1-5）是指由地方政府或俱乐部组织，企业赞助，通过前期宣传、报名，然后选择一段溯溪地组织比赛。这也是当前参与竞技溯溪运动方式的一种，这种方式推动了溯溪技术的标准化和普及。

图 11-1-5 竞技式溯溪

第二节　溯溪的特点与意义

一、溯溪运动的技术特点

除了基本的登山技能，溯溪还要求掌握攀登瀑布等技术。因此从技术而言，溯溪比登山更为复杂，要求更高。溯溪的技术大致可分为：溯溪图的判读、具有溯溪特点的登山技术，即岩石堆穿越、横移、涉水、泳渡、瀑布攀登和爬行高绕等。

攀登技术的基本要领为三点式攀登，即在攀登时四肢中的三点固定，使身体保持平衡，另一点向上移动。要点为重心控制、寻找可靠支点、测试支点、动作流畅。下面分别对其他技术进行介绍。

（一）岩石堆穿越

峡谷溪流中多滚石岩块，且湿滑难行，行走时应看准、踏稳，避免因踏上无根岩块跌跤或被急流冲倒（图 11–2–1）。

（二）横移

在岩壁瀑布下常有深潭阻路，可尝试由两侧岩壁的岩根横移前进（图 11–2–2）。岩石多湿滑，支点不易掌握，横移时须特别谨慎，有时支点隐藏于水下，此时以脚探测摸索移动，若特别困难，干脆涉水或泳渡更简单。溯溪过程中应尽量避免湿水，一般峡谷中多阴凉潮湿，湿水以后衣物鞋子等不易干，容易疲劳，脚久在水中易起水泡，所以不到万不得已不要湿水是溯溪的基本要诀。

图 11–2–1　岩石堆穿越

图 11–2–2　横移

（三）涉水及泳渡

涉水或泳渡（图 11–2–3）时，必须清楚地判断水流的缓急、深度，有无暗流，必要时借助于绳索保护。在溯溪过程中经常使用绳索横渡过河，涉及一系列的绳网、绳桥技术，这里不作详细介绍。

（四）攀登瀑布

攀登瀑布（图 11-2-4）是溯溪过程中最刺激，也是难度最大的技术。攀登前必须事先观察好路线，熟记支点，要充分考虑好进退两难时的解决办法。瀑布主体水流湍急，但苔藓少，有时反而容易攀登。

瀑布攀登虽然刺激，但难度大，对经验和技术要求高，不具备娴熟技术经验者或者初学者不要轻易做这种尝试。

图 11-2-3　涉水及泳渡

图 11-2-4　攀登瀑布

（五）爬行高绕

在遇到瀑布绝壁，其他方法不能通过时，可以考虑爬行高绕的方式前进。即从侧面较缓的山坡绕过去，高绕时小心在丛林中迷路，同时避免偏离原路线过远，并确认好原溪流。

（六）溯溪图的判读

溯溪图是根据峡谷溪流的地形特点绘制的简单明了的溯行路线，特征图件如图 11-2-5 所示，是溯行前必须准备的物品之一。有经验的溯溪者要根据该图清楚地了解溯行地区的各种地形特征，从而有目的地进行各项准备工作。判读溯溪图是溯溪的基本技能，而如果能够绘制溯溪图则更使溯溪组织之间多了一份宝贵的交流资料。

溯溪图一般以 1：50 000 的比例绘成，地形图足以显示主要的地形特点，如岩石堆、瀑布、深潭，地物标志溪流的汇流和分流点等。标绘得过粗过细都不适宜，过粗无法体现整体路线上的特点，而过细则显得杂乱，没有特点。

图 11-2-5 常用符号

二、溯溪运动的意义

(一)溯溪运动能全面促进参与者的身心健康

溯溪是一项集登山、露营、攀岩、野外生存于一身的综合性运动项目，要求参与者具有良好的体能和心理素质；同时也是一项在天然环境中进行的运动，能使参加者在较长的一段时间里拥抱大自然，在纯净的空气与无污染的水流中活动，对身心健康是极为有益的，可以有效提升心肺功能、核心力量、平衡协调能力，同时可以达到减压效果。

(二)溯溪运动能培养参与者顽强的意志品质

溯溪是一项需要较长时间的运动项目，在这段时间里，参与者将受到不同的艰难险阻的磨炼与考验，有许多事先预料不到的障碍、危险将出现在前进的道路上，是极具刺激性的挑战，对参与者的意志品质是极好的锻炼。

(三)溯溪运动能培养参与者的团结协作精神

溯溪是一项具有一定规模的集体运动项目，需要较完整的筹划、组织和团队的协作。从计划到实现，有多个环节，都需要集体的思维和配合，通过溯溪运动，对培养人的合作交往能力有很大的好处。

第三节 溯溪运动的环境与器材

一、溯溪运动的环境

（一）溪谷难度等级

（1）初级溪谷。海拔上升不足 1000 m，1 天可以往返，全程起伏不大。

（2）中级溪谷。海拔上升 1000 m 至 2000 m，2 天至 3 天行程，具有相当数量的瀑布、深潭、峡谷地形，颇具难度而且需要露营。

（3）高级溪谷。海拔上升 2000 m 以上，需要 4 天至 5 天以上行程，有大量的瀑布、深潭、峡谷地形，具有难度而且需要露营，技术熟练和体能良好者方可尝试。

（二）溪谷地形

（1）左支和右支。主流和同水量支流的交汇处，从下游向上游方向看，右边溪称为右支（溪），左边溪称为左支（溪）。若从左右支再分出等量的岔流溪，则称之为中支（溪）。

（2）左岸和右岸。以溪流流水向来定岸。从上游往下游看，在流水方向的右边称右岸、左边称左岸。

（3）分水线和合水线。分水线即山脊线，合水线即山谷线。在地形图上，通常是等高线的凸部朝向山麓的是分水线，而等高线的凹部朝向山麓的是合水线。

（4）集水面积。集水面积是指流域分水线所包围的面积。集水面积大都先从地形图上定出分水线，用求积仪或其他方法量算求得，计算单位为平方千米。

（5）比降。亦称坡降、坡度，指水面水平距离内垂直尺度的变化。河段水面沿河流方向的高程差与相应的河流长度之比，称为水面的纵比降。由于地球自转和河道弯曲处离心力的作用，河道横断面的水面也不平，左右岸水面的高程差与之相应断面的河宽之比，称之水面的横比降。

（6）峡谷和溪廊：“峡谷”指溪谷两岸狭窄、岩壁陡峭的地形，“溪廊”则较峡谷更广、更长。一般而言，峡谷发生在较上游段，而溪廊由于河床浸蚀较深广，大多发生在中游段（图 11-3-1、图 11-3-2）。

（7）巨石：在溪床上常可见堆聚着大块岩石堆，称为“巨石堆”，通过巨石堆需要攀爬跳跃。

（8）岩壁：因地形陡峭、植被不生，导致岩石凸出形成“岩壁”。若溪谷两侧均为岩壁地形，则构成峡谷。

图 11-3-1 峡谷

图 11-3-2 溪廊

（9）岩洞：溪床岩壁在转弯处因浸蚀作用常形成“岩洞”，或人工特意开凿的洞穴。

（10）崩壁：溪谷两侧山脊或岩棱常因采矿、土石松软或暴雨而造成崩塌，形成“崩壁”和“崩坏地”。

（11）深潭：溪床低洼处也会使溪水停滞聚集谓之“潭”，水深超过 1m 则称为深潭。溪流流经峡谷或溪廊也常常会造成瀑布与深潭地形。

（12）瀑布：溪床坡度骤然变陡时，水流呈近垂直或垂直下落称为“瀑布”。瀑布是溪谷常见的地形景观，也是溯行者较难克服的地段，如果攻顶所费时间数倍于高绕时，通常采取高绕居多。

（13）滑瀑：当溪水快速流经溪床上的大岩石时，会产生类似瀑布的景象。此岩石并非垂直而是倾斜时，则此岩石称为“滑石”。若倾斜达 45°以内称为“滑石瀑布”或“滑瀑”；若倾斜缓和至 30°以内，则称为“滑”或“滑石”；如果再倾斜至 10°内或几乎无倾斜者，则称为“滑床”。一般来说，滑瀑在流水之处有良好的踏足点利于溯登；而滑石虽较平缓，溪流浸蚀作用较弱，但因整个岩面滑溜而极易出状况（图 11-3-3）。

图 11-3-3 滑瀑

（14）伏流：溪流到了某个地段后会潜入地底下成为“伏流”，以砂土地带伏流较多。有的溪流上游因两岸的岩壁崩塌或采矿影响，常被土石覆盖成为伏流。另外枯水期内一些溪床较高的地段，因流水被阻隔后潜入地下至较低溪床处流出也会形成伏流。

二、溯溪运动的装备

溯溪运动的常用装备如下。

（一）溯溪鞋

溯溪鞋（图 11–3–4）要注意选择排水性、防滑性、保护性、贴合性、快干性好的鞋子。

图 11–3–4　溯溪鞋

由于溯溪的环境中沙石较多，因此环境要求鞋的附着力较强而非抓地性出色。在一些 V 形峡谷中溪流边裸露的岩石面上行走时，有时其坡度可能会超过四五十度，鞋底的齿型不像一些徒步穿越鞋一样有较深的齿纹设计，而是要求鞋底要与岩石面有较大的接触面积以增加摩擦力。这种摩擦力除了来自鞋底花纹的设计，比如说吸盘式或波浪式，最主要还是要看橡胶材料本身所能带来的性能表现。大部分鞋底采用的防水抓地刀纹加碳橡胶大底就很出色。

溯溪过程中充满乐趣与刺激的莫过于遇到一些瀑布，超过 3m 落差的都可认为是瀑布，低矮的瀑布可以通过器材甚至是徒手攀登通过，这就要求溯溪鞋具有一定的攀爬特性，除了有较好的摩擦效果外，较尖的类似攀岩鞋的鞋头设计可以很好地在湿滑的岩面上找到支撑点，而较硬的鞋头对于保护脚尖也会很有帮助，这时采用专利脚趾保护楦头设计的鞋子，就能起到充分的保护作用。

（二）护腿

护腿（图 11–3–5）一般由防水材料制成，除了具有一定的防寒性外，又可免于杂草岩石碰伤、擦伤、割伤之虑，以及防止蚂蟥等的叮咬。护腿分为长统和短统两种，长统除防护小腿外还可护膝。

图 11–3–5　护腿

（三）头盔

可使用轻便的攀岩头盔或登山头盔（图 11–3–6），国内的工程头盔也可替代（必须有安全认证标志，但其并非理想选择，工程头盔的保护性与通风性能相对较差）。头盔能保护头部免于溪攀滑坠及落石伤害，同时专业的攀岩头盔会附带头灯挂载点，这在某些场景下，如视野较小、能见度较低的环境较为有用。

（四）防水背包

溯溪运动中使用的背包的容量以能够携带溯溪设备和攀登用品为准，太大太小均不适合。防水背包（图 11–3–7）一般都采用轻量化防水面料，确保使用者即使身体或背包被溪水打湿，仍能保持相对的舒适性和透气性。

图 11–3–6　头盔

图 11–3–7　防水背包

（五）防水内袋

溯溪有时得在深潭峡谷泳渡，背包下水是常有的事，要使背包里的东西达到防水的效果，单凭用塑料袋绑起来是不够的，因此背包里加装一个防水内袋（图 11–3–8）是必要的。

图 11–3–8　防水内袋

（六）防水衣物

溯溪的衣物讲求快干保温，一般在溯溪时选择三层穿衣法（快干排汗层 + 保温层 + 防护层），选择快干的衣物及排汗内衣是很必要的，它可以让你保持体温，同时排除汗液，避免着凉感冒。切忌穿牛仔裤，一旦被打湿很难干透。防水衣物以轻便、透气性良好、易干燥的尼龙面料为宜。保暖用具和其他衣物等视日程的安排而有选择性地携带，物质装备的准备以轻便、负重不宜过大为准则。

（七）下降器

下降器（图 11–3–9）是在溯溪过程中，用于从上方下降到下方的专用器械，主要用于可控绳降（瀑降），通过增大绳索摩擦力实现匀速下降。

图 11–3–9　下降器

（八）下降器主绳

分为静力绳（溪降 / 探洞专用。承受冲击力小，不易冲坠，利于精准下降控制）和动力绳（攀岩用。严禁用于溪降！延展会放大水流冲击力，增加撞壁风险）。注意：溪降只用静力绳！每次使用前检查磨损、硬化、扁化情况。

（九）安全带

应采用尼龙 + 透气网面，减少吸水重量。攀登者穿在身上，由铁锁等与主绳相连，起保护作用。铁锁用于连接各种绳索、安全带及攀登器械，使用简便。注意：腰环反扣必须留足 5 cm 余量；腿环松紧以插入一掌为限。

（十）上升器

上升器（图 11-3-10）是在溯溪过程中，用于向上攀登时使用，单手操作，效率高。通过凸轮咬合绳索单向上升，需配合脚踏绳环使用，同时也起保护作用。

（十一）防水镜

防水镜（图 11-3-11）可保护攀登者眼睛。

图 11-3-10 上升器

图 11-3-11 防水镜

（十二）装备建议

衣物和露宿帐篷、炊具、食品等视日程的安排而有选择性地携带，物质装备的准备以轻便、负重不宜过大为准则，帐篷可以携带外帐。另外必要时可自带渔具等，在露营时进行垂钓。因为溯溪总在水边或水中行进，所带的装备应妥善打包，一应物品最好用塑料袋包好以后再放入背包，尽量使背包的体积最小。由于存在潜在危险，需要一些专用装备来自我保护。初学者最好跟随溯溪团体或专家，可省去“闭门”摸索，装备上亦可减轻团体装备的购置，不过一些基本装备仍不可少。通常是登山装备加上攀岩器材、水上设备，再加以防水处理。

三、溯溪运动的注意事项

（1）溯溪是运动量极大的活动，平时应强化体力及耐力。对于各项溯溪技术（如游泳、攀岩、定位等）及所需装备器材的使用，都应达到熟练的程度。参加溯溪运动之前，应阅读有关溯溪技术的书籍，学习各项攀登技术。参加溪降的人员必须具备游泳技能。

（2）溯溪运动一定要组队结伴，切忌单独进入溪谷中。

（3）溯溪运动之前要做好行前计划，前进路线与临时撤退方案要让每个队员了解。溪降前应对路线进行细致的观察，然后确定溪降的路线，注意可能遇到的问题，并考虑好解决的方法。

（4）在参加溯溪运动时，溺水是极易发生的伤亡事故。为避免溺水事故，涉水过河地点应选择水最浅（浅于膝盖以下）并且水流平稳之处，避免在急流及瀑布上游处渡河，以免因不慎滑倒。若在水较深处渡河，应先架设好保护绳索或手持一根长杆试探水的深浅，小心地慢慢渡过。参加溯溪运动，需要经常进行涉过溪流的训练，最好装备头盔、救生衣及溯溪鞋等专用装备，以提供安全保障。

（5）发生意外事件时，不可慌乱，一定要视情况的轻重缓急，决定继续前进或撤退中止活动，将伤害减低至最小程度。

（6）绝对不可以摸黑赶路，因为溪谷中高低不平，极容易失足受伤。

（7）溪谷中理想的宿营地不多，如果傍晚前找不到适合的宿营地，就要及早考虑野地露宿的可能情形。

（8）天气转坏时，一定要及早考虑所去溪流及上游地区的天气情况，尤其是南方山区及多雨地区。因为有些时候上游下一点雨就可能导致山洪暴发，而山洪暴发是溯溪者所面临的最大危险。

（9）对于行进路线与营地的选择，都要考虑到溪水上涨的可能，最好能有撤退路线以防万一。

（10）发生意外时，可报警请求协助。遇到危险情况要及时拨打求助电话或是发出 SOS 求救信息。对于自助或是团体溯溪可考虑购买短期出游意外保险。

（11）溪降前，必须将溪降所用的保护绳设置好，保护绳的上方固定支点必须是两个。保护装置必须牢固，保护者必须做好自身的安全保障，经常检查连接自身的固定支点的牢固性，绳子、绳结的情况及安全带的情况等。在练习过程中必须经常检查支点的牢固性和所系绳结是否有松动及绳子的磨损情况。保护者必须认真观察练习者溪降的整个过程，及时放绳，及早发现问题并及时进行保护。练习前，必须检查安全带穿带是否正确。包括：安全带主带是否在骨上方；安全带主带是否系紧；安全带主带是否反扣；连接保护绳的主锁丝扣是否拧紧锁好等。

（12）当天气不好或下大雨时，应当绕开需涉水过河的路线。若发现河水上涨，不可冒险强行涉过。

（13）要避免在水急或水深处取水、饮水。尤其应小心水边石块上的青苔，避免不慎踩踏在青苔上，滑落水中而发生溺水事故。

四、小贴士

（1）二人以上方可成行。

（2）防范迷路，坚守原路来回的原则。

（3）初次探勘，勤作记号。

（4）雷雨时谨防电击。

①远离大树。

②别站在开阔地，使自己成为最高点。

③远离水边，尤其不可站在水中。金属物品，如刀等不要带在身上。

④停止钓鱼，收起钓竿；来不及时则放在一边。

⑤无线电或收音机等物品，暂时关闭电源离身。

（5）野炊完毕后余火需覆盖土或浇灭。

（6）预防蜂蜇

①进山前一日不要使用洗发水、发胶等，以免引来蜜蜂“关爱”。

②生火起烟时，注意是否引来蜜蜂；如有，表示生火地点附近必有蜂窝，及时更换地点生火。

③遇有蜂窝，小声、快速离去。

（7）预防蛇咬。蛇在夜间活动较强，经过枯树阴影、石堆后、树洞、岩缝、水边、草丛时需格外小心。

（8）预防蚂蝗吸血。多检查大腿以下的小腿、脚踝部位，尤其是裤管、溯溪鞋上。

第四节 溯溪运动的训练方法

一、体能训练

（一）有氧耐力训练

（1）匀速持续跑负荷量较大，一般来说运动时间在 1 h 以上，心率尽量控制在 150 次 /min 左右。在训练的过程中要保持跑动的持续性，不能有停顿。

（2）变速跑运动训练负荷强度由低到高，心率控制在 130~150 次 /min、

170~180 次 /min。练习持续时间在半小时以上。在训练的过程中要根据专项任务来决定快、慢跑距离和地点。

（3）水中快走或大步走。在深 30~40 cm 的浅水池中，做快速走或大步走练习，每组 200~300 m 或 100~150 步，4~5 组，间歇 5 min。在训练时要保持身体平衡，强度控制在 50%~55%。

（二）无氧耐力训练

1. 计时跑

可做短距离的重复计时跑或长距离的计时跑。重复次数 4~8 次，间歇 3~5 min。强度为 70%~90%，根据运动员水平及跑距而定，距离短，强度大些。训练的重复次数根据距离而定。

2. 反复连续跑台阶

在每级高 20 cm 的楼梯或高 50cm 的看台上，连续跑 30~40 步台阶，每步 2 级，重复 6 次，每次间歇 5 min。强度为 65%~70%。要求学员训练时动作不间断，也可定时完成。

3. 力竭重复跑

采用专项比赛距离，或稍长距离，以 100% 强度全力跑若干次。每次之间充分休息。要求野外训练人员短跑可采用 30 m，中距离跑可采用 800 m 或 1500 m 距离。

（三）柔韧素质训练

柔韧素质训练主要是发展运动员下肢的柔韧性，包括大腿、小腿、脚部和踝部等。可采用以下几种方法进行训练。

1. 大腿柔韧素质训练

（1）体侧屈压腿侧。

面对一个约与训练者同高的台子站立，两脚与台子两侧同宽。将一只脚放在台子上。双手在头上交叉，呼气，向台子方向体侧屈。训练时，要使动作幅度尽可能大，保持 10s 左右结束该动作，双腿交替练习。

（2）直膝分腿坐压腿。

双腿尽量分开坐在地面，呼气，转体，上体前倾贴在一条腿上部。交换腿拉伸，重复练习。训练时，要使动作幅度尽可能大，保持 10 s 左右结束该动作。

（3）顶墙坐拉引。

臀部顶墙坐在地面，双腿体前屈膝展开，双脚相对。双手握住双脚脚掌尽量向腹股沟方向拉。呼气，上体缓慢直背前倾。训练时，要使动作幅度尽可能大，试图将胸部贴在地面，保持 10 s 左右结束该动作。

2. 小腿柔韧素质训练

（1）坐拉脚掌。

双腿分开坐在地面上，一条腿屈膝，脚跟接触伸展腿的腹股沟。呼气，上体前倾，一只手抓住伸展腿的脚掌向躯干方向牵拉。重复练习。训练时，腿膝部始终伸直，要使动作幅度尽可能大，保持 10 s 左右结束该动作。

（2）扶墙拉伸。

面对墙壁站立，双手扶墙支撑身体，双脚始终贴在地面，脚趾指向墙。呼气，屈肘前移重心，两前臂贴墙，身体斜靠在墙上。重复练习。训练时，要使动作幅度尽可能大，保持 10 s 左右结束该动作。保持头、颈、躯干、骨盆、腿和踝成一直线。

（3）扶柱屈髋。

在柱子前，双手握住柱子，双脚左右开立并尽量内旋。呼气，屈髋并后移髋关节，双腿与躯干形成约 45°夹角。训练时，要使动作幅度尽可能大，保持 10 s 左右结束该动作。

3. 脚部和踝部柔韧素质训练

（1）脚趾上部拉伸。

两脚前后开立，前面腿微屈膝，脚趾上部支撑在地面，双手放在其大腿上。双脚轮流练习。吸气，逐渐把体重移到前面腿的脚趾上，并缓慢下压。要使动作幅度尽可能大，保持 10 s 左右结束该动作。

（2）踝关节向内拉伸。

坐下将一条腿的小腿放另一条腿的大腿上。一只手抓住踝关节上部小腿，另一只手抓住脚的外侧。呼气，并向内（足弓方向）拉引踝关节外侧。双脚轮流练习。训练时，要使动作幅度尽可能大，保持 10 s 左右结束该动作。

（3）脚趾下部和小腿后部拉伸。

面对墙双脚相距约 50 cm 前后开立，前脚距墙约 50 cm。双手扶墙，身体向墙倾斜。后脚正对墙，脚跟贴在地面。呼气，提起后脚脚跟，将体重移到后脚的脚掌上，下压。双腿轮流练习。训练时，要使动作幅度尽可能大，保持 10 s 左右结束该动作。

（四）灵敏素质训练

要求训练人员不仅在意识上反应要快，而且动作反应也要快。在训练中，参与者可采用以下几种发展灵敏素质的方法。

（1）利用专项中的环节技术或细节技术进行技能模仿练习，以发展专项技术所需的协调性。

（2）让训练人员在跑、跳过程中做出各种动作，如快速改变方向跑、各种躲闪动作、突然启动、快速急停等练习。

（3）在练习中，可用垒球投掷运动员身体各部位，运动员应尽量躲闪垒球。

（五）协调素质训练

有利于发展和提高定向运动参与者协调能力的训练方法有：纵跳、前后跳、侧跳、方形跳、转向跳、跳跃转向、侧向交叉步、手脚反向动作、站蹲撑立等。在协调能力训练的过程中，要求在快速移动中精确控制动作节奏，确保技术动作与行进速度协调配合，即动作越复杂学习效果越佳，所以在训练中可以再编 10~20 项动作，训练过程中把这些动作穿插进行，以达到最好的训练效果。

（六）功能性力量训练

1. 单腿硬拉 + 平衡垫

单脚站立于平衡垫，持 10 kg 壶铃；屈髋俯身至躯干平行地面，支撑腿微屈；挺起身时保持骨盆稳定。组次：3 组 ×12 次 / 侧。功能目标：强化臀中肌 / 踝关节稳定性，提升不平衡地面控制力。

2. 负重台阶横向跳

背负 15 kg 沙袋，侧对 30 cm 台阶；横向跳跃上下台阶，落地缓冲微屈。组次：4 组 ×20 s 快速跳。功能目标：增强股四头肌离心力量及足踝刚性，适应跳跃落点控制。

3. 缆绳抗旋推拉

弓步站立握缆绳手柄，阻力调至体重的 30%；快速横向推拉（如左推右拉）保持躯干零旋转。组次：3 组 ×15 次 / 方向。功能目标：激活腹斜肌抗旋转能力，拟急流中稳定姿态。

4. 水下负重行走

游泳池水深 1.2 m，腰系 10 kg 配重带；大跨步前进，膝盖抬高至水面，双臂划水辅助。组次：4 组 ×25 m。功能目标：提升髂腰肌爆发力及心肺耐力，适应水阻行进模式。

5. 台阶间歇负重

背负 20 kg 登山包，以 30 阶 /min 速率持续攀登标准楼梯（台阶高 18 cm）；每 5 min 休息 90 s。组次：5 组 ×5 min。功能目标：增强臀腿肌群持续做功能力，匹配长距离溪能量需求。

二、技术训练

（一）读图训练

训练目的：提高练习者简化地图和记忆地图能力及读图速度。

（1）将地图按路段为单位进行分割，每张局部图只有一个路段。

（2）放点时，在每个检查点悬挂带有下一个路段信息的地图和检查点说明。

（3）练习者不带地图。在起点，练习者读并记忆第 1 个路段的地图，然后凭借记忆完成第一阶段。在 1 号点，练习者读图并记忆第 2 个路段的地图，然后凭记忆完成第 2 个路段，以此类推，直到完成所有路段。

（二）方向与距离感训练

训练目的：培养练习者在溯溪过程中良好的方向与距离感。

（1）选择一个可通行程度较高的场地。

（2）在起点周围布置若干检查点（最好用小点标旗），检查点不必依附特征地物。

（3）练习者用步测法确定行进距离。

（三）放点训练

训练目的：提高练习者精确定位的能力，培养良好的心理素质和顽强的意志品质。

（1）在起点周围设计若干检查点。

（2）练习者每组携带一个点标旗同时出发，分别将点标旗放在不同的位置。

（3）甲、乙相互寻找对方设置的检查点，完成后将点标旗带回起点。

（4）以此类推，在其他区域继续练习。

三、心理训练

心理能力是指参赛者与训练、竞赛有关的个性心理特征，它对比赛成绩具有重要的影响，是参赛者竞技能力的重要组成部分。对于野外训练来说，也是如此。

心理训练是指为使学员获得心理能力而进行的有目的、有步骤的训练过程。在训练中，训练者可以采用一定的训练方法和手段，调节和控制自己的心理状态，更好地完成整个训练。进行心理训练的目的是发展学员控制自己、控制感情和情绪的能力，摆脱外来刺激的能力，保证在比赛中不受外界的干扰，从而取得优异的比赛成绩。在溯溪运动中，心理训练的方法主要包括以下几种。

（一）表象训练

表象训练是一种重要的心理能量，它能帮助运动员加快熟练技能、掌握新技术、改变不良习惯、演练比赛情景、预想行动方案、提高自我观察力和建立自信。运动者只有在头脑中建立一个清晰的表象，才能在运动过程中准确感知到自己的身体姿势和肌肉用力时的状态，从而及时纠正错误，提高训练的质量和效果。表象训练对于定向运动者来说非常重要，要将其作为日常训练中重要的一部分，不断培养运动者感知表象的能力，这样就能快速感受到正确的发力模式，快速融入溯溪运动中。

（二）注意力集中训练

注意力集中训练是通过对一定目标的指向和集中，提高注意稳定性的一类心理技能训练。溯溪运动是在户外进行的，由于溯溪运动的环境复杂多变，在运动过程中，必须要时刻集中自己的精神，提高注意力。因此，在平时的训练中，要注意加强注意力集中训练，提高集中注意力的水平，这样才能保证在训练中少犯错，提高训练水平。

（三）放松训练

放松训练是指利用语言暗示、意念和想象的力量，有意识、有系统地训练肌肉动作逐步达到松弛，减缓呼吸，从而使身体、情绪、心理均处于平静状态的心理技能训练。在溯溪运动中，用于放松训练的方法有很多，如呼吸放松法、渐进放松法、自我引导放松法和想象放松法等，训练者可以根据自己的具体情况合理选择训练方法。

思考题

1. 假设你带领小队进入峡谷后，发现溪水浑浊度骤增且上游传来闷雷声。请按优先级列出应立即采取的3项应急措施，并阐述每项措施的科学依据。

2. 请列出中级溯溪活动必备的5项个人技术装备，并分析误用动力绳进行瀑降的潜在致命风险。

3. 一名队员在横移岩壁时滑坠扭伤脚踝，无法负重移动。请设计包含分工、装备利用、撤离路线的救援方案，并强调关键沟通要点。

第十二章 野外游泳

野外游泳，不仅是强健体魄的体育运动，更是定向军士遂行多样化军事任务、锤炼打赢本领的关键生存技能与战术基础。在野外侦察、渡河穿插、岛礁作战、抗洪抢险等实战化场景中，军士可能直面江河湖海的天然水域。掌握科学的野外游泳技能，具备精准的环境判读能力，携带并熟练运用专业装备，是确保单兵及分队水上行动安全、高效、隐蔽的核心要素，直接关系到任务成败与战友生命。本章深入解析野外游泳的核心技术、环境特性、装备运用与安全准则，旨在培养学员“生命至上、安全第一”的强烈意识，提升临危不乱、科学处置的应变能力，并深刻领会保护水域生态环境对于可持续训练和国家安全的重要性。

第一节 野外游泳概述

一、野外游泳的定义

野外游泳，特指在非人工建造、无固定救生设施监管的天然水域（如江河、湖泊、水库、海洋近岸等）进行的游泳活动。它与室内游泳池游泳存在本质区别，核心在于环境复杂多变、风险因素多样、对个人综合能力要求极高。其定义包含 3 个关键维度。

（1）空间维度。发生在自然开放水域。

（2）行为维度。以实用技能（如踩水、潜泳、侧泳、武装泅渡）为主，而非竞技速度。

（3）目的维度。服务于军事任务、探险、求生或强身健体等实际需求。

追溯其源，游泳技能根植于人类早期生产劳动（如涉水渔猎、渡河迁徙），以及军事活动（如古代水战），是生存本能与智慧的结合。随着社会发展，野外游泳在现代军事、户外探险、应急救援、公开水域竞技等领域持续焕发活力，其核心价值在于应对自然水域挑战、保障生命安全、完成特定任务。

二、游泳的起源与发展

游泳的起源与发展是与人类社会的生产劳动、生活娱乐及战争等活动紧密联系的，它是人类在征服自然、改造自然的生产劳动中产生的，是在满足人们娱乐、竞争的需要中发展起来的。在生存的需要里，人们发展了走、跑步、跳跃、爬山、游水、投掷等培育自我保护能力的技能。地球上布满了江、河、湖、海，人类不可避免地要与水打交道。当水阻断了道路，人们要涉过时，当水中有鱼要捕食的时候，游泳技能就产生了。这些都可以从五千多年前中国古代陶器中刻画的人类潜入水中猎取水鸟及类似现代爬游的图案中得到证实。宋朝大诗人苏东坡曾说："南方多没人，日与水居也，七岁而能涉，十岁而能浮，十五而能没矣。夫没者岂苟然哉？必将有得于水之道者。日与水居，则十五而得其道。"涉，在浅水中行走；浮，在水中漂浮游泳；没，在水下潜泳。

随着人类文明的不断发展，野外游泳也从室外延申到了室内游泳。现代游泳运动起源于英国。据史料记载，17 世纪 60 年代，英国不少地区的游泳活动就开展得相当活跃。1828 年，英国在利物浦乔治码头修造了第一个室内游泳池。1867 年，世界上第一个游泳协会在英国伦敦成立。10 年后在英国举行了第一次游泳比赛。

三、野外游泳的分类

分类现代游泳运动丰富多彩、形式多样，按其开展的性质和目的可分为实用性游泳和竞技性游泳及大众性游泳三大类。

（一）实用性游泳

实用性游泳主要是指直接为生活、生产、军事活动等服务的游泳活动，包括浮水、潜水、侧泳水上救护、武装泅渡等。

（二）竞技性游泳

（1）竞技游泳项目。根据国际泳联规定，奥运会有 32 个比赛项目，世界游泳锦标赛有 34 个比赛项目。

（2）其他竞技项目。包括公开水域游泳、蹼泳、长距离游泳、伤残人游泳、综合性竞赛项目等。其中公开水域游泳是近些年开展的在江、河、湖、泊等自然水域举行的游泳比赛，蹼泳是指借助脚蹼、呼吸器在水下进行的游泳比赛。

（三）大众性游泳

大众性游泳主要是指以强身健体、防病治病和休闲娱乐为目的的游泳活动。

第二节　野外游泳的基本技术

在户外活动，特别是野外活动中，由于经常会遇到水，而且水的状况十分复杂，游泳的方式以实用性为主，不是以竞技为目的。比如，要游过一个水潭、涉过一条河流等。因此本节重点介绍实用性游泳中踩水、潜泳、侧泳的动作要领及技术。

一、踩水

踩水是一项实用价值较大的游泳技术，可以作为初学游泳者掌握的一种方法，也可以在日常生活中应用。如持物过河、通过逆流、救援溺者等，在军事上应用更为广泛。踩水技术类似蛙泳，但身体在水中与水平面的角度比蛙泳大，接近于直立，头部始终在水上，下颏接近水平面。

（一）腿的技术

腿的技术有两种（图 12-2-1）。一种是两腿交替蹬压水。这种方法身体在水中起伏不大，大腿动作幅度较小，蹬压水时先屈膝，小腿和脚向外翻，然后膝向里扣压，用小腿和内侧向外侧下方蹬压水，当腿尚未蹬直时往后上方收小腿，收腿的同时另一腿开始做蹬压水的动作，两腿交替进行。脚的蹬夹路线及回收路线，基本是个椭圆形。另一种方法是同蛙泳腿夹水相似，但是大腿动作的幅度较小，两腿不蹬直并拢，否则会身体下沉。蹬夹水时先屈膝，小腿和脚向外翻，然后两膝向里扣压，用小腿和脚内侧向侧下方蹬夹水，当两腿还未完全蹬直时收腿，动作要连贯。

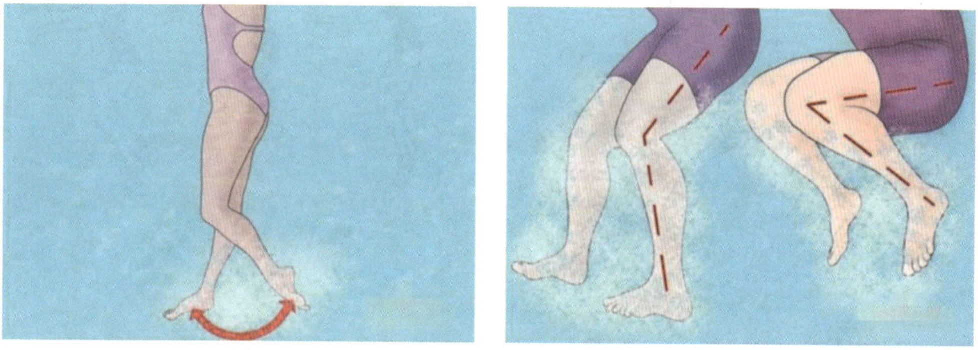

图 12-2-1　腿的技术

（二）臂的技术

两臂弯屈，手和前臂在胸前做向外、向内的摸水动作，手臂动作不宜过大。向外摸水时掌心稍向外，向里摸水时掌心稍向内。手掌要有压水的感觉。两手向外、向后划水，轨迹呈弧形，类似外“八”字（图 12-2-2）。

图 12-2-2 臂的技术

（三）腿、臂的配合技术

腿和臂的动作配合（图 12-2-3）要连贯，一般是两腿各蹬夹一次水，或是两腿同时蹬夹一次水，两手做一次摸水动作。采用两腿交替蹬压水的配合时，通常是腿和手同时不停地进行。而采用两腿同时蹬夹水的配合时，是两腿做蹬夹水动作时，两手几乎同时做向外的摸水动作。

踩水时，呼吸要自然，随腿、臂动作的节奏自然地呼吸。用踩水技术游进时，身体要略前倾，腿稍向侧后蹬水，两臂向外、向后下方划水。也可以采用侧身向前的技术，这时后腿应较为用力。

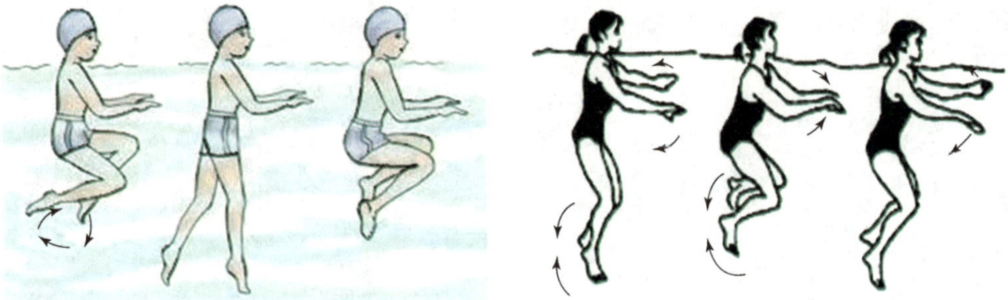

图 12-2-3 腿、臂的配合技术

二、潜泳

潜泳是在水下游进的一种游泳技术，它的实用价值很大，如打捞溺者、水中沉物以及进行水下工程等，都要采用潜泳。

潜泳有蛙式潜泳、蛙式长划臂潜泳和爬式潜泳，这里介绍前两种技术。

（一）蛙式潜泳

蛙式潜泳（图 12–2–4）技术基本与蛙泳相同，在游进中为了避免身体上浮，头和姿势要稍低于蛙泳，头与躯干成一直线。臂划水幅度要比蛙泳小，向前移臂时直接前伸。收腿时屈髋较小，腿向侧分开的角度也比蛙泳小，配合动作与蛙泳相同。

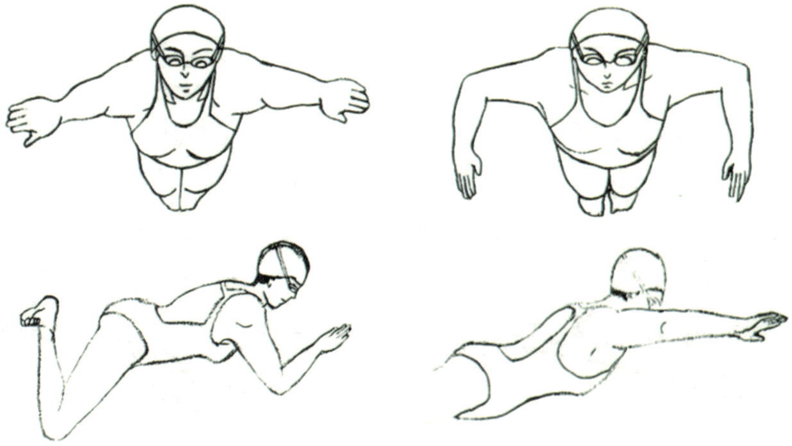

图 12–2–4　蛙式潜泳

（二）长划臂潜泳

在相同条件下，长划臂潜泳（图 12–2–5）在速度和距离方面均优于蛙式潜泳。但在水下情况比较复杂的条件下，采用这种技术时要小心谨慎，防止出现意外。

图 12–2–5　长划臂潜泳

（1）划水。两臂从头前伸直开始，手掌和前臂内旋，稍勾手腕，臂划水开始时稍慢，两手向侧下方做抓水动作。然后两臂屈臂，逐渐向后、向内用力划水，划水时两臂自然提肘，使手和前臂尽量与划水方向接近垂直，当手划至肩下方时肘关节大约屈成 60°～100°，然后肘关节由外侧向躯干方向靠拢，上臂带动前臂加速向后推水。两手推水完毕，两臂几乎在大腿两侧伸直，手掌朝上。划水结束后，应稍有滑行阶段。

（2）移臂。滑行动作结束后，两外手旋，两手沿身体前部前伸。当手划至胸下时，手掌开始内旋，掌心转向下方，在头部前方伸直，然后准备开始做下一次划水动作。腿的技术与蛙泳相似。

（3）腿和臂的配合技术。臂划水时和划水结束后，两腿自然伸直并拢做滑行动作。移臂时收腿，臂向前伸直后用力蹬夹水。

三、侧泳

侧泳（图 12–2–6）的实用价值很大，武装泅渡、军事侦察、水中搬运物品等均可以用侧泳。因此，侧泳在部队中具有很高的普及度。侧泳时身体侧卧水中，两臂交替划水（或同时划水），两腿蹬剪水，呼吸时头稍向侧转动。

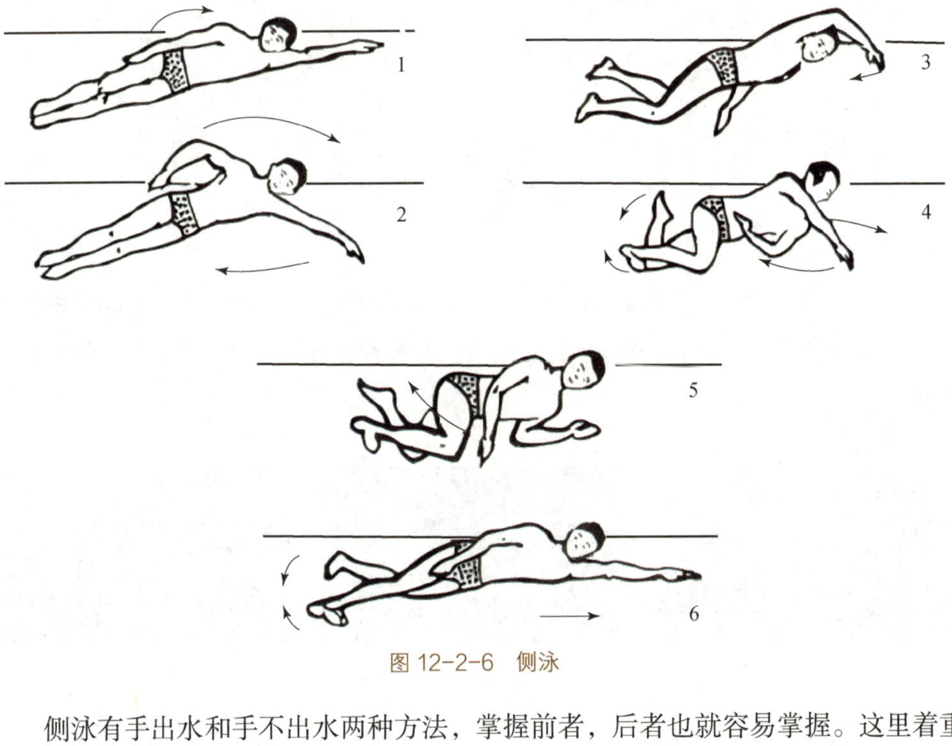

图 12–2–6　侧泳

侧泳有手出水和手不出水两种方法，掌握前者，后者也就容易掌握。这里着重介绍手出水的侧泳方法。

（一）身体姿势

身体侧卧水中，稍向胸侧倾斜，头的下半部浸入水中，下面的臂前伸，上面的臂置于体侧，两腿并拢伸直，在游进时身体纵轴转动。

（二）腿的技术

侧泳腿的技术包括收腿、翻脚和蹬剪腿 3 个动作。

（1）收腿。上腿向前收，大腿与躯干成 90°，小腿与大腿成 45°~60°。下腿向后收，膝关节弯屈成 30°~40°。

（2）翻腿。当完成收腿动作后，上腿脚尖勾起，脚掌向后对准水，下腿将脚尖绷直，脚面和小腿前面向后对准水。

（3）蹬剪腿。上腿用大腿带动小腿稍往前伸，以脚掌对着蹬水方向，由体前侧向后方加速蹬夹水。下腿以脚面和小腿对着踢水方向，用力稍向下、再向后伸膝剪水，与上腿形成蹬剪水和动作。

（三）臂的技术

侧泳是两臂交替划水：一臂在空中移臂，称为上面臂；另一臂在水下，称为下面臂。

1. 上面臂

上面臂与爬泳臂划水动作相似，不同和地方在于：当上面臂前移时，上体绕纵轴略有转动，这样就使两肩连线与垂直线之间的角度增大到 45°~50°。这个动作能使上面臂入水点离身体较远，从而使划水路线增长。

2. 下面臂

侧泳时下面臂的动作分为准备交姿势、滑下、划水和臂前移 4 个阶段。

（1）准备姿势。手臂前伸，掌心向下，手略高于肩。

（2）滑下。当臂滑下与水平面成 20°~25°时，稍勾手，屈臂，使手和前臂向后对准水，即过渡到划水动作。

（3）划水。下面臂的划水动作不是在肩下进行，而是在靠近胸侧斜下方进行的，当划至腹下，即告结束。

（4）臂前移：划水结束后，迅速收前臂，使手掌向上，并沿着腹胸向前移动。当手掌移至头前时，随臂向前伸直，手掌逐渐转向下方。

3. 两臂配合动作

下面臂开始划水，上面臂前移；上面臂开始划水时，下面臂开始做前伸动作，两臂在胸前交叉；上面臂划水结束，下面臂开始滑下。

4. 臂、腿和呼吸的配合

（1）臂和腿的配合：上面臂入水下臂伸时收腿，当划到腹下开始做推水动作时，腿用力向后蹬剪水。

（2）臂和呼吸的配合：上面臂开始划水时，逐渐呼气，划到腹下做推水时转头吸气。移臂和入水时，头还原，闭气。

侧泳的完整配合，是两腿蹬剪一次，两臂各划水一次，呼吸一次。两腿蹬剪水后、在上面臂划水结束与下面臂前伸时，有短暂的滑行动作。

第三节　野外游泳的特点与意义

一、野外游泳的特点

野外游泳最核心的特点在于其发生环境的开放性与不可控性。它置身于江河、湖海、水库等自然或半自然水域，完全摆脱了人工泳池的物理约束。其表现为：

（1）水域边界模糊且遥远，缺乏泳道线等固定参照物。

（2）水文条件复杂多变，持续的水流、波浪、潮汐乃至漩涡等自然力量显著影响游泳者的行进轨迹和体能消耗。

（3）水下环境复杂难测，深浅不一的地形、暗藏的岩石、水草、杂物等构成潜在障碍，加之普遍较低的能见度，大大增加了预判和规避风险的难度。

（4）气象因素直接作用，风雨、气温、日照、雾气等天气变化会即时改变水面状况和水温，带来额外挑战。这种开放且不可控的环境，从根本上决定了野外游泳在技术、风险、参与者要求等各方面都具有显著区别于泳池游泳的独特性。

二、游泳运动的意义

（一）最佳的身体位置

在所有的体能锻炼项目中，游泳具有独特的身体位置，平卧而非直立。这是一种无支撑的身体位置，水的浮力依托着人体，并使人体俯卧于水面上，这个身体状态有利于心肌搏动力量的提高，有利于血液回流的畅通，加上运动时水的阻力，进行周而复始的、均匀的运动，使心跳负担既不超负荷，又能处于最大吸氧量的状态，极有助于提高人体耐力机能。

（二）最为全面的全身运动

游泳练习时身体的各部位都会得到充分和适度的锻炼，如果游泳爱好者掌握了自由泳和蛙泳，那么对身体全身的骨骼、关节、肌肉、韧带和神经都能进行很好的磨练。由于游泳时水对身体的压力，促使人的呼吸加深，从而大大提高了呼吸功能和肺活量。又因为水和人体在游进时的摩擦，以及反复地冷热刺激，人体微循环得到改善，免疫系统增强。

（三）最健美的体态

任何体能锻炼项目的动作都有一定的局限性，动作上下左右的不平衡，导致某些部位负荷过重，而某些部位又不足，故有许多运动创伤。而游泳运动的所有动作对称、均匀、平衡而且无创伤。游泳时两腿上下剪式的鞭状打腿和弧状蹬腿，使双腿均匀和修长，关节的灵活性也大大提高。又由于游泳时大量的上肢运动，肩部、背部及胸部交替滚动划水练习，使上肢肌肉丰满圆润、富有弹性。

（四）最有效的物理治疗

游泳对心脑血管疾病、高血压、高血脂、关节炎、糖尿病、肥胖症，以及颈椎、腰椎不适等有明显的治疗、康复、预防的作用。

（五）最舒适的减压调心方式

最真切的归璞返真、回归自然莫过于到碧水中游泳，人的组成部分中 70% 是水分，人来自于水，对水有着无法避免的情和缘。不会游泳的原因是不下水、离开水的时间太久。当人们精神紧张、心绪烦恼、压力沉重时，跳进温和的碧水，满腔怨气就会荡然无存，漫游于清澈见底的游泳池，哪里还有什么污秽尘埃，如再经热水泡浴或桑拿之后，完全犹如脱胎换骨，身心俱佳。

三、野外游泳的意义

（一）野外游泳有助于形成良好的意志品质

野外游泳与室内游泳相比，保护措施需要个人去承担。当人们在不害怕困难和跌倒的情况下锻炼时，实际上也同时增强了人们的意志力。利用野外游泳的特殊环境有助于培养学员敢于挑战的性格，从克服困难中体验成功的喜悦。自发地表现出勇敢和坚韧的品质。

（二）野外游泳有助于培养良好的斗争精神

野外游泳是一项具有挑战性和冒险性的户外运动，在野外游泳过程中会遇到来自社会、家庭和自身的诸多障碍以及困难。通过不断挑战自我，野外游泳可以培养泳者们不畏惧困难、敢于挑战自己的优良品格。

（三）野外游泳有助于增强心理健康

通过参与野外游泳，可以使泳者在过程中体验到满足、兴奋、喜悦、激动、遗憾等鲜明强烈、丰富多样的情感，对于疲劳的大脑和紊乱的情绪都能起到积极有益的调节作用。通过成功挑战野外游泳，不仅可以展示健康的体魄，还能使泳者自身产生成功感和荣誉感，有效消除了焦虑、抑郁等不良的心理问题。同时在人际关系方面有很高的社会价值。通过野外游泳可以结识更多的新朋友，扩大自己的交际范围，在野外游泳这个大集体中，大家相互帮助、相互鼓励，充分体会到团队之间的友谊。

第四节　野外游泳的环境与器材

一、野外游泳的环境

对于初次野泳的人，开始去自然水域时，要去具有营业性质的野泳区域，这些地方配有救生员，同时也对水底进行了平整，一般是沙滩或者硬质地面，在保障安全的同时享受自然水域的乐趣。

对于有了一定野泳经验的人来说，可以去本地冬泳队去得较多的静水湖泊游泳。切记一定要向熟悉该水域的人请教，摸清水情后再试探下水。野外游泳一定要结伴同行，有该水域经验的人陪伴最好。

二、野外游泳的装备

野外游泳装备的选择与运用，首先是保障安全、提升效能、适应环境。所有装备必须符合相关安全标准，并确保使用者熟练掌握其性能与操作方法。

（一）合身的游泳衣裤

游泳衣裤（图 12-4-1）应选用耐磨、速干、弹性好的合身款式（竞速或训练型），避免宽松兜水设计。可以考虑长袖长裤款以防晒防刮伤。游泳衣裤要以穿在身上感到贴身舒适为宜。

（二）合适的游泳帽

野外游泳馆时应尽量佩戴游泳帽（图 12-4-2）。短发的男生可以省略，女生应选择佩戴，一是防止头发散乱，二是防止水质对头发的影响。

（三）游泳眼镜

如果水质不够洁净，游泳时细菌可能进入眼内，以致产生眼部疾患，游泳眼镜（图 12-4-3）可以起到防护作用。对于初学游泳的人来说，戴游泳眼镜还可以纠正在水中睁不开眼睛的问题。

（四）个人浮力装置（跟屁虫）

初学游泳者，最好自备一些浮体物品，而户外更是不比户内，所以即使是游泳高手也最好带上“跟屁虫”（图 12-4-4），或者带着泳圈（普通泳圈仅适用于极平静浅水区的初学者，无法替代专业个人浮力装置）。准备这些物品时，要经常检查有无漏气，以防发生事故。“跟屁虫”醒目标识拖曳式浮囊是必备装备。

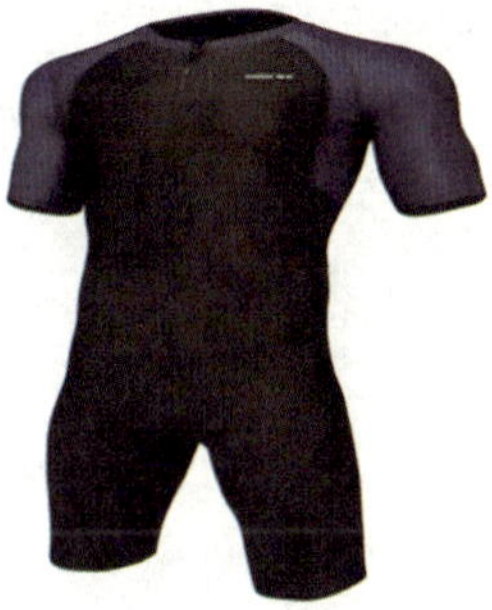
图 12-4-1 游泳衣裤

图 12-4-2 泳帽

图 12-4-3 泳镜

（五）浴巾和拖鞋

浴巾和拖鞋是游泳者必备的用品，在游泳的间歇或游完后上岸，用毛巾擦干身体，披上浴巾，穿上拖鞋，既可以保暖、防止感冒，又比较卫生。

（六）防寒衣

防寒衣（图 12–4–5）除了防寒功能外，主要就是仰赖其浮力。在有防寒衣的情况下，可以提高安全性，确保第一次的野外游泳有着不错的经历，为后续的野外游泳奠定基础。

（七）鼻夹和耳塞

鼻夹和耳塞（图 12–4–6）视个人情况而定。

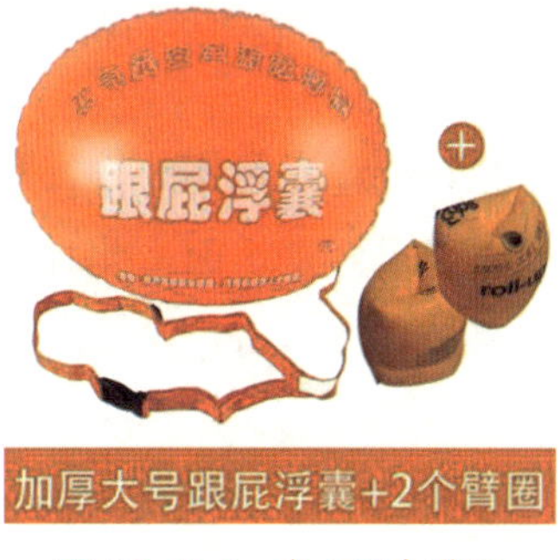

图 12-4-4 个人浮力装置

图 12-4-5 防寒衣

图 12-4-6 鼻夹和耳塞

三、野外游泳的注意事项

（1）要了解水情，包括水流、水深、水下有无障碍物等。

（2）游泳渡河的地点应选在水流平缓、水较浅、水清的区域进行。

（3）野外水域水面上和水下温差很大并且这些水域水温不定，如果突遭“冰水”刺激，很容易因抽筋而溺水。

（4）面对发生的情况要沉着冷静，不要慌乱，要采取有效措施。

（5）在野外探险过程中，要尽量减少游泳的几率，能不游尽量不游。

（6）在野外游泳，不能单独行动，尽量结伴而行，一旦有人发生意外，同伴可立即进行救助。

（7）切忌在晚上进行野外游泳，这样很危险。

（8）野外水域水况复杂，表面平静的水下可能有暗流、漩涡、水草以及其他可能伤害我们的生物。

（9）如果河流上游开闸放水或突降暴雨，水量会迅速增多。湍急的水流冲来时，游泳者根本来不及上岸就会被带走。所以要注意天气情况和河道管理者的公告。

（10）野外河水看似清澈干净，其实含有各种微生物，如果直接饮用或以破损皮肤直接接触河水容易患病。

第五节　野外游泳的训练方法

一、训练呼吸节奏

对于野外游泳，身体会因慌乱、紧绷而导致缺氧，不可能像在游泳池有那么稳定的换气节奏。一旦换不到气，我们就会失去冷静从而开始害怕慌乱起来。

（一）初阶：憋气潜泳

尝试在泳池闭气后潜到最深处（一般泳池池边深约 1.2~1.5 m），身体放松，手放大腿两侧，只靠腿部缓缓打水前进，待完全无法忍受的时候再浮上水面。此时请记住重点不在于你能潜行多久距离，或多少时间，而是在于放松，唯有放松，潜行的距离与时间才能长与久。

（二）进阶：换气循环

当克服了潜行的恐惧之后，下一步就是尝试在游泳过程中训练憋气的时间，不管你是习惯单边或双边换气，请以“2–4–6–8–6–4–2”或“3–5–7–9–7–5”的方式进行换气，前者是划 2 次手换一次气，再来是 4 次手才能换一次气，以此类推；后者则是每划 3 下换一次气，再来是 5 下换一次气，以此类推。从 50 m 开始训练，直至可以持续进行至 200 m 为止。当然，这里谈的都是爬泳。

二、泳姿训练

野外游泳需要面对自然的水压、水流以及水位的变化，相对室内泳池的水情来说复杂得多，即使有安全措施的保护，也必须进一步提高自身的游泳能力。

（一）基础：蛙式

在开放水域中，难免碰上状况混乱、失去方向性或被人群包围阻挡，甚而喘不过气的情形，此时快速转换成蛙式可以帮助你调节呼吸、重新定位，降低紧张感。

（二）基础：抬头爬泳

提高在开放水域中最重要的定位能力。在游泳时，把左右侧的换气改成抬头换气，并控制不要让下半身沉得过多，持续保持水平定位，很快就能掌握诀窍。

（三）进阶：跟游

找到跟你游泳实力相近甚至再高一些的人练游，尽可能地跟住他的脚底。此时你往前切入水面的那只手，应该是保持在前方泳者制造出来的泡泡中，并注意不要被前方踢水所产生的水流给把身体带走。

三、开放水域训练

野外游泳与室内游泳的不同在于环境的变化，所以为了尽快进入野泳，自然水域的练习一定是不可避免的。

（一）基础：不落地持续游

找坊间有深水池的游泳池，目标为以脚不落地以及中间不停止的方式，持续游完目标赛事的里程数。每一趟的折返是否能做翻墙不是很重要，重点在以持续、舒适、稳定配速的方式完成。一开始可以 100 m 为目标，接着持续增加直至 1500 m、1900 m 或 3800 m 为止。

（二）进阶：户外体验

当具备可以完成野外游泳的能力后，可以尝试接触开放水域，并且让身体感受海流 / 水流的律动，抓到换气的节奏。

思考题

1. 如果你计划去一个陌生的湖泊进行野外游泳，你需要提前收集哪些环境信息？通过哪些途径获取？如何评估其风险等级？

2. “沉着冷静”是应对野外游泳意外的关键原则。请设计一个模拟场景（如突然抽筋、被水草轻微缠绕、遭遇短暂强风浪），并详细描述你认为最合理的应对步骤。

3. 讨论个人浮力装置（如跟屁虫）在野外游泳安全链中的核心作用。除了跟屁虫，还有哪些技术或装备可以提升野外游泳的安全性？

参考文献

［1］王翔，彭光辉，张新安，等．定向运动［M］．北京：高等教育出版社，2005.

［2］杨文哲，康磊．新时代军事技能训练［M］．北京：首都师范大学出版社，2022.

［3］张惠红，陶于．定向运动与野外生存［M］．北京：高等教育出版社，2011.

［4］刘阳，何劲鹏．定向运动专项认知技能的心理学诠释与思考［J］．辽宁体育科技，2016，38（05）：64–69.DOI：10.13940/j.cnki.lntykj.2016.05.018.

［5］张宝帆．定向运动与野外生存［M］．天津：天津大学出版社，2000.

［6］陈泽旭．上海市大学生徒步穿越风险管理研究［D］．上海：上海师范大学，2018.

［7］王茂利．大学生军事理论与技能训练教程［M］．西安：西北大学出版社，2019.

［8］程锡森．现代休闲健身运动概论［M］．武汉：中国地质大学出版社，2024.

［9］贾文伟，肖洪艳，郭井双．现代高校休闲体育运动理论与实践［M］．长春：东北师范大学出版社，2011.

［10］董范，曹志凯，牛小洪．户外运动学．［M］.2 版．武汉：中国地质大学出版社，2014.

［11］王桂忠，邱世亮，范锦勤．野外生存教育教程［M］．广州：暨南大学出版社，2009.

［12］王庆军．高等院校公共课教材　大学体育与健康［M］．南京：南京师范大学出版社，2021.

［13］闫晗．一定要告诉儿子的那些事［M］．天津：天津科学技术出版社，2020.

［14］杨汉，罗先斌．户外运动理论与实践［M］．武汉：中国地质大学出版社，2023.

［15］王苏光，王全法，胡原．户外探险与野外生存［M］．苏州：苏州大学出版社，2023.

［16］杨汉．山地户外运动［M］．武汉：中国地质大学出版社，2006.

［17］孙永生．户外运动［M］．沈阳：辽宁人民出版社，2023.

［18］牛小洪，董范，李伦．野外生存［M］．武汉：中国地质大学出版社，2016.

［19］杨晓勇，吴绍奎，刘钢，等．户外安全防护与急救［M］．贵阳：贵州大学出版社，2022.

［20］史鹏飞．医学气象学著作 Global Climate Change and Public Health（Chapter 1 and 2）英汉翻译实践报告［D］．哈尔滨黑龙江大学，2017.

［21］姜旭．潍坊市白浪河滨河景观设计地域性研究［D］．哈尔滨东北林业大学，2017.

［22］荣艳淑，葛朝霞，朱坚，等．水文气象学与气候学［M］．北京：中国水利水电出版社，2021.

［23］王婷，周道玮，神祥金，等．中国柯本气候分类［J］．气象科学，2020，40（6）：752–760.

［24］任国玉．极端天气更频繁了吗［M］．北京：气象出版社，2024.

［25］冰河．激发孩子兴趣的自然百科［M］．北京：中国纺织出版社，2024.

［26］成英燕，王华，徐彦田，等.2000 国家大地坐标系实用手册［M］．北京：测绘出版社，2024.

［27］关娟茹，胡彦 . 普通高校军训的组织原则与过程研究［M］. 北京：研究出版社，2022.

［28］瑾蔚 . 珍惜淡水资源［M］. 大连：大连出版社，2018.

［29］吴次芳，吴宇哲，彭毅，等 . 空间治理［M］. 北京：地质出版社，2022.

［30］汪诘 . 说出来你别不信［M］. 北京：北京联合出版公司，2022.

［31］昂晨 . 高海拔徒步登山的风险管理研究［D］. 金华：浙江师范大学，2023.DOI：10.27464/d.cnki.gzsfu.2023.001712.

［32］宋瑞华，胡敏，汤泉，等 . 团体心理训练对野外驻训官兵心理健康水平影响的研究［J］. 人民军医，2015，58（05）：485–487.

［33］戎媛媛，孙强 . 团体心理训练对提升定向培养军士生心理韧性的作用［J］. 阜阳职业技术学院学报，2023，34（02）：31–34.

［34］陈亨明 . 身心潜能理论与激发训练创新研究［M］. 长春：吉林大学出版社，2020.

［35］邱世亮，王桂忠，刘一艳，等 . 生命与生存教育教程［M］. 广州：暨南大学出版社，2023.

［36］熊柏祥，石国风 . 大学生安全教育［M］. 苏州：苏州大学出版社，2023.

［37］张磊 . 野外训练条件下装备管理［M］. 北京：国防工业出版社，2020.

［38］杨晨 . 新编大学生军事教程［M］. 北京：北京理工大学出版社，2017.

［39］王桂忠，邱世亮，范锦勤 . 野外生存教育教程［M］.2 版 . 广州：暨南大学出版社，2017.

［40］陈旭辉，关萍 . 动植物学野外实习指导［M］. 沈阳：辽宁科学技术出版社，2023.

［41］周博 . 青少年户外运动学练技巧一点通［M］. 北京：中国书籍出版社，2022.

［42］王苏光，王全法，胡原 . 户外探险与野外生存［M］. 苏州：苏州大学出版社，2011.

［43］李刚石 . 人生应急避险十大必备要领［M］. 北京：新华出版社，2018.

［44］赵玉岐，胡洋 . 应急救援理论与技术［M］. 徐州：中国矿业大学出版社，2022.

［45］袁媛 . 大学生军事理论教程［M］. 合肥：合肥工业大学出版社，2017.

［46］毛斌斌，俞浩，刘汉珍 . 药用植物学野外实习教程［M］. 合肥：安徽大学出版社，2020.

［47］从云飞 . 职业体能素养训练［M］. 北京：华文出版社，2023.

［48］朱江华，丁祥华 . 攀岩运动教程［M］. 武汉：湖北科学技术出版社，2021.

［49］刘华荣 . 高校户外运动风险管理［M］. 北京：冶金工业出版社，2023.

［50］文心 . 中国少年儿童百科全书 2 自然科学 · 交通、产业及工程 · 军事科技 · 人体与医学［M］. 成都：天地出版社，2022.

［51］田祖国，莫铭 . 定向培养士官生体育教程［M］. 长沙：湖南大学出版社，2019.

［52］聂少杰，柏骏，王亮，等 . 战伤救护止血带的特性和研究进展［J］. 海军军医大学学报，2023，44（4）：486–492.

［53］汪聚伟，覃兴耀，刘坤翔 . 定向运动与野外生存［M］. 北京：清华大学出版社，2015.

[54] 刘伟，楼铁柱，李丽娟 . 美军战伤救治管理与研究进展分析 . 军事医学 .2023，47（3）：217–222.

[55] 李孝伟 . 每个人都应该掌握的心肺复苏术［ J ］. 食品与健康，2022，34（07）：28–29.

[56] 西安市人民医院（西安市第四医院）. 漫画应急自救［ M ］. 西安：陕西科学技术出版社，2023.

[57] 华鑫 . 溯溪运动线路设计的指标体系构建研究［ D ］. 上海：上海体育学院，2020.DOI：10.27315/d.cnki.gstyx.2020.000565.

[58] 朱亚成 . 新时代山地户外运动产业高质量发展研究［ M ］. 北京：九州出版社，2021.

[59] 王保臣 . 体能训练评测方法与应用［ M ］. 天津：天津社会科学院出版社，2021.

[60] 新东方图书研发中心，李恒 . 小学生安全第一课出行安全漫画版［ M ］. 杭州：浙江教育出版社，2024.